国家示范性高职院校建设项目成果系列教材

生物化学实用技术

李双石　谢海燕　主编

SHENGWU
HUAXUE
SHIYONG
JISHU

化学工业出版社

·北京·

本书是校企合作共建教材，教材按"工学结合"的要求设计内容，将企业岗位标准操作规程引入教材，兼顾学生自学、教师教学和企事业单位生化检验人员培训各方面需求，注重学生实践能力和全面素质的培养。全书共分七章，内容主要包括生物化学实验基本技能训练、氨基酸生化产品的制备和检测、多肽和蛋白质生化产品的制备和检测、酶类生化产品的制备和检测、核酸生化产品的制备和检测、糖类生化产品的制备和检测、脂类生化产品的制备和检测。

本书适合于高职高专生物技术类、食品类、制药类和环境类专业的学生作为理论和实训教材，也可供从事相关工作的技术人员作为培训教材或参考书使用。

图书在版编目（CIP）数据

生物化学实用技术/李双石，谢海燕主编．—北京：化学工业出版社，2011.7（2025.2重印）
国家示范性高职院校建设项目成果系列教材
ISBN 978-7-122-07934-3

Ⅰ．生… Ⅱ．①李…②谢… Ⅲ．生物化学-高等职业教育-教材 Ⅳ．Q5

中国版本图书馆 CIP 数据核字（2011）第 117974 号

责任编辑：李植峰 　　　　　　　　　文字编辑：周　偑
责任校对：王素芹　　　　　　　　　　装帧设计：张　辉

出版发行：化学工业出版社（北京市东城区青年湖南街 13 号　邮政编码 100011）
印　　装：北京科印技术咨询服务有限公司数码印刷分部
787mm×1092mm　1/16　印张 12¾　字数 322 千字　2025 年 2 月北京第 1 版第 6 次印刷

购书咨询：010-64518888　　　　　　　售后服务：010-64518899
网　　址：http://www.cip.com.cn
凡购买本书，如有缺损质量问题，本社销售中心负责调换。

定　　价：27.00 元　　　　　　　　　　　　　　　　　　　版权所有　违者必究

"国家示范性高职院校建设项目成果系列教材"
建设委员会成员名单

主 任 委 员　安江英

副主任委员　么居标

委　　　员　（按姓名汉语拼音排列）

安江英　　陈洪华　　陈渌漪　　龚戈泽　　马　越　　苏东海

王利明　　辛秀兰　　么居标　　张俊茹　　钟桂英　　周国烛

"国家示范性高职院校建设项目成果系列教材"
编审委员会成员名单

主 任 委 员　辛秀兰

副主任委员　马　越

委　　　员　（按姓名汉语拼音排列）

曹奇光　　陈红梅　　陈禹保　　高春荣　　兰　蓉　　李　淳

李双石　　李晓燕　　刘俊英　　刘　玮　　刘亚红　　鲁　绯

马长路　　马　越　　师艳秋　　苏东海　　王晓杰　　王维彬

危　晴　　吴清法　　吴志明　　谢国莉　　辛秀兰　　杨春花

杨国伟　　苑　函　　张虎成　　张晓辉

《生物化学实用技术》编写人员

主　　编　李双石（北京电子科技职业学院）
　　　　　　谢海燕（明日百傲生物科技发展研究所）

副 主 编　兰　蓉（北京电子科技职业学院）
　　　　　　苑　函（北京电子科技职业学院）

编写人员　（按姓名汉语拼音排列）

　　　　　　陈丙春（山东协和职业技术学院）

　　　　　　韩力强（河北省水产局）

　　　　　　兰　蓉（北京电子科技职业学院）

　　　　　　李双石（北京电子科技职业学院）

　　　　　　马　越（北京电子科技职业学院）

　　　　　　庞永奇（明日百傲生物科技发展研究所）

　　　　　　史瑞武（临汾职业技术学院）

　　　　　　王　芳（北京迪科马科技有限公司）

　　　　　　吴小禾（中山火炬职业技术学院）

　　　　　　谢海燕（明日百傲生物科技发展研究所）

　　　　　　徐春英（中国农业科学研究院）

　　　　　　苑　函（北京电子科技职业学院）

　　　　　　章宇宁（北京电子科技职业学院）

前　言

生物化学是生命科学领域中最活跃的基础学科之一，生物化学技术是发展生命科学各分支学科和生物工程技术的重要基础。食品、医药、工业、农业和环境科学的很多研究领域也以生物化学理论为依据，以其实验技术为手段。本课程主要介绍生物化学技术原理和方法。结合生物大分子物质的制备与检测过程，侧重介绍各种常规生物化学操作技术的应用、实验方案的计划实施方法等。

生物化学技术是医药相关专业、食品相关专业、环境相关专业和生物技术专业的一门必修专业基础课。通过本课程的学习，一方面使学生掌握生物化学的基础理论和关键实验技术，熟悉其在职业领域中的应用，为学习后续专业课程和今后的工作实践奠定专业基础；另一方面在课程教学中突出生物化学专业技术能力目标培养，同时培养学生的工作能力和职业拓展能力，帮助学生提高思考问题和独立解决专业问题的能力，学会用科学的思维方式和方法分析与解决工作中所遇到的实际问题，为学生将来从事生物技术相关的工作奠定基础，以应对未来社会对专业人才素质和能力的需求。

本书是校企合作共建教材，教材编写总体思路紧紧围绕专科层次应用型人才的培养目标，力求将理论、技术和方法融为一体，以企业人才岗位技能需求为依托，按"工学结合"的要求设计教材内容，将企业岗位标准操作规程引入教材，兼顾学生自学、教师教学和企事业单位生化检验人员培训各方面需求，注重学生实践能力和全面素质的培养，以符合社会对高等技术应用型人才的需求。教材编写模式创新，课程内容职业化和项目化，体现了行动导向的实践教学模式，便于学生和教师有效利用。

本书由李双石和谢海燕主编，参加本书编写的人员有李双石、谢海燕、兰蓉、苑函、韩力强、庞永奇、吴小禾、马越、章宇宁、陈丙春、徐春英、王芳、史瑞武。全书共七个项目，内容主要包括生物化学实验基本技能训练、氨基酸生化产品的制备和检测、多肽和蛋白质生化产品的制备和检测、酶类生化产品的制备和检测、核酸生化产品的制备和检测、糖类生化产品的制备和检测、脂类生化产品的制备和检测。

本书适合于高职高专生物技术类、食品类、制药类和环境类专业的学生作为理论和实训教材，也可供从事相关工作的技术人员作为培训教材或参考书使用。

限于编者的学识和水平，书中不当或疏漏之处，殷切希望广大读者和同行给予批评指正。

编者
2011 年 2 月

目　　录

项目一　生物化学实验基本技能训练 … 1
　一、学习生物化学实用技术的目的 … 1
　二、生物化学实用技术的学习方法 … 2
　三、生物化学实验室的安全知识 … 2
　　（一）实验室安全的预防措施 … 2
　　（二）实验室伤害的救护措施 … 3
　四、生物化学实验的基础知识 … 4
　　（一）化学试剂及其取用 … 4
　　（二）化学溶液及其配制 … 5
　　（三）常用仪器及其操作 … 6
　五、常用的生物化学实验技术及原理 … 16
　　（一）生物大分子的制备和保存技术 … 16
　　（二）色谱分离技术 … 17
　　（三）分光光度技术 … 21
　　（四）电泳技术 … 23

项目二　氨基酸生化产品的制备和检测 … 26
　一、项目介绍 … 26
　二、学习目标 … 26
　三、背景知识 … 26
　　（一）氨基酸的定义 … 26
　　（二）氨基酸的功能 … 27
　　（三）基本氨基酸的组成 … 28
　　（四）氨基酸的分类 … 28
　　（五）氨基酸的性质 … 31
　　（六）氨基酸的生物分解代谢 … 32
　　（七）氨基酸的生物合成代谢 … 38
　　（八）氨基酸的制备方法 … 39
　　（九）氨基酸的鉴定方法 … 40
　四、项目实施 … 40
　　训练任务　氨基酸的分离鉴定 … 40
　五、拓展训练 … 45
　　设计任务一　人发中L-精氨酸的提取 … 45
　　设计任务二　脯氨酸含量的测定 … 45

项目三　多肽和蛋白质生化产品的制备和检测 … 46
　一、项目介绍 … 46
　二、学习目标 … 46
　三、背景知识 … 47

（一）蛋白质的功能 ……………………………………………………………… 47
　　（二）蛋白质的分类 ……………………………………………………………… 47
　　（三）蛋白质的组成 ……………………………………………………………… 48
　　（四）蛋白质的结构 ……………………………………………………………… 48
　　（五）蛋白质的结构与功能的关系 ……………………………………………… 53
　　（六）蛋白质的性质 ……………………………………………………………… 54
　　（七）蛋白质的分离纯化技术 …………………………………………………… 56
　　（八）蛋白质的定量技术 ………………………………………………………… 60
　　（九）蛋白质分子量的测定 ……………………………………………………… 61
　　（十）蛋白质一级结构的测定 …………………………………………………… 63
　四、项目实施 ………………………………………………………………………… 64
　训练任务一　牛乳中酪蛋白和乳清蛋白的提取 …………………………………… 64
　训练任务二　蛋白质的纯化——葡聚糖凝胶柱色谱 ……………………………… 66
　训练任务三　绿豆芽中蛋白质含量的测定——分光光度法 ……………………… 68
　训练任务四　未知蛋白质分子量的测定——SDS-聚丙烯酰胺凝胶电泳 ………… 70
项目四　酶类生化产品的制备和检测 ………………………………………………… 73
　一、项目介绍 ………………………………………………………………………… 73
　二、学习目标 ………………………………………………………………………… 73
　三、背景知识 ………………………………………………………………………… 74
　　（一）酶的概念 …………………………………………………………………… 74
　　（二）酶的特性 …………………………………………………………………… 74
　　（三）酶的分类 …………………………………………………………………… 75
　　（四）酶的命名 …………………………………………………………………… 76
　　（五）酶的分子结构 ……………………………………………………………… 77
　　（六）酶的作用机理 ……………………………………………………………… 77
　　（七）酶促反应动力学 …………………………………………………………… 79
　　（八）酶活性的调节与控制 ……………………………………………………… 83
　　（九）维生素 ……………………………………………………………………… 85
　　（十）酶的分离提纯技术 ………………………………………………………… 91
　　（十一）酶活力的测定 …………………………………………………………… 92
　四、项目实施 ………………………………………………………………………… 92
　训练任务一　植物组织中过氧化物酶的分离与纯化 ……………………………… 92
　训练任务二　植物组织中过氧化氢酶的活力测定 ………………………………… 94
　训练任务三　水果或蔬菜中维生素 C 含量的测定 ………………………………… 96
　五、拓展训练 ………………………………………………………………………… 100
　设计任务一　小麦种子中淀粉酶活力测定 ………………………………………… 100
　设计任务二　植物叶片硝酸还原酶活性的测定 …………………………………… 100
项目五　核酸生化产品的制备和检测 ………………………………………………… 102
　一、项目介绍 ………………………………………………………………………… 102
　二、学习目标 ………………………………………………………………………… 102
　三、背景知识 ………………………………………………………………………… 103
　　（一）核酸的化学组成 …………………………………………………………… 103

(二) 核酸的分类及功能 …………………………………………… 106
(三) 核酸的结构 …………………………………………………… 106
(四) 核酸的性质 …………………………………………………… 111
(五) 核酸的制备技术 ……………………………………………… 113
(六) 核酸含量的测定方法 ………………………………………… 114
(七) 核酸序列的测定方法 ………………………………………… 116
四、项目实施 …………………………………………………………… 117
训练任务一　大肠杆菌基因组 DNA 的提取 …………………… 117
训练任务二　DNA 的鉴定——琼脂糖凝胶电泳技术 ………… 119
训练任务三　DNA 的含量测定——分光光度技术 …………… 120
训练任务四　酵母菌目标基因的体外扩增——PCR 技术 …… 124
五、拓展训练 …………………………………………………………… 126
设计任务一　质粒 DNA 的提取和测定 ………………………… 126
设计任务二　植物 DNA 的提取和测定 ………………………… 126

项目六　糖类生化产品的制备和检测 …………………………………… 127
一、项目介绍 …………………………………………………………… 127
二、学习目标 …………………………………………………………… 127
三、背景知识 …………………………………………………………… 127
(一) 糖的概念 ……………………………………………………… 127
(二) 糖的功能 ……………………………………………………… 128
(三) 糖的分类 ……………………………………………………… 128
(四) 单糖的结构和性质 …………………………………………… 129
(五) 双糖的结构与性质 …………………………………………… 134
(六) 多糖的结构与性质 …………………………………………… 135
(七) 糖的生物分解代谢 …………………………………………… 137
(八) 糖的合成代谢 ………………………………………………… 148
(九) 糖含量测定方法 ……………………………………………… 150
(十) 糖分子量的测定方法 ………………………………………… 153
四、项目实施 …………………………………………………………… 153
训练任务一　食品中还原糖含量的测定 ………………………… 153
训练任务二　血糖含量的测定 …………………………………… 157
五、拓展训练 …………………………………………………………… 160
设计任务　香菇多糖的提取 ……………………………………… 160

项目七　脂类生化产品的制备和检测 …………………………………… 161
一、项目介绍 …………………………………………………………… 161
二、学习目标 …………………………………………………………… 161
三、背景知识 …………………………………………………………… 161
(一) 脂类的概念 …………………………………………………… 161
(二) 脂类的生物学功能 …………………………………………… 162
(三) 脂类的分类 …………………………………………………… 162
(四) 油脂 …………………………………………………………… 162
(五) 类脂 …………………………………………………………… 165

（六）脂肪的分解代谢 …………………………………………………………… 167
　（七）脂肪的合成代谢 …………………………………………………………… 172
　（八）脂肪酸分解代谢与合成代谢途径的比较 ………………………………… 175
　（九）食品中脂肪含量的测定 …………………………………………………… 176
四、项目实施 ………………………………………………………………………… 177
　训练任务　花生中脂含量的测定 ………………………………………………… 177
五、拓展训练 ………………………………………………………………………… 179
　设计任务　蛋黄中卵磷脂（或胆固醇）的提取 ………………………………… 179
附录一　常用生化缓冲溶液的配制 ……………………………………………… 180
附录二　常用指示剂的配制 ……………………………………………………… 185
附录三　常见市售酸碱的浓度 …………………………………………………… 186
附录四　分子生物学常用溶液配制 ……………………………………………… 187
参考文献 …………………………………………………………………………… 192

生物化学实验基本技能训练

一、学习生物化学实用技术的目的

生物化学实用技术是一门理论性和实践性都很强的课程,是以实验技术为手段在分子水平上阐明生物体的化学组成和生命现象的科学,它是生物及相关专业的重要专业基础课。

通过本课程的学习,一方面是使学生掌握生物化学的基本理论和基本技能,熟悉这些理论和技能在职业领域中的应用,为学习后续专业课程及新理论、新技术奠定专业基础;另一方面是帮助学生提高职业道德素质、通用能力和专业能力,学会用科学的思维方式和方法分析和解决实际问题,为其将来从事专业工作奠定基础,以应对现代社会对素质人才的需求。

本课程的具体学习目标如下。

1. 职业道德素质

(1) 基本职业道德素质

形成守时、守信、守法、尽职尽责、讲究效率与效益双赢的习惯。

(2) 安全意识

能养成安全防护的意识和习惯,杜绝安全隐患发生,并能恰当处理紧急安全事故。

2. 能力目标

(1) 通用能力

① 查阅能力:能根据任务需要,自主选择并吸收信息,扩大知识视野,提升自主学习能力。

② 设计能力:能根据任务需要和已获信息,合理进行实验设计,解决有关实际生产和科研中的问题。

③ 探究能力:在任务完成过程中,勤于动脑,能根据实际情况,进行方法的变通,敢于提出不同的看法,解决实际问题,不要迷信教师、教科书等"权威",更透彻地理解知识点。

④ 操作能力:能在执行任务之前有可行性分析和准备意识,能规范化实验操作,实验过程的数据记录要详尽,培养严谨细致的科学作风,并能使用各种生化仪器进行分析测定。

⑤ 观察能力:能实事求是、准确翔实地记录观察到的现象和收获的数据。

⑥ 归纳分析能力:能科学合理地分析观察结果,正确处理繁琐的实验数据。

⑦ 表达能力:能科学规范、条理清晰、实事求是地进行书面和口头表达。

⑧ 协作能力:能与其他组员进行良好沟通和积极讨论,执行任务过程中既有相对分工,又密切合作。

(2) 专业能力

① 能根据任务要求,选择合适的方法,初步合理设计生物分子制备、分离纯化与检测的工作流程。

② 能进行常见生物分子(如糖、脂类、蛋白质、核酸和酶)的体外分离、提纯、鉴定和含量测定,即熟练操作生物化学的主要实验技能。

③ 能采用萃取技术、电泳技术、色谱技术、离心技术、沉淀技术和膜分离技术等进行生物分子的分离纯化，即熟练掌握生物分子制备的主要实验技能。

④ 能采用化学检测技术、分光光度技术、电泳技术等进行生物分子含量和纯度的检测，即熟练掌握生物分子检测的主要实验技能。

⑤ 能熟练进行 DNA 或 RNA 的提取和检测、目的基因的体外扩增、扩增结果的检测等，即能熟练掌握分子生物学的主要实验技能。

⑥ 能规范使用和维护常用的生物化学仪器设备。

3. 知识目标

① 能阐述糖、脂类、蛋白质、核酸、酶的化学本质、结构特点、性质和功能，能说出它们常见的代谢反应过程。

② 能列举常见的生物分离、纯化与检测技术，并能解释其作用原理及其影响因素。

③ 能解释色谱技术、分光光度技术、电泳技术、离心技术、沉淀技术、膜分离技术、聚合酶链反应（PCR）技术的作用原理及其影响因素，说明操作过程中的注意事项，能合理分析实验结果。

④ 能解释常用生物化学仪器设备的基本构造和作用原理。

⑤ 能阐述生物分子制备、分离纯化与分析鉴定的一般流程。

二、生物化学实用技术的学习方法

本课程的教学内容是若干个"工作任务"，这些"工作任务"都是学生即将在职场中可能会面对的真实的工作内容。学生通过教师的引导，以自主学习为主，通过各种途径和方法查阅资料，获取完成任务所需的相关信息。随后，学生们在教师协助下，以团队的形式，完成工作的各个环节：设计实验方案，讨论并确定实验方案，开展实验工作，完成"任务工作单"。最终，通过学生自查、互查和教师检查，完成学生的评价工作。

三、生物化学实验室的安全知识

在生物化学实验室中，经常会直接接触到毒性强、有腐蚀性、易燃、易爆的化学药品，常常会使用易碎的玻璃和瓷质器皿、高温电热设备等，因此生化实验室潜藏着诸如中毒、烧伤、割伤、着火、爆炸等安全事故，因此，在生化实验室工作的实验者必须十分重视实验安全。

（一）实验室安全的预防措施

① 进入实验室，在开始工作前，应先了解电闸及水阀门所在处。最后一人离开实验室时，一定要将室内检查一遍，应做到关水、关电、关门窗，杜绝一切安全隐患。

② 使用火时，应做到火着人在，人走火灭。

③ 使用电器设备（如烘箱、恒温水浴锅、离心机、电炉等）时，应严防触电；绝不可用湿手开关电闸和电器开关。凡是漏电的仪器，一律不能使用。

④ 使用浓酸和浓碱时，必须极为小心地操作，防止溅出。如果不慎将其溅在实验台上或地面，必须及时擦洗干净。如果触及皮肤应立即治疗。

⑤ 使用可燃物，特别是易燃物（如乙醚、丙酮、乙醇、苯等）时，应特别小心。不要大量放在桌上，更不要在靠近火焰处，如酒精灯或电炉的明火。只有在远离火源时，或将火

焰熄灭后，才可大量倾倒易燃液体。低沸点的有机溶剂不准在火上直接加热，只能在水浴上利用回流冷凝管加热或蒸馏。如果不慎倾出大量的易燃液体，则应立即关闭室内所有的火源和电加热器，开窗，用毛巾或抹布擦拭洒出的液体，并将液体拧到大的容器中，然后再倒入带塞的废弃物瓶中。用后，要把瓶塞盖紧，放在阴凉的地方，最好放在沙桶内。

⑥ 使用具有刺激性、恶臭的、有毒的和致癌的化学药品时，如浓盐酸、浓硝酸、发烟硫酸、溴化乙锭等，必须在通风橱内或相对隔离的环境中进行，必要时应佩戴手套和口罩。

⑦ 用油浴操作时，应小心加热，不断用温度计测量，不要使温度超过油的燃烧温度。

⑧ 废液特别是强酸和强碱不能直接倒在水槽中，应先稀释，然后倒入水槽，再用大量自来水冲洗水槽及下水道。

⑨ 有毒的和致癌的化学药品在使用时应严格按要求操作，避免交叉污染，用后应妥善处理。

⑩ 禁止用手直接取用任何化学药品，对于有毒药品，除用药匙、量器外，还必须戴手套。

⑪ 实验室内禁止喝水、进食和吸烟，离开实验室之前应用肥皂洗手。

(二) 实验室伤害的救护措施

在实验过程中不慎发生受伤事故，应立即采取适当的急救措施。

1. 割伤

首先必须检查伤口内有无玻璃或金属等物的碎片，若有碎片需小心挑出，然后用消毒棉棒将伤口清理干净，然后涂以止血或抗菌消炎药物，必要时要用纱布包扎。若伤口较大或过深而大量出血，应迅速在伤口上部和下部扎紧血管止血，立即到医院诊治。

2. 烫伤

当被火焰、蒸气、红热的器具烫伤时，应立即用凉水冲洗，以迅速降温避免深度灼伤。如果伤处红痛或红肿（一级灼伤），可用烫伤膏敷盖伤处；若皮肤起泡（二级灼伤），不要弄破水泡，防止感染，应用纱布包扎后到医院治疗；若伤处皮肤呈棕色或黑色（三级灼伤），应用干燥而无菌的消毒纱布轻轻包扎好，急送医院治疗。

3. 强碱腐蚀

若强碱、钠、钾等触及皮肤引起灼伤，可先用大量自来水冲洗，再用5%乙酸溶液或2%乙酸溶液涂洗，最后用水冲洗。如果碱溅入眼内，可用硼酸溶液洗，再用水洗。

4. 强酸腐蚀

若强酸触及皮肤引起灼伤，应立即用大量自来水冲洗，再以5%碳酸氢钠溶液或5%氢氧化铵溶液冲洗，最后用水冲洗。如果强碱溅入眼内，可用1%碳酸氢钠溶液冲洗。

5. 酚灼伤

若酚触及皮肤引起灼伤，应用大量的水清洗，并用肥皂和水洗涤，忌用乙醇。

6. 煤气中毒

若煤气中毒时，应到室外呼吸新鲜空气，若严重时应立即到医院诊治。

7. 汞中毒

若含有汞（水银）的用品（如温度计）被打破，汞会形成球体滚落，在常温下即可蒸发成气态，很容易被吸入呼吸道，引起中毒。此时，应先关掉室内所有加热装置，打开窗户通风，然后戴上口罩和手套，用小铲子把水银收集起来深埋，或在上面撒些硫黄粉末，硫和汞反应能生成不易溶于水的硫化汞，危害会大大降低。汞蒸气容易由呼吸道进入人体，也可以经皮肤直接吸收而引起积累性中毒，汞中毒的症状是腹痛、腹泻、血尿、口腔发炎、肌肉震颤和精神失常等，若不慎中毒时，应送医院急救。急性中毒时，通常用炭粉或呕吐剂彻底洗胃，或者食入蛋白（如 1L 牛奶加 3 个鸡蛋清）或蓖麻油解毒并使之呕吐。

8. 触电

他人触电时，应马上切断电路、关闭电源、用干木棍使导线与被害者分开、使被害者和土地分离，急救时急救者必须做好防止触电的安全措施，手或脚必须绝缘。

9. 着火

实验室内万一起火，不要慌张，应保持镇静，要立即切断室内一切火源和电源，然后根据起火原因和火场周围的情况，采取正确的方法进行灭火。常用的灭火方法有：酒精及其他可溶于水的液体着火时，可用水灭火；汽油、乙醚、甲苯等有机溶剂着火时，应用石棉布或沙土扑灭，绝对不能用水，否则会扩大燃烧面积；金属钠着火时，可把沙子倒在它的上面；导线着火时不能用水及二氧化碳灭火器，应切断电源或用四氯化碳灭火器；一般小火可用湿布或沙土覆盖在着火的物体上，隔绝空气使火熄灭；衣服着火时，切忌慌张乱跑，可立即用湿布压灭火焰，如衣服的燃烧面积较大，可躺在地上滚动，以灭火。较大的着火事故应立即报警。

四、生物化学实验的基础知识

（一）化学试剂及其取用

1. 化学试剂的分级

根据化学试剂的纯度和杂质含量，国内将化学试剂分为五个等级，我国国家标准还规定了不同等级试剂包装标签的颜色和应用范围。

① 一级试剂，即优级纯试剂，通常用 GR 表示，采用绿色标签，应用于精密的分析研究工作。

② 二级试剂，即分析纯试剂，通常用 AR 表示，采用红色标签，应用于分析实验。

③ 三级试剂，即化学纯试剂，通常用 CP 表示，采用蓝色标签，应用于一般化学实验。

④ 四级试剂，即实验或工业试剂，通常用 LR 表示，采用黄色标签，应用于工业或化学制备。

⑤ 生化试剂，通常用 BR 表示，采用咖啡或玫瑰红标签，应用于生化实验。

此外，根据特殊的工作目的，还有一些特殊的纯度标准。例如光谱纯、荧光纯、半导体纯等。

化学工作者必须对化学试剂标准有明确的认识，做到合理使用化学试剂，既不超规格导致浪费，又不随意降低规格影响分析结果的准确度。

在一般分析工作中，通常要求使用 AR 级（分析纯）试剂。

2. 化学试剂的包装

固体试剂一般装在带胶木塞的广口瓶中，液体试剂则盛在细口瓶中（或滴瓶中），见光易分解的试剂（如硝酸银）应装在棕色瓶中，每一种试剂都贴有标签，用于标明试剂的名称、浓度、纯度、等级等。

3. 化学试剂的取用

实验中应根据不同的实验要求选用不同级别的试剂。

固体粉末试剂可用洁净的药匙取用。如需大量液体试剂常用量筒量取，如需少量液体试剂则可用滴管或移液管取用，取用时应注意不要将滴管碰到或插入接收容器的壁上或里面。

取用化学试剂时应遵守以下规则。

① 化学试剂不能与手接触。

② 要用洁净的药勺、量筒或滴管取用化学试剂，绝对不准用同一种工具同时连续取用多种试剂。取完一种试剂后，应将工具洗净晾干后，方可取用另一种试剂。

③ 试剂取用后一定要将瓶塞盖紧，绝不允许张冠李戴放错瓶盖。

④ 已取出的试剂不能再放回原试剂瓶内。

⑤ 应本着节约精神，尽量取用最少量的化学试剂。

⑥ 一般化学固体试剂可放在纸或表面皿上称量，但对于易潮解、具有腐蚀性、强氧化性的试剂应改用烧杯或锥形瓶等玻璃器皿称量。

⑦ 取用大量液体试剂时，应采用倾注法。具体操作要求是：将瓶塞取下后，一定要反放于桌上，以免瓶塞沾污造成试剂级别下降；一手握住试剂瓶贴标签的一面，一手拿玻璃棒，使棒的下端紧靠容器内壁，将瓶口靠在玻璃棒上，缓慢地竖起试剂瓶，使液体试剂成细流沿着玻璃棒流进容器内（如图1-1所示）。试剂瓶切勿竖得太快，否则易造成液体试剂不是沿着玻璃棒流下而冲到容器外或桌上，造成浪费，有时还有危险。一般液体试剂的加进量不得超过盛放容器容积的2/3。

图1-1　倾注法取用大量液体试剂

⑧ 用滴管取用少量液体试剂时，滴管可垂直或倾斜滴加，且滴管不能与器壁相碰，以免滴管沾污。

（二）化学溶液及其配制

1. 一般溶液的配制及保存方法

配制溶液时，应根据对溶液浓度准确度的要求，确定在哪一级天平上称量；记录时应记准至几位有效数字；配制好的溶液应选择合适的容器盛放等。该准确时就应该很严格，允许误差大些的就可以不那么严格。如配制 0.1mol/L $Na_2S_2O_3$ 溶液需在台秤上称 25g 固体试剂，如在分析天平上称取试剂，反而是不必要的。

配制及保存溶液时可遵循下列原则。

① 配制溶液时，要合理选择试剂的级别，不许超规格使用试剂，以免造成浪费。

② 若经常并大量用的溶液，可先配制浓度约大10倍的储备液，使用时取储备液稀释10倍即可。

③ 若试剂溶解时有放热现象，或以加热促使其溶解的，应待其冷却后，再移至试剂瓶或容量瓶中。

④ 对易水解的固体试剂如 $FeCl_3$ 等，配制其溶液时，可先用适量的酸或碱溶解，再用蒸馏水定容。

⑤ 配制稀硫酸溶液时，应特别注意，试剂稀释应在不断搅拌下将浓硫酸缓缓倒入盛水的容器内，切不可颠倒操作顺序。

⑥ 配好的溶液盛装在试剂瓶中，应贴好标签，注明溶液的浓度、名称以及配制日期。

⑦ 易侵蚀或腐蚀玻璃的溶液，不能盛放在玻璃瓶内，如含氟的盐类（如 NaF、NH_4F、NH_4HF_2）、苛性碱等应保存在聚乙烯塑料瓶中。

⑧ 易挥发、易分解的试剂及溶液，如 I_2、$KMnO_4$、H_2O_2、$AgNO_3$、$H_2C_2O_4$、$Na_2S_2O_3$、$TiCl_3$、氨水、CCl_4、$CHCl_3$、丙酮、乙醚、乙醇等溶液及有机溶剂等均应存放在棕色瓶中，密封好放在暗处阴凉地方，避免光的照射。

2. 标准溶液的配制方法

按照化学溶液浓度的准确程度，可将溶液分为标准溶液和非标准溶液。标准溶液要求浓度非常准确，一般为四位有效数字；非标准溶液要求浓度较粗略。

标准溶液是已确定其主体物质浓度或其他特性量值的溶液。化学实验中常用的标准溶液有滴定分析用标准溶液、仪器分析用标准溶液、pH测量用标准缓冲溶液。标准溶液常用mol/L表示其浓度。标准溶液的配制方法主要分直接法和间接法两种。

（1）直接法

用分析天平或电子天平准确称取一定量的基准物质，溶解后，再用容量瓶定容即成为准确浓度的标准溶液。例如，需配制500mL浓度为0.01000mol/L $K_2Cr_2O_7$ 溶液时，应在分析天平上准确称取基准物质 $K_2Cr_2O_7$ 1.4709g，加少量水使之溶解，定量转入500mL容量瓶中，加水稀释至刻度。

较稀的标准溶液可由较浓的标准溶液稀释而成。例如，需配制 1.79×10^{-3} mol/L 标准铁溶液，计算得知需准确称取10mg纯金属铁，因其量太小，在一般分析天平上无法准确称量，称量误差大，因此，常常采用先配制储备标准溶液，然后再稀释至所要求的标准溶液浓度的方法。可在分析天平上准确称取金属铁1.0000g，然后在小烧杯中加入约30mL浓盐酸使之溶解，定量转入1L的容量瓶中，最后用1mol/L盐酸稀释至刻度，此储备标准溶液含铁 1.79×10^{-2} mol/L。再吸取此标准溶液10.00mL于100mL容量瓶中，用1mol/L盐酸稀释至刻度，摇匀，此标准溶液含铁 1.79×10^{-3} mol/L。由储备液配制成操作溶液时，原则上只稀释一次，必要时可稀释两次。稀释次数太多累积误差太大，影响分析结果的准确度。

（2）间接法（标定法）

不能直接配制成准确浓度的标准溶液，可先配制成近似所需浓度的溶液，然后再用基准物质或已知浓度的标准溶液标定其准确浓度，此法称为间接法，也称标定法。做滴定剂用的酸碱溶液，一般先配制成约0.1mol/L的浓度。由原装的固体酸碱配制溶液时，一般只要求准确到1~2位有效数字，故可用量筒量取液体或在台秤上称取固体试剂，加入的溶剂（如水）用量筒量取即可。但是在标定溶液的整个过程中，一切操作要求严格、准确。称量基准物质要求使用分析天平，称准至小数点后四位有效数字。所要标定溶液的体积，如要参加浓度计算的均要用容量瓶、移液管或滴定管准确操作，不能马虎。

（三）常用仪器及其操作

1. 量筒

量筒用于量取一定量的液体，容量有10mL、25mL、50mL、100mL等，实验中可根据所取溶液的体积来选用。注意：不能加热；不能用作反应容器；不能量热的液体；读取体积时，要使视线与管内液面保持水平，读取与弯月面相切的刻度，视线偏高和偏低都会造成误差。

2. 移液管和吸量管

移液管是用于准确量取一定体积溶液的量器，全名为"单标线吸量管"，一般是中部有近球形的玻璃管，管的上部有一刻线表明体积，流出溶液的体积与管上所标明的体积相同。经常用的移液管有5mL、10mL、25mL等。吸量管是带有分度线的玻璃量器，可用于量取不同体积的溶液，全名为"分度吸量管"。但用吸量管量取溶液的准确度不如移液管。

移液管和吸量管的使用方法是：使用前用少量洗液将其洗净，使移液管和吸量管的内壁和下部的外壁不挂水珠。吸取溶液前再用少量待取液润洗3次。润洗移液管和吸量管时，为避免溶液稀释或沾污，可将溶液转移至小烧杯中吸取。用移液管和吸量管移取溶液时，右手拇指和中指拿住管颈标线的上部，将移液管垂直插入液面以下1~2cm深度，不要插入太深，以免外壁粘带溶液过多；也不要插入太浅，以免液面下降时吸空。随着液面的下降，移液管逐渐下移。把移液管的尖嘴靠在接收容器内壁上，让接收容器倾斜而移液管直立。放开食指使溶液自由流出，如图1-2所示。待溶液不再流出时，等15s后再取出移液管。最后尖嘴内余下的少量溶液，不必用力吹入接收器中，因原来标定移液管体积时，这点体积已不在其内（如移液管上有一个吹字，则一定要将尖嘴内余下的少量溶液吹入接收容器中）。

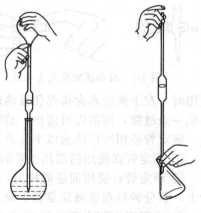

图1-2　吸取溶液和放出溶液

3. 容量瓶

配制准确浓度的溶液时要用容量瓶。它是细颈的平底瓶，配有磨口玻璃塞，容量瓶上标明使用的温度和容积，瓶颈上有刻线。容量瓶使用时应注意以下几点。

① 检查瓶塞是否严密，瓶口是否漏水。

② 为避免塞子打破或遗失，应用橡皮套把塞子系在瓶颈上。

③ 配制溶液时，如是固体物质，先要在烧杯内溶解，再转移到容量瓶中。

④ 转移溶液时用玻璃棒引流，如图1-3所示；用蒸馏水冲洗烧杯几次，洗涤液全部转入容量瓶中；然后慢慢往容量瓶中加入蒸馏水，当液面接近刻线约1cm时，稍停后待附在瓶颈上的水流下后，用洗瓶或滴管缓缓加水至标线。盖好瓶塞，按图1-4将容量瓶倒置摇动，重复几次，使溶液混合均匀。

图1-3　转移溶液到容量瓶中

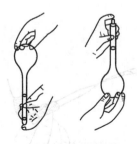
图1-4　容量瓶的翻动

⑤ 如固体是经加热溶解的，溶液冷却后才能转入容量瓶内。

⑥ 如果要把浓溶液稀释，要用移液管吸取一定体积浓溶液放入容量瓶中，然后按上述操作加水稀至刻度线。

⑦ 定容好的溶液不可在容量瓶中储存。应将配好的溶液及时转移到清洁、干燥的磨口试剂瓶中。

⑧ 容量瓶用毕后应立即用水冲洗干净。如长期不用，磨口处应洗净擦干，并用纸片将磨口隔开。

⑨ 容量瓶不得在烘箱中烘烤，也不能用其他任何方法进行加热。

4. 滴定管

滴定管分酸式滴定管和碱式滴定管两种。除碱性溶液用碱式滴定管外，其他溶液一般都用酸式滴定管。

酸式滴定管下端有一个玻璃活塞，用以控制溶液的滴出速度。使用前先取出活塞用滤纸吸干，然后用手指粘少量凡士林油（起密封和润滑作用）在塞子的两头涂一薄层（如图1-5

图 1-5　玻璃活塞涂凡士林油

所示），将活塞塞好并转动，使活塞与塞槽接触地方呈透明状态。检查如不漏水，用橡皮圈将活塞与管身系牢即可洗涤使用。

碱式滴定管的下端有胶管连接带有尖嘴的小玻璃管，胶管内装一个圆玻璃球，用以堵住溶液。使用时，左手拇指和食指捏住玻璃球部位稍上的地方，向一侧挤压胶管，使胶管和玻璃球间形成一条缝隙，溶液即可流出。玻璃珠的大小要适当，以防漏液或操作不便。

滴定管使用时应注意以下几点。

① 滴定管在使用前需用少量滴定液润洗 3 次，以保证不影响滴定液的浓度。

② 滴定管在使用前还需检漏，方法是在管内充水至最高刻度，将滴定管垂直挂在滴定台上，数分钟后观察液面是否下降。

③ 将滴定液装入滴定管"0"刻度以上，排出滴定管尖嘴气泡后才可进行正式滴定操作。酸式滴定管排气泡的方法：将酸式滴定管稍倾斜，左手迅速打开活塞，使溶液冲击赶出气泡后，再使活塞开启变小，调至液面弯月面正好与 0.00 刻度线相切。碱式滴定管排气泡的方法：将碱式滴定管的胶管向上弯曲，用两指挤压玻璃球，使溶液从尖嘴喷出，气泡随之逸出（如图 1-6 所示），继续边挤压边放下胶管，气泡便可全部排除，然后再调至 0.00 刻线。

④ 使用酸式滴定管滴定时，一手握住锥形瓶的颈部，使滴定管下端伸入瓶口内 1～2cm 处，另一手的拇指、食指和中指控制玻璃活塞，转动活塞使溶液滴出。右手持锥形瓶沿同一方向做圆周摇动，使溶液混合均匀，如图 1-7 所示。

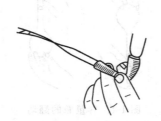

图 1-6　碱式滴定管赶气泡的方法

图 1-7　滴定操作手法

⑤ 无论使用哪种滴定管，都要掌握好加液速度（连续滴加、逐滴滴加、半滴滴加），滴定终点前，应用蒸馏水冲洗瓶壁，再继续滴加至终点。

⑥ 读数时，要使视线与液面保持水平。对于无色或浅色溶液，应读取弯月面下缘最低点；对高锰酸钾等颜色较深的溶液，可读液面两侧的最高点。注意初读数与终读数采用同一标准。读数要读到小数点后第二位数。

⑦ 装满或放出溶液后，必须等 1～2min，使附着在内壁的溶液流下来后，再进行读数。读数前要检查一下管壁是否挂水珠，滴定管尖嘴是否有气泡。

5. 可调式微量移液器

可调式微量移液器是一种取样量连续可调的精密取液仪器，又称移液枪、取液器、加样器、进样器。移液器的工作原理是活塞通过弹簧的伸缩运动来实现吸液和放液。在活塞推动下，排出部分空气，利用大气压吸入液体，再由活塞推动空气排出液体。使用移液器时，配合弹簧的伸缩性特点来操作可以很好地控制移液的速度和力度。

(1) 可调式微量移液器的构造

可调式微量移液器的构造如图1-8所示。

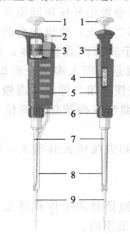

图1-8 可调式微量移液器的构造
1—推动按钮;2—卸尖按钮;3—体积调节轮;
4—体积显示窗;5—手柄;6—连接螺母;
7—吸液杆;8—卸尖器;9—吸头

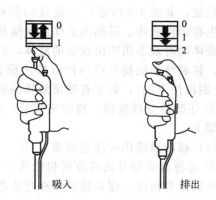

图1-9 移液器的使用——前进移液法

值得注意的是推动按钮的活塞可分段行程,一般情况下,第一挡为吸液,第二挡为放液,如图1-9所示。

(2) 可调式微量移液器的型号

不同型号的微量移液器各有其吸取体积范围,常用的型号如表1-1所示。

表1-1 常用微量移液器型号和特点

体积范围	体积增量	体积误差	配套枪头的颜色
0.5~10μL	0.1μL	±0.3μL	白色
20~200μL	1μL	±2μL	黄色
200~1000μL	5μL	±10μL	蓝色
1000~5000μL	50μL	±50μL	蓝色

(3) 可调式微量移液器的使用方法

① 选择合适的移液器:不同型号的移液器吸取体积的范围不同,根据取用溶液体积取用适当的微量移液器。

② 设定体积:转动体积调节轮,使视窗的读数显示为所要取液体的体积。设定体积时,如果要从大体积调为小体积,则按照正常的调节方法,逆时针旋转旋钮即可;但如果要从小体积调为大体积时,则可先顺时针旋转刻度旋钮至超过量程的刻度,再回调至设定体积,这样可以保证量取的最高精确度。在该过程中,千万不要将按钮旋出量程,否则会卡住内部机械装置而损坏移液枪。

③ 安装枪头:将一个合适的吸头(枪头,tip)装在吸液杆上,推到套紧位置以保证气密性。正确的安装方法是将移液器垂直插入枪头中,稍微用力左右微微转动即可使其紧密结合。

④ 移液:移液之前,要保证移液器、枪头和液体处于相同温度。吸取液体时,移液器保持垂直状态,将枪头插入液面下2~4mm。在吸液之前,可以先吸放几次液体以润湿吸液

嘴，尤其是要吸取黏稠或密度与水不同的液体时此步尤为重要。根据取用液体的性质不同有两种移液方法：一是前进移液法，此法一般用于转移水、缓冲液、稀释的盐溶液和酸碱溶液，具体操作是用大拇指将推动按钮按下至第一停点，然后慢慢松开按钮回原点，接着将推动按钮按至第一停点排出液体，稍停片刻，继续按按钮至第二停点，吹出残余的液体，最后松开按钮，如图1-9所示；二是反向移液法，此法一般用于转移高黏稠液体、易挥发的液体、生物活性液体、易起泡液体或极微量的液体，其原理就是先吸入多于设置量程的液体，转移液体的时候不用吹出残余的液体，具体操作是先按下按钮至第二停点，慢慢松开按钮至原点，接着将按钮按至第一停点排出设置好量程的液体，继续保持按住按钮位于第一停点（千万别再往下按），取下有残留液体的枪头，弃之。

⑤ 正确放置移液器：移液完成后，松开推动按钮，按卸尖按钮丢弃吸头，竖直挂在移液枪架上。

(4) 移液器使用时注意事项

① 选择合适型号的移液器和枪头，切忌用大量程的移液器移取小体积样品。为确保更好的准确性和精度，建议移液量在吸头的35%～100%量程范围内。

② 安装吸头时，需要将移液套柄插入吸头后，左右转动或前后摇动用力上紧。切忌用移液器反复撞击吸头来上紧，这样的操作会导致吸头变形而影响精度，严重时还会损坏移液器。

③ 使用时应检查移液器是否有漏液现象，方法时吸取液体后悬空垂直放置几秒，观察液面是否下降。

④ 吸液时，应该垂直吸液，慢吸慢放。移液器本身倾斜可导致移液体积不准确，吸液过快容易造成样品进入套柄，带来活塞和密封圈的损伤以及样品的交叉污染。

⑤ 当移液器枪头里有液体时，切勿将移液器水平放置或倒置，以免液体倒流腐蚀活塞弹簧。

⑥ 需高温消毒之前，要确认移液器是否能适应高温。

⑦ 如不使用移液器，要将移液器的量程调至最大值的刻度，使弹簧处于松弛状态以保护弹簧。

(5) 移液器的维护

① 定期检查移液器的密封状况，一旦发现移液器出现漏液现象，需分析导致漏液的具体原因，寻找正确的解决方法。如枪头是否匹配，枪头安装是否正确，解决方法是选择合适枪头重新正确安装即可；弹簧活塞和密封圈之间间隙是否正常以及密封圈老化，解决方法是更换同规格密封圈或在活塞上加涂凡士林；如果吸取的溶液是易挥发的液体（如多数的有机溶剂），则可能是饱和蒸气压的问题，解决方法是先吸放几次液体，然后再移液。

② 每年对移液器进行1~2次校正，校正方法是在20~25℃环境中，通过反复几次称量蒸馏水的方法来进行。

③ 定期清洗移液枪，可以用肥皂水或60%的异丙醇，再用蒸馏水清洗，自然晾干。

④ 避免放在温度较高处，以防变形致漏液或不准。

6. pH计

酸度计简称pH计，由电极和电计两部分组成。使用中需正确操作和合理维护电极，按要求配制标准缓冲液。

(1) 正确使用与保养电极

目前实验室使用的电极都是复合电极，其优点是使用方便，不受氧化性或还原性物质的影响，且平衡速度较快。电极的使用与维护需要注意以下几点。

① 电极的存放。最好的方法是保持 pH 电极玻璃球泡湿润，建议将电极充分浸泡于 3.3mol/L 的饱和 KCl 溶液中，其他 pH 缓冲溶液也可以作为电极的存放介质，内充缓冲液的塑料保护套是长期存放电极的理想之处。值得注意的是电极应避免长期浸泡在去离子水（蒸馏水）、蛋白质溶液、酸性氟化物、洗涤液或其他吸水性溶液中。

② 使用前，应检查玻璃电极前端的球泡是否透明有无裂纹，球泡内要充满溶液，不能有气泡存在。

③ 电极的活化。一般来说，严格按存放和维护步骤进行的话，电极可以立刻使用。然而，如果电极响应迟钝的话，很可能电极球泡已经脱水。如果发现电极干枯，在使用前应将电极浸入 3mol/L KCl 溶液中放置 1~2h，使球泡重新获得水分，以降低电极的不对称电位。

④ 校正或测定过程中切不可将电极当玻璃棒搅拌溶液使用，清洗电极时应当用滤纸吸干，不能用滤纸擦拭，避免损坏玻璃薄膜，防止交叉污染，影响测量精度。

⑤ 电极不能用于强酸、强碱或其他腐蚀性溶液 pH 值的测定，同时严禁在脱水性介质如无水乙醇、重铬酸钾等溶液中使用。

⑥ 测量浓度较大的溶液时，尽量缩短测量时间，用后仔细清洗，防止被测液黏附在电极上而污染电极。

⑦ 电极经长期使用后，如发现斜率略有降低，可将电极下端浸泡在 4% 氢氟酸中 3~5s，然后用蒸馏水洗净，最后将电极浸泡在 0.1mol/L 盐酸溶液中，使之复新。

⑧ 电极的清洁。电极使用完后，应用去离子水清洗，如在胶黏性溶液中测试后，应反复清洗电极，除去沾在电极上的残液，避免电极的球泡上结膜使灵敏度降低。电极易被污染，应该定期清洗电极。选用清洗剂时不能用四氯化碳、三氯乙烯、四氢呋喃等能溶解聚碳酸树脂的清洗液，因为电极的外壳是由聚碳酸树脂制成的，其溶解后极易污染敏感球泡，从而使电极失效；也不能用复合电极去测试上述溶液。常见的电极清洗剂如表 1-2 所示，依污染物的性质不同，选择合适的清洗剂清洁电极。

表 1-2　常见电极污染物和清洗剂的选择

污染物	清洗剂	污染物	清洗剂
无机金属氧化物	稀酸（<1mol/L）	蛋白质类物质	酸性酶溶液
有机油脂类物质	弱碱性稀洗涤剂	染料类物质	稀漂白液，过氧化氢
树脂高分子物质	酒精，丙酮，乙醚		

(2) 标准缓冲液的配制及其保存

① pH 标准物质应保存在干燥的地方，如混合磷酸盐 pH 标准物质易潮解。

② 配置 pH6.86 和 pH9.18 缓冲液所用的水，应预先煮沸 15~30min，除去溶解的二氧化碳。在冷却过程中应避免与空气接触，以防止二氧化碳的污染。

③ 配制 pH 标准溶液应使用二次蒸馏水或者去离子水。

④ 配制 pH 标准溶液应使用较小的烧杯来稀释，以减少沾在烧杯壁上的 pH 标准液。

⑤ 存放 pH 标准物质的塑料袋或其他容器，除了应倒干净以外，还应用蒸馏水多次冲洗，以保证配制的 pH 标准溶液准确无误。

⑥ 配制好的标准缓冲溶液一般可保存 2~3 个月，如发现有浑浊、发霉或沉淀等现象时，不能继续使用。

⑦ 碱性标准溶液应装在聚乙烯瓶中密闭保存，防止二氧化碳进入标准溶液后形成碳酸，降低其 pH 值。

(3) pH 计的主要操作步骤

pH 计因电极设计的不同而类型很多，其操作步骤各有不同，因此，pH 计的操作应严格按照其使用说明书正确进行，以下介绍 pH 计的主要操作步骤。

① 打开电源，预热仪器，等其稳定后进行仪器的校正。

② 校正。校正是 pH 计使用过程中的重要步骤，尽管 pH 计种类很多，但其校准方法均采用"两点校正法"，即选择两种标准缓冲液：一种是 pH6.86（25℃）标准缓冲液，第二种是 pH9.1（25℃）标准缓冲液或 pH4.00（25℃）标准缓冲液。选择标准溶液时，应尽可能使被测溶液的 pH 值接近或夹在两个校正点之间，以便提高测量的准确度。先用 pH6.86 标准缓冲液对电极进行定位，再根据待测溶液的酸碱性选择第二种标准缓冲液。如果待测溶液呈酸性，则选用 pH4.00 标准缓冲液；如果待测溶液呈碱性，则选用 pH9.1 标准缓冲液。

若是手动调节 pH 计，应在两种标准缓冲液之间反复操作几次，直至不需再调节其零点和定位（斜率）旋钮，pH 计即可准确显示两种标准缓冲液 pH 值，则校正过程结束。若是智能式 pH 计，则不需反复调节，因为其内部已储存几种标准缓冲液的 pH 值可供选择，而且可以自动识别并自动校准。

校正步骤需要注意的是标准缓冲液的选择及其配制的准确性。其次，在校正前应特别注意待测溶液的温度，不同的温度下，溶液的 pH 值是不一样的。

校正工作结束后，对使用频繁的 pH 计一般在 48h 内仪器不需再次校正。如遇到下列情况之一，仪器则需要重新校正：a. 溶液温度与定标温度有较大的差异时；b. 电极在空气中暴露过久（>0.5h）；c. 定位或斜率调节钮被误动；d. 测量过酸（pH<2）或过碱（pH>12）的溶液后；e. 换过电极后；f. 当所测溶液的 pH 值不在两点定标时所选溶液的中间，且又距 pH6.86 较远时。

③ pH 值测量。在校正完成后，把电极用去离子水冲洗干净，用滤纸吸干，然后把复合电极插入被测溶液中，少搅动，此时等待读数稳定后（以 pH 值在 1min 内变化不超过 0.05 为准），即可记录 pH 值。

④ 关闭电源，将电极冲洗干净后浸入 3mol/L KCl 溶液中。

7. 电子天平

电子天平是利用电子装置完成电磁力补偿的调节，使物体在重力场中实现力的平衡，或通过电磁力矩的调节，使物体在重力场中实现力矩的平衡。电子天平具有体积小、平衡快、操作方便等优点。常见的电子天平见图 1-10。

(1) 电子天平的主要操作步骤

目前电子天平种类繁多，但其使用方法大同小异，具体操作可参看各仪器的使用说明书。电子天平称量操作大致分为预热、校正、称量和关机四步，以下介绍电子天平的主要操作步骤。

① 接通电源，预热，使天平处于备用状态。

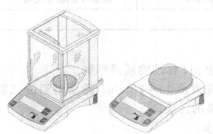

图 1-10　常见的电子天平

② 水平调节。使用前应观察天平的水平仪是否水平，若不水平，需调整水平调节脚。

③ 校正。打开开关，使天平处于零位。不同型号的电子天平，校正方法各异，有的可自动校准，有的则需人工校准，具体的校正方法可参看各仪器的使用说明书。

④ 放上称量纸或称量器皿，读取数值并记录，用手按调零键使天平重新显示为零。

⑤ 在纸上或器皿内加入待测样品，读取数值并记录。

⑥ 称量结束后，关闭电源。

(2) 电子天平使用时的注意事项

① 将天平置于稳定的工作台上避免振动、气流及阳光照射。

② 电子天平应按说明书的要求进行预热。

③ 电子天平应处于水平状态进行称量。

④ 称量易挥发和具有腐蚀性的物品时，要盛放在密闭的容器（如称量瓶）内，以免腐蚀和损坏电子天平。

⑤ 称量时需看清电子天平显示的称量模式，如不在称量状态，需进行调节。

⑥ 操作天平不可过载使用，以免损坏天平。

⑦ 经常对电子天平进行自校或定期外校，保证天平灵敏度处于最佳状态。

⑧ 天平在使用前后都应将托盘刷干净，应保持天平的清洁，一旦物品撒落应及时小心清除干净。

⑨ 分析天平箱内应放置吸潮剂（如硅胶），当吸潮剂吸水变色，应立即高温烘烤更换，以确保吸湿性能。

(3) 称量方法

常用的称量方法有直接称量法、固定质量称量法、递减称量法，现分别介绍如下。

① 直接称量法此法　是将称量物直接放在天平盘上直接称量物体的质量。例如，称量小烧杯、容量瓶、坩埚的质量。

② 固定质量称量法（增量法）　此法用于称量某一固定质量的试剂或试样。这种称量操作的速度很慢，适于称量不易吸潮、在空气中能稳定存在的粉末状或小颗粒样品。固定质量称量法是在称量去皮重的容器内直接投放待测样品，直至达到所需质量为止，如图 1-11(a) 所示。

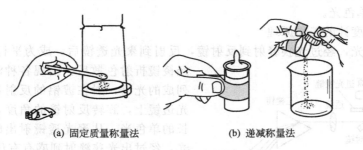

(a) 固定质量称量法　　　　(b) 递减称量法

图 1-11　称量方法

③ 递减称量法（差减法、减量法）　此法用于称量一定质量范围的样品或试剂，适于称量易吸水、易氧化、易与 CO_2 反应的试剂或样品。由于称取试样的质量是由两次称量之差求得，故也称差减法或减量法。称量步骤如下：从干燥器中用纸带夹住称量瓶后取出，用纸夹住称量瓶盖柄，打开瓶盖，用药匙加入适量试样，盖上瓶盖；称出称量瓶加试样后的准确质量；随后将称量瓶从天平上取出，在接收容器的上方倾斜瓶身，用称量瓶盖轻敲瓶口上部使试样慢慢落入容器中，瓶盖始终不要离开接收器上方；当倾出的试样接近所需量时，逐渐将称量瓶身竖直，使黏附在瓶口上的试样落回称量瓶内，然后盖好瓶盖，准确称其质量；两次质量之差，即为试样的质量，如图 1-11(b) 所示。有时一次很难得到合乎质量范围要求的试样，可重复上述称量操作 1～2 次。

8. 离心机

离心机是利用离心力对混合液（含有固形物）进行分离和沉淀的一种专用仪器。

(1) 离心机的种类

离心机根据转速不同，可以分为低速离心机（<10000r/min）、高速离心机（10000～30000r/min）和超高速离心机（>30000r/min）。

根据温度控制不同，可以分为冷冻离心机和普通离心机。冷冻离心机带有制冷系统，可以控制温度最低至-20℃，普通离心机不带制冷系统。

根据用途不同，还可以将离心机分为分析型离心机和制备型离心机。

实验室以低速离心机和高速冷冻离心机应用最为广泛，它们是生化实验室用来分离制备生物大分子必不可少的重要工具。

(2) 离心机使用时的注意事项

使用离心机时尤其应注意安全，因为离心力失控可能造成很大的破坏。需要特别注意的是离心管是否平衡，离心转速是否超过极限等。

① 离心机要放在平坦和结实的地面或实验台上，不允许倾斜。
② 离心机电源应接地线，以确保安全。
③ 平衡好的离心管必须成偶数对称放入。
④ 离心机在运转时，不得移动离心机。
⑤ 离心机启动后，如有不正常的噪声及振动时，可能是离心管破碎或相对位置上的两管重量不平衡，应立即关机处理。
⑥ 关闭电源后，要等候离心机自动停止，不允许用手或其他物件迫使离心机停转。
⑦ 待转头完全静止后，才能打开舱门。
⑧ 超高速离心机因转速极高，需要专门训练后才可使用。

9. 分光光度计

分光光度计是利用分光能力较强单色光器，对入射光进行分光，得到波长范围很小的（5nm左右）的单色光。

(1) 分光光度计的工作原理

光源发出白光，经过光狭缝射到反射镜，反射到聚光透镜后，成为平行光，射入棱镜。经棱镜折射色散后，出现各种波长的单色光排列成的光谱，射在镀铝的反射镜上，反射到聚光透镜上，旋转反射镜的角度可以选择所需波长的单色光。从聚光透镜射出的是平行的单色光，经过出光狭缝射到盛有有色溶液的比色皿。经有色溶液吸收后，透射光经光量调节器，射到光电池或光电管上，产生光电流。光电流在一个高电阻上产生电压降，此电压降经直流放大器放大后，用精密电位计测量，直接指示出溶液的吸光度或透光率。分光光度计的光学系统示意图如图1-12所示。

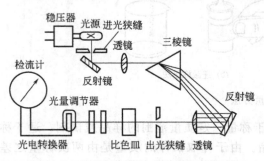

图1-12 分光光度计的光学系统示意图

(2) 分光光度计的构造

目前，分光光度计的型号较多，但它们的基本结构都相似，都由光源、单色器、样品吸收池和检测器系统四大部件组成，如图1-13所示。

图1-13 分光光度计结构

① 光源　光源是提供入射光的装置。可见光区常用的光源为钨灯，可用的波长范围为350～1000nm；紫外光区常用的光源为氢灯或氘灯（其中氘灯的辐射强度大，稳定性好，寿命长，因此近年生产的仪器多使用氘灯），它们发射的连续波长范围为180～360nm。

② 单色器　单色器是将光源提供的复合光分成单色光的光学装置。单色器一般由狭缝、色散元件及透镜系统组成，其中色散元件是单色器的关键部件。最常用的色散元件是棱镜和光栅（现在的商品仪器几乎都使用光栅）。

③ 比色皿（吸收池）　是用于盛装待测溶液的装置。一般可见光区使用玻璃吸收池，紫外光区使用石英吸收池。紫外-可见分光光度计常用的比色规格有 0.5cm、1.0cm、2.0cm、3.0cm、5.0cm 等，使用时根据实际需要选择。不同规格的比色皿见图 1-14。

④ 检测器　检测器是将光信号转变为电信号的装置。常用的检测器有硒光电池、光电管、光电倍增管、光电二极管阵列检测器。硒光电池结构简单，价格便宜，但长时间曝光易"疲劳"，灵敏度也不高；光电管的灵敏度比硒光电池高；光电倍增管不仅灵敏度比普通光电管灵敏，而且响应速度快，是目前高、中档分光光度计中最常用的一种检测器；光电二极管阵

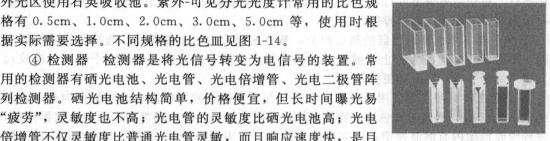

图 1-14　不同规格的比色皿

列检测器是紫外-可见分光光度计检测器的一个重要进展，它具有极快的扫描速度，可得到三维光谱图。

(3) 分光光度计的类型

分光光度计按使用波长范围可分为可见分光光度计和紫外-可见分光光度计两类。前者的使用波长范围是 400～780nm，后者使用波长范围为 200～1000nm。由此可见，可见分光光度计只能用于测量有色溶液的吸光度，而紫外-可见分光光度计可测量在紫外、可见及近红外光区有吸收的物质的吸光度。

紫外-可见分光光度计按光路可分为单光束式及双光束式两类。

紫外-可见分光光度计按测量时提供的波长数又可分为单波长分光光度计和双波长分光光度计两类。

(4) 分光光度计的使用

① 首先安装调试好仪器，根据测试的要求，选择合适的光源灯。氘灯的适用波长为200～320nm，钨灯适用波长为 320～1000nm。

② 接通电源，开启电源开关，预热 20min 左右。

③ 把光门杆推到底，使光电管不见光，用波长选择钮选定测试波长。

④ 用光电管选择杆选择测试波长所对应的光电管。625nm 以下，选用蓝敏管；625nm以上，选用红敏管。

⑤ 选择合适的比色皿。在可见光区选用玻璃比色皿，在紫外波段选用石英比色皿，一般在 350nm 以下，就可选用石英比色皿。

⑥ 将待测溶液和空白液倒入比色皿中，放入比色皿架上，然后再放入试样室，盖好暗盒盖。

⑦ 校正仪器，把空白液置于光路之中，使透光率达 100%，吸光度为 0。

⑧ 将拉杆轻轻拉出一格，使第 2 个比色皿内的待测液进入光路，读出吸光度，其余的待测液依次类推。

⑨ 测试完毕，取出比色皿，洗净后倒置于滤纸上晾干，各旋钮置于原来位置，关闭电源。

(5) 分光光度计的维护

分光光度计是精密光学仪器，正确安装、使用和保养对保持仪器良好的性能和保证测试的准确度有重要作用。

① 光源　光源的寿命是有限的，为了延长光源使用寿命，在不使用仪器时不要开光源灯，应尽量减少开关次数。在短时间的工作间隔内可以不关灯。刚关闭的光源灯不能立即重新开启。仪器连续使用时间不应超过 3h。若需长时间使用，最好间歇 30min。光源灯、光电管通常在使用一定时间后，会衰老和损坏，如果光源灯亮度明显减弱或不稳定，必须按规定换新灯。更换后要调节好灯丝位置，不要用手直接接触窗口或灯泡，避免油污黏附。若不小心接触过，要用无水乙醇擦拭。

② 单色器　单色器是仪器的核心部分，装在密封盒内，不能拆开。选择波长应平衡地转动，不可用力过猛。为防止色散元件受潮生霉，必须定期更换单色器盒干燥剂（硅胶）。若发现干燥剂变色，应立即更换。

③ 比色皿　必须正确使用吸收池，应特别注意保护吸收池的两个光学面，为此，必须做到以下几点：a. 测量时比色皿内盛的液体量不要太满，以防止溶液溢出而侵入仪器内部，若发现吸收池架内有溶液遗留，应立即取出清洗，并用纸吸干；b. 拿取比色皿时，只能用手指接触两侧的毛玻璃，不可接触光学面；c. 不能将光学面与硬物或脏物接触，只能用擦镜纸或丝绸擦拭光学面；d. 凡含有腐蚀玻璃的物质（如 F、$SnCl_2$、H_3PO_4 等）的溶液，不得长时间盛放在吸收池中；e. 比色皿使用完毕，立即用水冲洗干净。有色物污染可以用 3mol/L HCl 和等体积乙醇的混合液浸泡洗涤。生物样品、胶体或其他在吸收池光学面上形成薄膜的物质要用适当的溶剂洗涤，冲洗干净后并擦净，以防止表面光洁度受损，影响正常使用。

④ 停止工作后应注意的问题　a. 当仪器停止工作时，必须切断电源，应按开关机顺序关闭主机和稳流稳压电源开关；b. 为了避免仪器积灰和污染，在停止工作时，应盖上防尘罩；c. 仪器若暂时不用，要定期通电，每次不少于 20～30min，以保持整机呈干燥状态，并且维持电子元器件的性能。

(6) 分光光度计的故障及其排除

① 仪器在接通电源后，如指示灯及光源灯都不亮，电流表也无偏转，这可能是：电源插头内的导线脱落；电源开关接触不良，更换同样规格开关；熔体熔断，更换新的熔体。

② 电表指针不动或指示不稳定，可能是波段开关接触不好。如果在所有的位置都不动，检查表头线圈是否断路。如果电表指针左右摇晃不定，光门开启时比关闭时晃动更厉害，可能是仪器的光源灯处有较严重的气浪波动，可将仪器移置于室内空气流通而流速不大的风吹到的地方；也可能是仪器光电管暗盒内受潮，应更换干燥处理过的硅胶，并用电吹风从硅胶筒送入适量的干燥热风。

五、常用的生物化学实验技术及原理

(一) 生物大分子的制备和保存技术

1. 制备技术

生物大分子的制备过程包括选材、细胞破碎、细胞器分离、生物大分子提取纯化、样品的浓缩干燥和储存等。生物大分子的制备是一项十分细致的工作，既要设法得到它们的纯品，又要努力保持其生物活性。

生物大分子制备方法的选择是以生物大分子的理化性质（如分子大小、形状、溶解度、带电性质等）为依据的，对于理化性质不同的生物大分子，所选用的分离纯化方法也不相同。在生物大分子的制备过程中，需随时了解所用方法和条件的效果，以及提取物质的纯度和得率，必须对所提取的生物大分子进行追踪分析鉴定。因此在制备之前需要同时建立对所提取生物大分子相应的分析鉴定方法。

生物大分子的制备过程往往需要考虑多方面的因素来选择和确定提纯方法及步骤，如原材料的来源、对提纯样品纯度和活性的要求、实验条件、所用材料的价格等。

2. 保存技术

生物大分子制备得到的产品，为防止变质，易于保存，常需要干燥处理，最常用的方法是冷冻干燥和真空干燥。生物大分子的稳定性与保存方法有很大关系。干燥的制品一般比较稳定，在 0～4℃情况下其活性可在数日甚至数年无明显变化。

生物大分子制备得到的产品采用液态保存时，应注意以下几点：①样品不能太稀，必须浓缩到一定浓度才能封装储藏，样品太稀易使生物大分子变性；②需加入防腐剂和稳定剂，蛋白质和酶常用的稳定剂有蔗糖、甘油等，酶可加入底物和辅酶以提高其稳定性，核酸分子一般保存在氯化钠或柠檬酸钠的标准缓冲液中；③储藏温度要求低，大多数在 0℃左右冰箱内保存，有的则要求更低，应视不同物质而定。

（二）色谱分离技术

1. 概念

色谱分离技术，也称层析法，是根据混合物中各组分的理化性质（溶解度、吸附力、分子极性、分子形状和大小等）的不同，使各组分以不同程度分布在两个相中，其中一个相为固定的（称为固定相），另一个相则流过此固定相（称为流动相），并使各组分以不同速度移动，从而达到分离的目的。

色谱分离技术是生物化学最常用的分离技术之一，运用这种方法可以分离性质极为相似，而用一般化学方法难以分离的各种化合物，如各种氨基酸、核苷酸、糖、蛋白质等。

色谱分离技术具有高效能、高度选择性、高度灵敏度和操作简便等特点，尤其适合样品含量少、杂质含量多的复杂生物样品的分析。

2. 分类

（1）按两相所处的物态分类

依据流动相的物态不同，可将色谱技术分为液相色谱（LC）、气相色谱（GC），前者的流动相为液态，后者的流动相为气态。

液相色谱按固定相的物态不同，又可细分为液-固色谱和液-液色谱，前者的固定相是固体，后者的固定相是将不挥发的液体涂在适当的固体载体上作为固定相。同理，气相色谱也可细分为气-固色谱和气-液色谱。

（2）按色谱的原理分类

依据不同组分在色谱分离过程中主要分离原理的不同，可将色谱技术分为以下几种。

① 吸附色谱　固定相是固体吸附剂，利用固体吸附剂表面对不同组分吸附能力的差异达到分离的目的。

② 分配色谱　固定相为液体，利用不同组分在固定相和流动相之间分配系数（即溶解度）不同使物质分离。

③ 离子交换色谱　固定相为离子交换剂，利用各组分对离子交换剂的亲和力（静电引力）不同而进行分离。

④ 凝胶色谱　固定相为凝胶，利用各组分在凝胶上受阻滞的程度不同而进行分离。

⑤ 亲和色谱　固定相为共价连接有特异配体的色谱介质，利用各组分与其配体间特殊的、可逆性的亲和程度不同而进行分离。

除此之外，还有疏水作用色谱、共价作用色谱、聚焦色谱等。

(3) 按操作方式不同分类

① 柱色谱　将固定相装于柱内，使样品沿一个方向移动，以达到分离的目的。

② 纸色谱　以滤纸作载体，点样后用流动相展开，以达到分离的目的。

③ 薄层色谱　将粒度适当的吸附剂均匀地涂成薄层，点样后用流动相展开，以达到分离的目的。

④ 毛细管色谱　将待分离组分在毛细管中展开分离。

3. 常用的色谱法

(1) 吸附色谱

吸附作用是指某些物质能够从溶液中将溶质浓集在其表面的现象。吸附剂吸附能力的强弱与被吸附物质的化学结构、溶剂的本质、吸附剂的本质有关。当改变吸附剂周围溶剂成分时，吸附剂对被吸附物质的亲和力便发生变化，使被吸附物质从吸附剂上解脱下来，这一解脱过程称为"洗脱"或"展层"。

吸附色谱的基本过程是：将吸附剂装入玻璃柱内（吸附柱色谱法）或铺在玻璃板上（薄层色谱法），由于吸附剂的吸附能力可受溶剂影响而发生改变，样品中的物质被吸附剂吸附后，用适当的洗脱液冲洗，改变吸附剂的吸附能力，使之解吸，随洗脱液向前移动。当解吸下来的物质向前移动时，遇到前面新的吸附剂又重新被吸附，被吸附的物质可再被后来的洗脱液解脱下来。经如此反复的吸附-解吸-再吸附-解吸的过程，物质即可沿着洗脱液的前进方向移动。其移动速度取决于吸附剂对该物质的吸附能力。由于同一吸附剂对样品中各组分的吸附能力不同，所以在洗脱过程中各组分便会由于移动速度不同而逐渐分离出来。

吸附色谱通常用于分离脂类、类固醇类、叶绿素等非极性和极性不强的有机物。

实验中常用的固体吸附剂有氧化铝、硅酸镁、磷酸钙、氢氧化钙、活性钙、蔗糖、纤维素和淀粉等，常用的洗脱液有乙烷、苯乙醚、氯仿，以及乙醇、丙酮或水与有机溶剂形成的各种混合物。

(2) 离子交换色谱

离子交换色谱是利用离子交换剂对需要分离的各种离子具有不同的亲和力（静电引力）而达到分离目的的色谱技术。离子交换色谱的固定相是离子交换剂，流动相是具有一定 pH 和一定离子强度的电解质溶液。

离子交换剂是具有酸性或碱性基团的不溶性高分子化合物，这些带电荷的酸性或碱性基团与其母体以共价键相连，这些基团所吸引的阳离子或阴离子可以与水溶液中的阳离子或阴离子进行可逆的交换。根据离子交换剂的化学本质，可将其分为离子交换树脂、离子交换纤维素和离子交换葡聚糖等多种。根据可交换离子的性质将离子交换剂分为两大类：阳离子交换剂和阴离子交换剂。阴离子交换剂带正电并吸引相反离子 OH^-，阳离子交换剂带负电并吸引相反离子 H^+，如图 1-15 所示。

离子交换色谱的基本过程是：离子交换剂经适当处理装柱后，先用酸或碱处理（可用一定 pH 的缓冲液处理），使离子交换剂变成相应的离子型，加入样品后，使样品与交换剂所吸

阴离子交换剂　　　　　　阳离子交换剂

图 1-15　离子交换剂和其所吸引的电荷

引的相反离子（H^+ 或 OH^-）进行交换，样品中待分离物质便通过价键吸附于离子交换剂上面；然后用基本上不会改变交换剂对样品离子亲和状态的溶液（如起始缓冲液）充分冲洗，使未吸附的物质洗出。洗脱待分离物质时常用的两种方法：一是制作电解质浓度梯度，即离子强度梯度，通过不断增加离子强度，吸附到交换剂上的物质根据其静电引力的大小而不断竞争性地解脱下来；二是制作 pH 梯度，影响样品电离能力，也使交换剂与样品离子亲和力下降，当 pH 梯度接近各样品离子的等电点时，该离子就被解脱下来。在实际工作中，离子强度梯度和 pH 梯度可以是连续的（称梯度洗脱），也可以是不连续的（称阶段洗脱）。一般来讲，前者分离的效果比后者的分离效果理想。梯度洗脱需要梯度混合器来制造离子强度梯度或 pH 梯度。

离子交换色谱法常用于分离可电离的水溶性混合物。

（3）分配色谱

分配色谱是利用混合物中各组分在两相中分配系数不同而达到分离目的的色谱技术，相当于一种连续性的溶剂抽提方法。

当把一种物质在两种不混溶的溶剂中振荡时，它将在这两相中不均匀地分配。分配系数是指在一定温度和压力条件下，达到平衡时，物质在固定相和流动相两部分的浓度比值。

$$分配系数 = \frac{物质在固定相中的浓度}{物质在流动相中的浓度}$$

在分配色谱中，固定相是极性溶剂（例如水、稀硫酸、甲醇等），此类溶剂能和多孔的支持物（常用的是吸附力小、反应性弱的惰性物质，如淀粉、纤维素粉、滤纸等）紧密结合，使呈不流动状态；流动相则是非极性的有机溶剂。

分配色谱的基本过程是：当有机溶剂流动相流经样品点时，样品中的溶质便按其分配系数部分地转入流动相，向前移动，当经过前方固定相时，流动相中的溶质就会进行分配，一部分进入固定相，通过这样不断进行的流动和再分配，溶质沿着流动方向不断前进。各种溶质由于分配系数不同，向前移动的速度也各不相同，分配系数较大的物质由于较多地分配在固定相中，因此移动较慢；而分配系数较小的物质则流动速度较快，从而将分配系数不同的物质分离开来。

分配色谱法常用于分离在水和有机溶剂中都可溶的混合物。

支持物在分配色谱中起支持固定相的作用，根据支持物不同，可将分配色谱分为柱色谱、纸色谱和薄层色谱。

最常用的分配色谱是纸色谱。纸色谱法是以厚度适当、质地均一、含金属离子尽量少的滤纸为惰性支持物的分配色谱，是生物化学上分离、鉴定氨基酸混合物的常用技术，还可用于蛋白质的氨基酸成分的定性鉴定和定量测定，也是定性或定量测定多肽、核酸碱基、糖、有机酸、维生素、抗生素等物质的一种分离分析工具。滤纸纤维上的羟基具有亲水性，吸附一层水作为固定相，有机溶剂（酚或醇）为流动相。当有机相流经固定相时，物质在两相间不断分配而得到分离。

纸色谱操作按溶剂展开方向可分为上行、下行和径向三种。氨基酸分离一般用上行法，如图 1-16 所示。上行法又分单向（成分较为简单的样品）和双向（单向时斑点重叠分离不开，于是在其垂直方向用另一种溶剂系统展层），如图 1-17 所示，双向色谱可分辨十几种以上的样品。

在色谱时，将欲分离的样品点在距滤纸一端 2～3cm 的某一处，该点称为原点；然后在密闭容器中使流动相沿滤纸由下向上进行展层，这样混合物在两相间就发生分配现象。由于样品中不同组分的分配系数不同，结果它们就逐渐集中在滤纸的不同位置上。物质被分离后

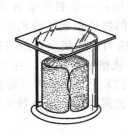
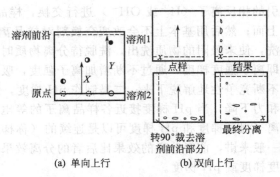

图 1-16　上行法色谱示意图　　　图 1-17　单向与双向上行法色谱示意图

在纸色谱图谱上的位置可用迁移率（R_f）来表示，迁移率（R_f）计算公式如下所示：

$$R_f = \frac{原点至溶质色谱点中心的距离}{原点至溶剂前沿的距离}$$

迁移率（R_f）的计算方法如图 1-18 所示。

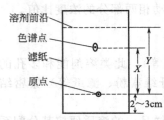

图 1-18　R_f 的计算（$R_f = X/Y$）

R_f 值的大小主要取决于该组分的分配系数，分配系数大者移动速度慢，R_f 值也小；反之分配系数小者移动速度快，R_f 值也大。因为每种物质在一定条件下对于一定的溶剂系统，其分配系数是一定的，R_f 值也是一常数，因此，可以根据 R_f 值对分离的物质进行鉴定。

有时几种组分在一个溶剂系统中色谱所得 R_f 值相近，不易分离清楚。这时可以在第一次色谱后将滤纸吹干逆转 90°角，再采用另一种溶剂系统进行第二次色谱，往往可以得到满意的分离效果。这种方法称为双向纸色谱法，以与一般的单向纸色谱相区别。

色谱溶剂要求：被分离物质在该溶剂系统中 R_f 在 0.05～0.8，各组分之 R_f 值相差最好能大于 0.05，以免斑点重叠；溶剂系统中任一组分与分离物之间不能起化学反应；分离物质在溶剂系统中的分配较恒定，不随温度而变化，且易迅速达到平衡，这样所得斑点较圆整。

（4）凝胶色谱

凝胶色谱技术，又名凝胶过滤、凝胶排阻色谱、分子筛色谱，是利用具有一定口径范围的多孔凝胶的分子筛作用对生物大分子进行分离的色谱技术。

凝胶色谱的基本过程是：当样品随流动相经过由凝胶组成的固定相时，分子量大的物质不能扩散进入凝胶颗粒内部，于是随流动相流经颗粒之间的狭窄空隙，首先被洗脱出来；分子量小的物质可以扩散进入凝胶颗粒内部，比大分子量物质流动速度慢，于是与分子量大的物质分离开，最后被洗脱出来，如图 1-19 所示。简言之，固定相的网孔对不同分子量的样品成分具有不同的阻滞作用，使之以不同的速度通过凝胶柱，从而达到分离的目的。

常用的凝胶过滤的材料有葡聚糖凝胶颗粒、琼脂糖凝胶颗粒和聚丙烯酰胺凝胶颗粒等，用于凝胶过滤的材料具有共同的特点，即化学性质稳定、不带电、与待分离物质吸附力很弱、不影响待分离物质的生物活性等。

凝胶色谱技术可用于生物大分子的分离、分子量的测定、脱盐、复合物组分成分分析等。

（5）亲和色谱

许多物质都具有和某化合物发生特异性可逆结合的特性，如酶与辅酶、酶与底物、抗原

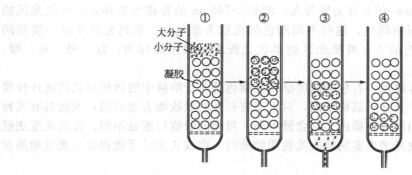

图 1-19 凝胶色谱的基本过程

①样品（其中含有大小不同的分子）溶液加在色谱柱顶端；②样品溶液流经色谱柱，小分子通过扩散作用进入凝胶颗粒的微孔中，而大分子则被排阻于颗粒之外，大、小分子因向下移动的速度发生差异而将大、小分子分离开来；③向色谱柱顶加入洗脱液，大、小分子分开的距离增大；④大分子已经流出色谱柱

与抗体、维生素与结合蛋白、核酸与互补链等。亲和色谱法就是利用化学方法将可与待分离物质可逆性特异结合的化合物（称配体）连接到某种固相载体上，并将载有配体的固相载体装柱，当待提纯的生物大分子通过此色谱柱时，此生物大分子便与载体上的配体特异结合而留在柱上，其他物质则被冲洗出去，然后再用适当方法使这种生物大分子从配体上分离并洗脱下来，从而达到生物分子分离提纯的目的，如图 1-20 所示。

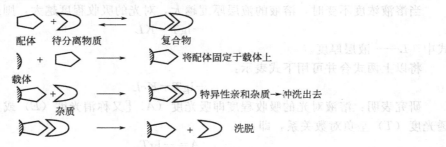

图 1-20 亲和色谱的基本原理

亲和色谱由于配体与待分离物质进行特异性结合，所以分离提纯的效率极高，提纯度可达几千倍，是当前最为理想的提纯方法。

亲和色谱所用的载体和凝胶过滤所要求的凝胶特性相同，即化学性质稳定、不带电荷、吸附能力弱、网状疏松、机械强度好、不易变形的物质。聚丙烯酰胺凝胶颗粒、葡聚糖凝胶颗粒和琼脂糖凝胶颗粒都可用，其中以琼脂糖凝胶应用最广泛。

亲和色谱的关键是合适的配体的选择，并将此配体与载体连接起来，形成稳定的共价键。

（三）分光光度技术

1. 概念

分光光度技术是利用物质所特有的吸收光谱对物质进行定性或定量分析的一项技术。它具有灵敏度高、操作简便、快速等优点，是生物化学实验中最常用的实验方法。许多生物分子的检测都可采用分光光度法。

2. 原理

光的本质是一种电磁波，具有不同的波长。肉眼可见的光称为可见光，波长范围在

400~760nm，波长<400nm 的光称为紫外光，波长>760nm 的光称为红外光。可见光区的光因波长不同而呈现不同的颜色，这些不同颜色的光称为单色光。单色光并非单一波长的光，而是一定波长范围内的光。可见光区的单色光按波长顺序排列为：红、橙、黄、绿、青、蓝、紫。

许多物质的溶液具有颜色，有色溶液所呈现的颜色是由于溶液中的物质对光的选择性吸收所致。不同的物质由于其分子结构不同，对不同波长光的吸收能力也不同，因此具有其特有的吸收光谱。即使是相同的物质由于其含量不同，对光的吸收程度也不同。分光光度法就是利用物质所特有的吸收光谱来鉴别物质或利用物质对一定波长光的吸收程度来测定物质含量的方法。

朗伯-比尔（Lambert-Beer）定律是分光光度法的基本原理。当一束单色光通过一均匀的溶液时，一部分被吸收，一部分透过，设入射光的强度为 I_0，透射光强度为 I，则 $\frac{I}{I_0}$ 为透光度，用 T 表示。

当溶液的液层厚度不变时，溶液的浓度越大，对光的吸收程度越大，则透光度越小。即：

$$-\lg T = Kc$$

式中　K——吸光系数；
　　　c——浓度。

当溶液浓度不变时，溶液的液层厚度越大，对光的吸收程度越大，则透光度越小。即：

$$-\lg T = KL$$

式中　L——液层厚度。

将以上两式合并可用下式表示：

$$-\lg T = KcL$$

研究表明：溶液对光的吸收程度即吸光度（A）[又称消光度（E）或光密度（OD）]与透光度（T）呈负对数关系，即：

$$A = -\lg T$$

故　$A = KcL$

上式为朗伯-比尔定律，其意义为：当一束单色光通过一均匀溶液时，溶液对单色光的吸收程度与溶液浓度和液层厚度的乘积成正比。

朗伯-比尔定律常被用于测定有色溶液中物质含量，其方法是配制已知浓度的标准液（S），将待测液（T）与标准液以同样的方法显色，然后放在厚度相同的比色皿中进行比色，测定其吸光度，得 A_S 和 A_T，根据朗伯-比尔定律：

$$A_S = K_S c_S L_S \qquad A_T = K_T c_T L_T$$

两式相除得：

$$\frac{A_S}{A_T} = \frac{K_S c_S L_S}{K_T c_T L_T}$$

由于是同一类物质其 K 值相同，又由于比色皿的厚度相等，所以 $K_S = K_T$，$L_S = L_T$，则

$$\frac{A_S}{A_T} = \frac{c_S}{c_T}$$

$$c_T = \frac{A_T}{A_S} \times c_S$$

此即 Lambert-Beer 定律的应用公式。

3. 应用

(1) 测定溶液中物质的含量

可见或紫外分光光度法都可用于测定溶液中物质的含量。测定标准溶液（浓度已知的溶液）和未知液（浓度待测定的溶液）的吸光度，进行比较（由于所用吸收池的厚度是一样的）。也可以先测出不同浓度的标准液的吸光度，绘制标准曲线，在选定的浓度范围内标准曲线应该是一条直线，然后测定出未知液的吸光度，即可从标准曲线上查到其相对应的浓度。含量测定时所用波长通常要选择被测物质的最大吸收波长。

(2) 用紫外光谱鉴定化合物

使用分光光度计可以绘制吸收光谱曲线，方法是用各种波长不同的单色光分别通过某一浓度的溶液，测定此溶液对每一种单色光的吸光度，然后以波长为横坐标、以吸光度为纵坐标绘制吸光度-波长曲线，此曲线即吸收光谱曲线。各种物质都有其特定的吸收光谱曲线，因此用吸收光谱曲线图可以进行物质种类的鉴定。当一种未知物质的吸收光谱曲线和某一已知物质的吸收光谱曲线一样时，则很可能它们是同一物质。一定物质在不同浓度时，其吸收光谱曲线的峰值大小不同，但形状相似，即吸收高峰和低峰的波长是恒定的。同一种物质的紫外吸收光谱完全一致，但具有相同吸收光谱的化合物其结构不一定相同。紫外吸收光谱分析主要用于已知物质的定量分析和纯度分析。

(四) 电泳技术

1. 概念

带电颗粒在电场作用下，向着与其电性相反的电极移动的现象，称为电泳。利用电泳对物质进行分离的技术称为电泳技术。

电泳技术是生物化学重要的研究方法之一，利用电泳技术可分离许多生物物质，包括氨基酸、多肽、蛋白质、脂类、核苷、核苷酸以及核酸等，并可用于分析物质的纯度和分子量的测定等。

2. 原理

许多生物分子都带有电荷，在电场作用下可发生移动。由于混合物中各组分所带电荷性质、数量以及分子量各不相同，即使在同一电场作用下，各组分的泳动方向和速度各有差异，所以在一定时间内，它们移动距离不同，从而可达到分离鉴定的目的。

电泳速度常用迁移率来表示。迁移率，也称为泳动率，是指带电颗粒在单位电场强度下泳动的速度。

3. 影响电泳的因素

(1) 电场强度

电场强度也称电位梯度，是指单位长度支持物体上的电位降，通常以每厘米的电势差计算，它对泳动速度起着十分重要的作用。以醋酸纤维薄膜为例，其长度为8cm，两端的电势差为120V，则电场强度为120V/8cm=15V/cm。电场强度越高，带电颗粒移动速度越快；但电压越高，产热量也随之增大，热效应可使生物分子变性而不能分离。所以高压电泳时（电场强度>50V/cm）常需要用冷却装置。

(2) 待分离样品的性质

样品在电场中的泳动速度与本身所带净电荷的数量、颗粒大小、形状和介质的黏度等多种因素有关。一般来说，颗粒所带的净电荷数量愈多，颗粒愈小，愈接近球形，则在电场中泳动速度愈快；反之则慢。

(3) 溶液的pH值

溶液的 pH 值决定了带电颗粒所带净电荷的性质和数量。对于蛋白质和氨基酸等两性电解质，如果 pH 值小于等电点，分子带正电荷，向负极泳动；如果 pH 大于等电点，分子带负电荷，向正极泳动。介质的 pH 值离等电点越远，所带净电荷越多，则泳动速度越快，反之则慢，若在等电点 pH 介质中则不能移动。

(4) 缓冲液的离子强度

离子强度是表示溶液中电荷数量的一种量度，溶液中的离子浓度越大或离子的价数越高，离子强度就越大。缓冲液的离子强度低，电泳速度快，但分离区带不清晰；离子强度高，电泳速度慢，但区带分离清晰。如果离子强度过低，缓冲液的缓冲量小，难维持 pH 值的恒定；离子强度过高，则降低蛋白质的带电量使电泳速度过慢。所以最适离子强度一般为 0.02～0.2mol/L。

(5) 电渗现象

在电场中液体对于固体支持物的相对移动称为电渗。电渗是由于支持物带有电荷所引起的。支持物上的电荷使介质中的水感应产生相反电荷。如纸上电泳所用的滤纸纤维素带有负电荷；琼脂电泳中，所用的琼脂由于大量硫酸根的存在也带有负电荷，它们使水感应产生水合氢离子（H_3^+O）。在外电场的作用下，水向负极移动。如果被测定样品也带正电荷，则移动更快；如果被测定样品带负电荷，则移动减慢。所以电泳时，颗粒实际泳动速度是本身速度和电渗作用之和，故应选择电渗作用小或无电渗作用的支持物为好。

4. 电泳技术的种类

根据有无固体支持物，可分为两大类，即界面电泳和区带电泳。界面电泳是指在溶液中进行的电泳，没有固体支持物。当溶液中有几种带电粒子时，通电后由于不同种类粒子泳动速度不同，在溶液中形成相应的区带界面，但区带界面由于扩散而易于互相重叠，不易得到纯品，且分离后不易收集，故目前已很少应用界面电泳。区带电泳是指在支持物上进行的电泳。支持物将溶液包绕在其网孔中，防止溶液自由移动，通电后各种带电粒子可以形成许多清晰的区带，故区带电泳的分离效果远比界面电泳的好。

根据支持物的物理性状不同，区带电泳又可分为纸上电泳、醋酸纤维素薄膜电泳、聚丙烯酰胺凝胶电泳、琼脂糖凝胶电泳、纤维素粉电泳、硅胶电泳等。

根据支持物的装置的形式不同，区带电泳又可分为水平式电泳、垂直板式电泳、垂直柱式电泳、连续流动电泳。

根据 pH 的连续性不同，区带电泳又可分为连续 pH 电泳和不连续 pH 电泳。连续 pH 电泳是指电泳的全过程 pH 保持不变，如常用的纸电泳、醋酸纤维薄膜电泳等；不连续 pH 电泳是指缓冲液和电泳支持物间有不同的 pH，如聚丙烯酰胺凝胶电泳、等电聚焦电泳等。

5. 常见电泳技术

(1) 醋酸纤维素薄膜电泳

醋酸纤维素薄膜电泳是利用醋酸纤维素薄膜做固体支持物的电泳技术，该电泳技术具有操作简单、价廉、分离速度快、灵敏度高、样品用量小、分辨率高、分离清晰、对各种蛋白质几乎完全不吸附、无拖尾现象、对染料也没有吸附等优点。

醋酸纤维素薄膜电泳广泛用于分析检测血浆蛋白、脂蛋白、糖蛋白、脱氢酶、多肽、核酸及其他生物大分子。此技术为心血管疾病、肝硬化及某些癌症鉴别诊断提供了可靠的依据，因而已成为医学和临床检验的常规技术。

(2) 琼脂糖凝胶电泳

琼脂糖（agarose）是经过挑选，以质地较纯的琼脂（agar）作为原料而制成的。琼脂糖是直链多糖，它由 D-半乳糖和 3,6-脱水-L-半乳糖的残基交替排列组成，琼脂糖主要通过氢键而形成凝胶。电泳时因凝胶含水量大（98%～99%），近似自由电泳，固体支持物的影响较少，故电泳速度快，区带整齐。而且由于琼脂糖不含带电荷的基团，电渗影响很少，是一种较好的电泳材料，分离效果较好。

琼脂糖凝胶电泳主要用于分离、鉴定核酸，如 DNA 鉴定、DNA 限制性内切酶图谱制作等。

(3) 聚丙烯酰胺凝胶电泳

聚丙烯酰胺凝胶电泳是以聚丙烯酰胺凝胶作为载体的一种区带电泳。这种凝胶是以丙烯酰胺 (acrylamide, Acr) 单体和交联剂 N,N'-亚甲基双丙烯酰胺 (N,N'-methylena Bisacrylamide, Bis) 在催化剂的作用下聚合而成。聚丙烯酰胺的基本结构为丙烯酰胺单位构成的长链，链与链之间通过亚甲基桥联结在一起。链的纵横交错，形成三维网状结构，使凝胶具有分子筛性质。

Acr 和 Bis 在它们单独存在或混合在一起时是稳定的，且具有神经毒性，操作时应避免接触皮肤。但当具有自由基团体系时，它们则发生聚合作用。引发产生自由基团的方法有两种：化学法和光化学法。

化学聚合的引发剂是过硫酸铵 $[(NH_4)_2S_2O_3$, ammoniumpersulfate, Ap]，催化剂是 N,N,N',N'-四甲基乙二胺 (tetramethylenediamine, TEMED)。在催化剂 TEMED 的作用下，由过硫酸铵 (Ap) 形成的自由基使单体形成自由基，从而引起聚合作用。TEMED 在低 pH 时失效，会使聚合作用延迟；冷却也可使聚合速度变慢；一些金属抑制聚合；分子氧阻止链的延长，妨碍聚合作用。这些因素在实际操作时都应予以控制。

光聚合以光敏感物核黄素（维生素 B_2）作为催化剂，在痕量氧存在下，核黄素经光解形成无色基，无色基被氧再氧化成自由基，从而引起聚合作用。过量的氧会阻止链长的增加，应避免过量氧的存在。

光聚合形成的凝胶孔径较大，而且随着时间的延长而逐渐变小，不太稳定，所以用它制备大孔径的浓缩胶较为合适。采用化学聚合形成的凝胶孔径较小，而且重复性好，常用来制备分离胶。

与其他凝胶相比，聚丙烯酰胺凝胶有下列优点：①在一定浓度时，凝胶透明，有弹性，机械性能好；②化学性能稳定，与被分离物不起化学反应；③对 pH 和温度变化较稳定；④几乎无电渗作用，只要 Acr 纯度高，操作条件一致，则样品分离重复性好；⑤样品不易扩散，且用量少，其灵敏度可达 10^{-6} g；⑥凝胶孔径可调节，根据被分离物的分子量选择合适的浓度，通过改变单体及交联剂的浓度调节凝胶的孔径；⑦分辨率高，尤其在不连续凝胶电泳中，集浓缩、分子筛和电荷效应为一体，因而较醋酸纤维素薄膜电泳、琼脂糖电泳等有更高的分辨率。

聚丙烯酰胺凝胶电泳应用范围广，可用于蛋白质、酶、核酸等生物分子的分离、定性、定量及少量的制备，还可用于分子量和等电点测定。

聚丙烯酰胺凝胶的质量主要由凝胶浓度和交联度决定。每 100mL 凝胶溶液中含有的单体 (Acr) 和交联剂 (Bis) 总质量 (g) 称为凝胶浓度，用 $T\%$ 表示。凝胶溶液中，交联剂 (Bis) 占单体 (Acr) 和交联剂 (Bis) 总量的百分数称为交联度，用 $C\%$ 表示。改变凝胶浓度以便适应各种样品的分离。一般常用 7.5% 的聚丙烯酰胺凝胶分离蛋白质，而用 2.4% 的聚丙烯酰胺凝胶分离核酸。但根据蛋白质与核酸分子量不同，适用的浓度也不同。

氨基酸生化产品的制备和检测

一、项目介绍

项目相关背景	氨基酸是组成蛋白质的基本单元，是生物有机体的重要组成部分，具有极其重要的生理功能。 氨基酸广泛应用于食品、饲料添加剂和医药领域，也被用作合成特殊化学物质的中间体，如低热量甜味剂、螯合剂以及多肽。
项目任务描述	训练任务　氨基酸的分离鉴定 设计任务一　人发中 L-精氨酸的提取 设计任务二　脯氨酸含量的测定

二、学习目标

1. 能力目标
① 能完成文献资料的查询和搜集工作。
② 能与他人分工协助并进行有效的沟通。
③ 能设计出氨基酸分离纯化与鉴定的方案并做出相应计划。
④ 能完成氨基酸的分离和鉴定工作，能解释其基本原理，并说明操作注意事项。
⑤ 能完成实验过程中的仪器安装工作。
⑥ 能绘制并分析色谱图谱。
⑦ 能通过文字、口述或实物展示自己的学习成果。

2. 知识目标
① 能总结和说明氨基酸的结构特点。
② 能概述氨基酸的主要性质并提供相应的应用实例。
③ 能列举氨基酸的常见分类。
④ 能说明色谱分离技术的概念和种类。
⑤ 能解释色谱技术的分离原理。
⑥ 能解释 R_f 的含义，并掌握相关计算。
⑦ 能归纳色谱技术的关键操作点。
⑧ 能说明氨基酸鉴定反应的原理。

三、背景知识

（一）氨基酸的定义

氨基酸是指含有氨基和羧基的一类有机化合物的通称，是生物功能大分子蛋白质的基本组成单位,是含有一个碱性氨基和一个酸性羧基的有机化合物。

目前自然界中发现蛋白质中的氨基酸多为 α-氨基酸,α-氨基酸的结构特点是与羧基相邻的 α-碳原子上有一个氨基,即同一碳原子上连有氨基、羧基、氢及 R 基团,不同的氨基酸区别就在于 R 基团的不同。除甘氨酸外,其余氨基酸的 $C_α$ 都是不对称碳原子。它们的通式及构型如下:

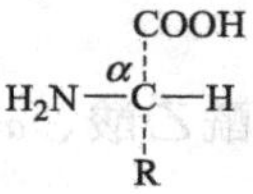

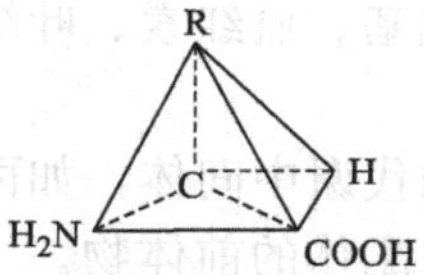

(二) 氨基酸的功能

1. 蛋白质的组成单元

氨基酸是构成蛋白质的基本单位,各种生物体中出现的氨基酸达 180 多种,但参与组成蛋白质的氨基酸只有 20 种,它们称为基本氨基酸或编码氨基酸。基本氨基酸如表 2-1 所示。

表 2-1 基本氨基酸

中文名称	英文名称	缩写	侧链结构
丙氨酸	Alanine	A 或 Ala	$CH_3—$
精氨酸	Arginine	R 或 Arg	$HN\!=\!C(NH_2)—NH—(CH_2)_3—$
天冬酰胺	Asparagine	N 或 Asn	$H_2N—CO—CH_2—$
天冬氨酸	Aspartic acid	D 或 Asp	$HOOC—CH_2—$
半胱氨酸	Cysteine	C 或 Cys	$HS—CH_2—$
谷氨酰胺	Glutamine	Q 或 Gln	$H_2N—CO—(CH_2)_2—$
谷氨酸	Glutamic acid	E 或 Glu	$HOOC—(CH_2)_2—$
甘氨酸	Glycine	G 或 Gly	$H—$
组氨酸	Histidine	H 或 His	$HN—CH\!=\!N—CH\!=\!C—CH_2—$
异亮氨酸	Isoleucine	I 或 Ile	$CH_3—CH_2—CH(CH_3)—$
亮氨酸	Leucine	L 或 Leu	$(CH_3)_2—CH—CH_2—$
赖氨酸	Lysine	K 或 Lys	$H_2N—(CH_2)_4—$
蛋氨酸(甲硫氨酸)	Methionine	M 或 Met	$CH_3—S—(CH_2)_2—$
苯丙氨酸	Phenylalanine	F 或 Phe	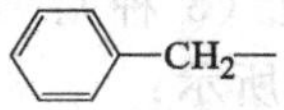 Phenyl$—CH_2—$
脯氨酸	Proline	P 或 Pro	$—CH_2—CH_2—CH_2—$
丝氨酸	Serine	S 或 Ser	$HO—CH_2—$
苏氨酸	Threonine	T 或 Thr	$CH_3—CH(OH)—$
色氨酸	Tryptophan	W 或 Trp	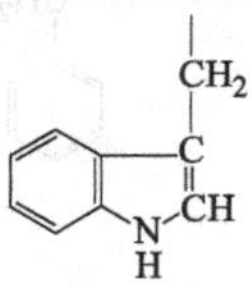 吲哚-$CH_2—$
酪氨酸	Tyrosine	Y 或 Tyr	$4\text{-}OH—Phenyl—CH_2—$
缬氨酸	Valine	V 或 Val	$CH_3—CH(CH_3)—$

2. 化学信号分子

一些氨基酸及其衍生物是化学信号分子，如 γ-氨基丁酸、5-羟色胺及 N-乙酰-甲氧基色胺都是神经递质（神经递质是一个神经细胞产生的影响第二个神经细胞或肌肉细胞功能的物质），后二者均是色氨酸衍生物。

3. 许多含氮分子的前体物

核苷酸和核酸的含氮碱基、血红素、叶绿素的合成都需要氨基酸。

4. 转化为代谢中间物

氨基酸可转化为常见的代谢中间体，如丙酮酸、草酰乙酸、α-酮戊二酸，因此氨基酸也可认为是葡萄糖、脂肪酸、酮体的前体物。

（三）基本氨基酸的组成

组成蛋白质的 20 种氨基酸，除脯氨酸外，均为 α-氨基酸。α-氨基酸在生理条件下（pH7 附近），氨基质子化（—NH_3^+），羧基离子化（—COO^-），所以氨基酸一般都写成两性解离形式，也称兼性离子形式。α-氨基酸的非解离形式与两性解离形式如下所示：

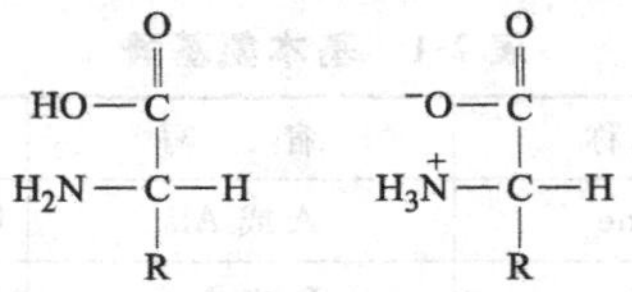

脯氨酸是 α-亚氨基酸，其结构简式如下所示。亚氨基是指氮有两个键与碳相连，氨基是一个键与碳相连。

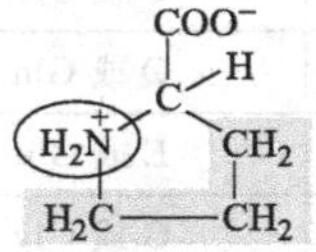

（四）氨基酸的分类

1. 编码蛋白质氨基酸

组成蛋白质的 20 种基本氨基酸可从不同角度进行分类。

（1）按 R 侧链的结构差异分类

① 芳香族氨基酸（3 种）：含苯环，如苯丙氨酸（Phe）、酪氨酸（Tyr）和色氨酸（Trp），其结构式如下所示：

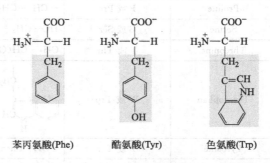

苯丙氨酸(Phe)　　酪氨酸(Tyr)　　色氨酸(Trp)

② 杂环氨基酸（2 种）：如组氨酸（His）和脯氨酸（Pro），其结构式如下所示：

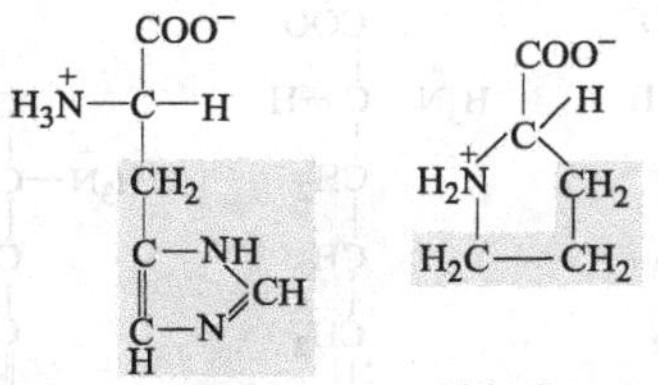

组氨酸(His)　　脯氨酸(Pro)

③ 脂肪族氨基酸（其余 15 种）。

(2) 按 R 侧链的极性差异分类

① 不带电荷的极性氨基酸（6 种）　此组氨基酸的侧链中含有不解离的极性基，如羟基、巯基和酰氨基，这些基团能与水形成氢键，因此这组氨基酸比非极性 R 基氨基酸易溶于水。此组氨基酸有 6 种，如丝氨酸（Ser）、苏氨酸（Thr）、半胱氨酸（Cys）、酪氨酸（Tyr）、天冬酰胺（Asn）和谷氨酰胺（Gln），其结构式如下所示：

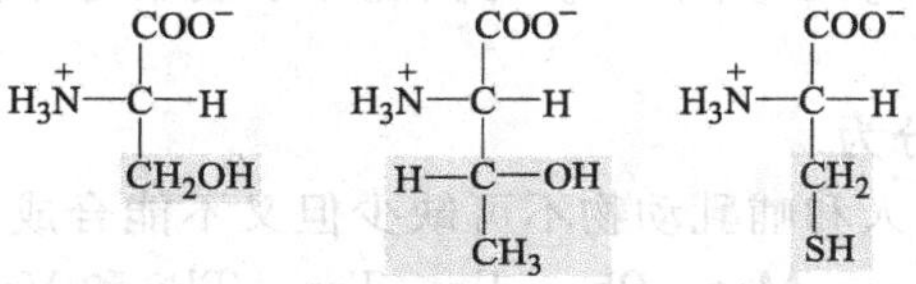

丝氨酸(Ser)　　苏氨酸(Thr)　　半胱氨酸(Cys)

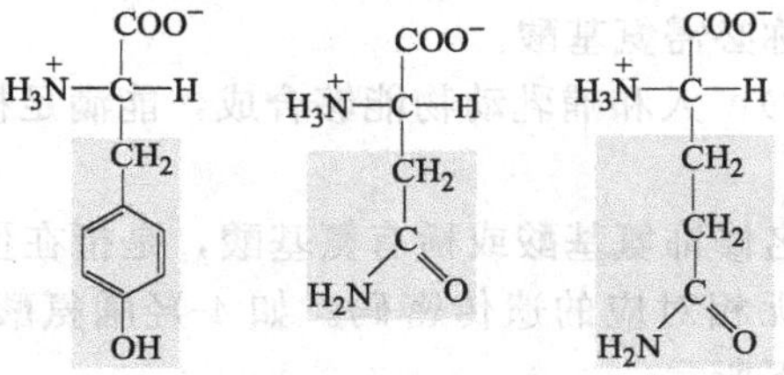

酪氨酸(Tyr)　　天冬酰胺(Asn)　　谷氨酰胺(Gln)

② 带负电荷的极性氨基酸（2 种）　此组氨基酸含有 2 个羧基、1 个氨基，在 pH7 时携带负净电荷，所以又名酸性氨基酸。此组氨基酸有天冬氨酸（Asp）和谷氨酸（Glu），其结构式如下所示：

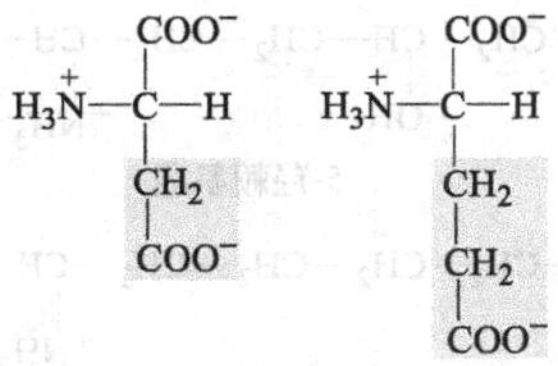

天冬氨酸(Asp)　　谷氨酸(Glu)

③ 带正电荷的极性氨基酸（3 种）　此组氨基酸含有 2 个氨基、1 个羧基，在 pH7 时携带正净电荷，所以又名碱性氨基酸。此组氨基酸有赖氨酸（Lys）、精氨酸（Arg）和组氨酸（His），其结构式如下所示：

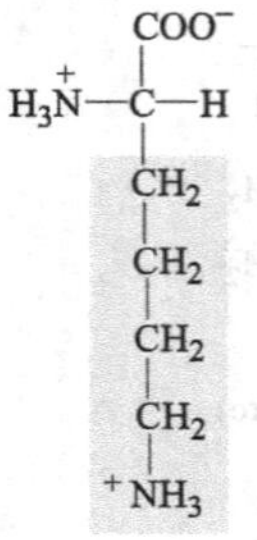

赖氨酸(Lys) 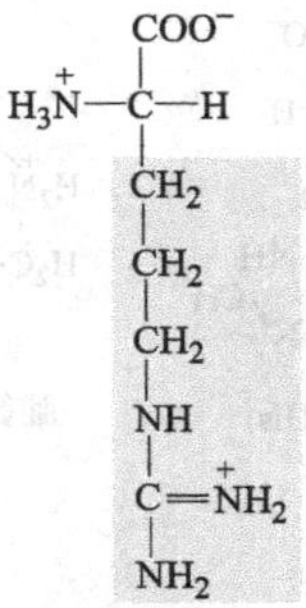　　精氨酸(Arg) 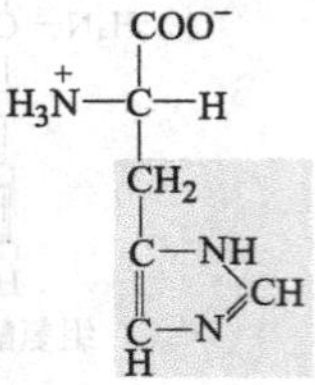　　组氨酸(His)

④ 非极性氨基酸（9种）　此组氨基酸在水中的溶解性较差，所以又名疏水氨基酸。此组氨基酸含 4 种带有脂肪烃侧链的氨基酸，如丙氨酸（Ala）、缬氨酸（Val）、亮氨酸（Leu）和异亮氨酸（Ile）；2 种带有芳香环的氨基酸，如苯丙氨酸（Phe）和色氨酸（Trp）；1 种含硫氨基酸，即甲硫氨酸（蛋氨酸，Met）；1 种亚氨基酸，即脯氨酸（Pro）；1 种 R 基只是一个氢原子的甘氨酸（Gly）。其中 Gly 的侧链介于极性与非极性之间，有时也将它归入不带电荷的极性氨基酸类。

（3）按人体能否合成可分为

① 必需氨基酸（8种）　人和哺乳动物不可缺少但又不能合成的氨基酸，只能从食物中补充，共有 8 种，如 Leu、Lys、Met、Phe、Ile、Trp、Thr 和 Val。

② 半必需氨基酸（2种）　人和哺乳动物虽然能够合成，但数量远远达不到机体的需求，尤其是在胚胎发育以及婴幼儿期间，基本上也是由食物补充，只有 Arg 和 His 2 种。有时也不分必需和半必需，统称必需氨基酸。

③ 非必需氨基酸（10种）　人和哺乳动物能够合成，能满足机体需求的氨基酸。

2. 非编码蛋白质氨基酸

非编码蛋白质氨基酸又名修饰氨基酸或稀有氨基酸，是指在蛋白质合成后，由基本氨基酸修饰而来的氨基酸，它们无相对应的遗传密码。如 4-羟脯氨酸、5-羟赖氨酸及 6-N-甲基赖氨酸等，它们的结构式如下所示：

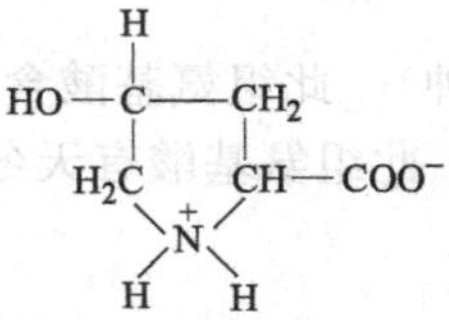

4-羟脯氨酸

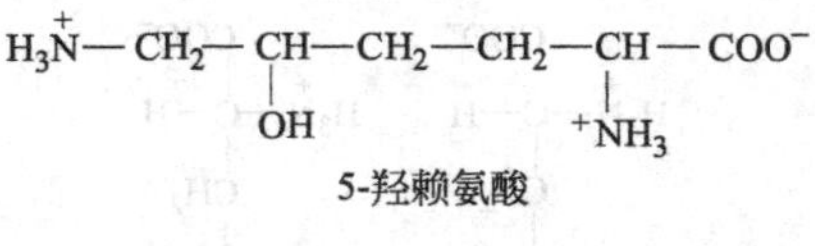

5-羟赖氨酸

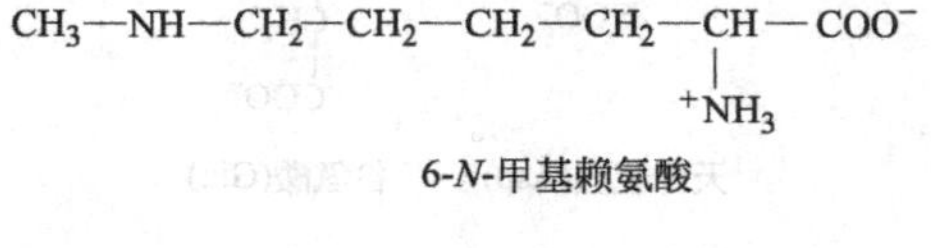

6-N-甲基赖氨酸

3. 非蛋白质氨基酸

非蛋白质氨基酸不是蛋白质的结构单元，是氨基酸代谢的中间产物，在生物体内具有很多生物学功能，如尿素循环中的 L-瓜氨酸和 L-鸟氨酸，它们的结构式如下所示：

$$H_3^+N-CH_2-CH_2-CH_2-\underset{\underset{+NH_3}{|}}{C}H-COO^-$$
鸟氨酸

$$H_2N-\underset{\underset{H}{|}}{\overset{\overset{O}{||}}{C}}-N-CH_2-CH_2-CH_2-\underset{\underset{+NH_3}{|}}{C}H-COO^-$$
瓜氨酸

(五) 氨基酸的性质

1. 一般性质

常温下，氨基酸为无色晶体，熔点一般高于 200℃。一般情况下，大多数氨基酸溶解于水而不溶于有机溶剂（除半胱氨酸和酪氨酸外，其他氨基酸一般均能溶于水、稀酸、稀碱；除脯氨酸外，其他氨基酸一般均不能溶于有机溶剂）。除甘氨酸外，所有氨基酸均具有旋光性，比旋光度是鉴定蛋白质的重要指标。

氨基酸在可见光区均无光吸收，在紫外光区只有芳香族氨基酸（酪氨酸、色氨酸、苯丙氨酸）具有光吸收特性，且分别在 278nm、279nm 和 259nm 处有最大吸收值。此特性是采用紫外分光光度法测定溶液中蛋白质含量的基础。

2. 两性解离与等电点

氨基酸既含有氨基，可接受 H^+，又含有羧基，可电离出 H^+，所以氨基酸具有酸碱两性性质。氨基酸在酸性环境中，主要以阳离子的形式存在；在碱性环境中，主要以阴离子的形式存在；在某一 pH 环境下，以两性离子（兼性离子）的形式存在，该 pH 称为该氨基酸的等电点。简言之，氨基酸的等电点（pI）是指氨基酸净电荷为零时所处溶液的 pH 值。

$$R-\underset{\underset{NH_3^+}{|}}{C}H-COOH \underset{H^+}{\overset{OH^-}{\rightleftharpoons}} R-\underset{\underset{NH_3^+}{|}}{C}H-COO^- \underset{H^+}{\overset{OH^-}{\rightleftharpoons}} R-\underset{\underset{NH_2}{|}}{C}H-COO^-$$

pH < pI pH = pI pH > pI

3. 化学性质

(1) 与茚三酮的反应

α-氨基酸与茚三酮溶液共热，引起氨基酸氧化、脱氨、脱羧，茚三酮再与反应产物（氨、还原型茚三酮）发生反应，生成蓝紫色产物，其最大光吸收在 570nm，产物色深与溶液中氨基酸浓度成正比，其反应方程式如下所示：

茚三酮   氨基酸   还原型茚三酮   醛类

蓝紫色产物

两个亚氨基酸（脯氨酸和羟脯氨酸）与茚三酮反应生成黄色产物，其最大光吸收在 440nm。

茚三酮反应常用于定性检测或定量测定氨基酸。

(2) 氨基的烃基化反应

氨基酸氨基的氢原子可被烃基取代，如氨基酸可与 2,4-二硝基氟苯（DNFB 或 FDNB）在弱碱溶液中发生反应，生成二硝基苯基氨基酸（DNP-氨基酸），其反应方程式如下所示：

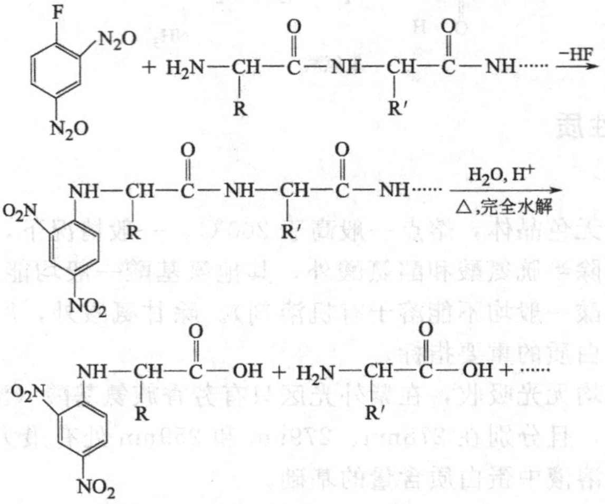

N-(2,4-二硝基苯基)氨基酸(DNP-氨基酸)
黄色

此反应可用于鉴定多肽或蛋白质的 N 末端氨基酸，测定蛋白质的氨基酸序列。这个反应首先被英国的 Sanger 用于蛋白质分析，因此这个反应又名桑格反应（Sanger reaction）。

(3) 成肽反应

两个氨基酸分子可通过其中一分子所含的碱性氨基与另一分子所含的酸性羧基脱水缩合形成最简单的肽，即二肽。肽键是一种酰胺键。二肽分子末端仍含有自由氨基与自由羧基，因此还可以继续与其他氨基酸缩合成为三肽、四肽、五肽以至多肽。可见多肽链是由许多氨基酸残基通过肽键彼此连接而成。以 2 个甘氨酸的成肽反应为例，其反应方程式如下所示：

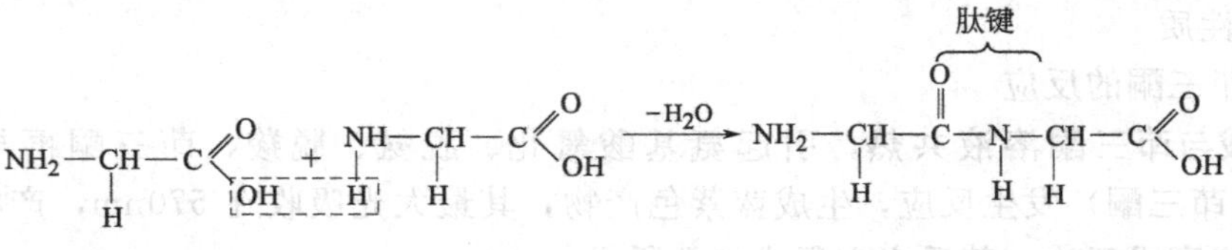

甘氨酸　　　　甘氨酸　　　　　　　甘氨酰甘氨酸

（六）氨基酸的生物分解代谢

氨基酸的分解一般有三步：脱氨基；氨与天冬氨酸的氮原子结合，成为尿素，被排放；氨基酸脱氨基后留下的碳骨架（α-酮酸）转化为代谢中间体。

1. 脱氨基作用

脱氨基作用是指氨基酸在酶的催化下脱去氨基生成 α-酮酸的过程，这是氨基酸在体内分解的主要方式。氨基酸的结构不同，脱氨基的方式也不同，主要有氧化脱氨基作用、转氨基作用、联合脱氨基作用和非氧化脱氨基作用等，其中以联合脱氨基最为重要。

(1) 氧化脱氨基作用

氧化脱氨基作用是指在酶的催化下氨基酸在氧化脱氢的同时，脱去氨基的过程。反应过程实际上包括脱氢和水解两个化学反应。催化氨基酸氧化脱氨基作用的酶有 L-谷氨酸脱氢酶（分布广、活性高、重要）、L-氨基酸氧化酶（分布不广且活性低）及 D-氨基酸氧化酶（分布广、活性高，但体内 D-氨基酸少）等。

谷氨酸在线粒体中由谷氨酸脱氢酶催化氧化脱氨基。谷氨酸脱氢酶属不需氧脱氢酶，以 NAD^+（或 $NADP^+$）作为辅酶，其反应方程式如下所示：

$$\begin{array}{c} COO^- \\ H_3\overset{+}{N}-C-H \\ CH_2 \\ CH_2 \\ COO^- \end{array} + H_2O \underset{谷氨酸脱氢酶}{\overset{NAD(P)^+ \quad NAD(P)H+H^+}{\rightleftharpoons}} \begin{array}{c} COO^- \\ C=O \\ CH_2 \\ CH_2 \\ COO^- \end{array} + NH_4^+$$

谷氨酸 　　　　　　　　　　　　　　　　α-酮戊二酸

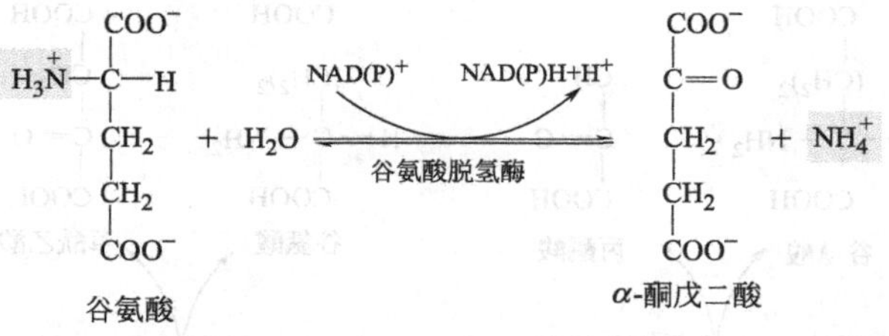

此反应为可逆反应，一般情况下，反应偏向于谷氨酸的合成，谷氨酸可进一步转变成谷氨酸钠，这是生产味精的原理。但是当谷氨酸浓度高而 NH_3 浓度低时，则有利于 α-酮戊二酸的生成。谷氨酸脱氢酶是一种变构酶，GTP 和 ATP 是此酶的变构抑制剂，而 GDP 和 ADP 是变构激活剂，因此当体内 GTP 和 ATP 不足时，谷氨酸加速氧化脱氨基，这对于氨基酸氧化供能起着重要作用。

（2）转氨基作用

体内各组织中都有氨基转移酶（或称转氨酶），此酶催化某一氨基酸的 α-氨基转移到另一种 α-酮酸的酮基上，生成相应的氨基酸；原来的氨基酸则转变成 α-酮酸。其反应方程式如下所示：

$$\begin{array}{c} COO^- \\ C=O \\ CH_2 \\ CH_2 \\ COO^- \end{array} + \begin{array}{c} COO^- \\ H_3\overset{+}{N}-C-H \\ R \end{array} \underset{氨基转移酶(转氨酶)}{\rightleftharpoons} \begin{array}{c} COO^- \\ H_3\overset{+}{N}-C-H \\ CH_2 \\ CH_2 \\ COO^- \end{array} + \begin{array}{c} COO^- \\ C=O \\ R \end{array}$$

α-酮戊二酸　　　α-氨基酸　　　　　　　　　α-氨戊二酸　　α-酮酸
　　　　　　　　　　　　　　　　　　　　　（谷氨酸）

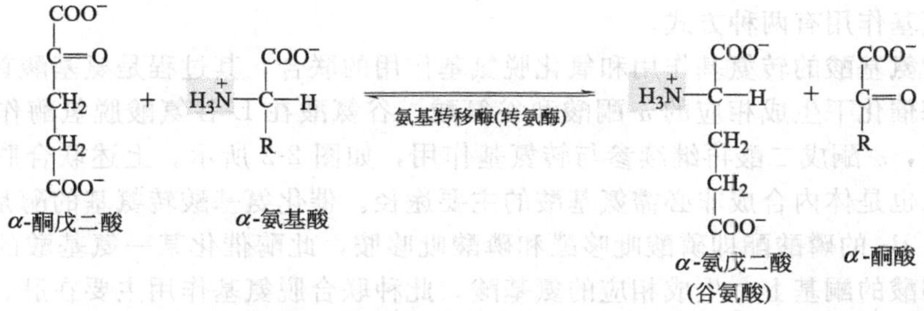

此反应是可逆反应，转氨基作用既是氨基酸的分解代谢过程，也是体内某些氨基酸（非必需氨基酸）合成的重要途径，反应的实际方向取决于四种反应物的相对浓度。体内大多数氨基酸可以参与转氨基作用，但赖氨酸、脯氨酸及羟脯氨酸例外。除了 α-氨基外，氨基酸侧链末端的氨基，如鸟氨酸的 δ-氨基也可通过转氨基作用而脱去。

生物体内存在的转氨酶种类多，专一性强，不同氨基酸与 α-酮酸之间的转氨基作用只能由专一的转氨酶催化。不同种类的转氨酶都以磷酸吡哆醛（PLP）作为辅酶，在转氨基过程中磷酸吡哆醛转变成磷酸吡哆胺（PMP）。磷酸吡哆醛和磷酸吡哆胺的分子式如下所示：

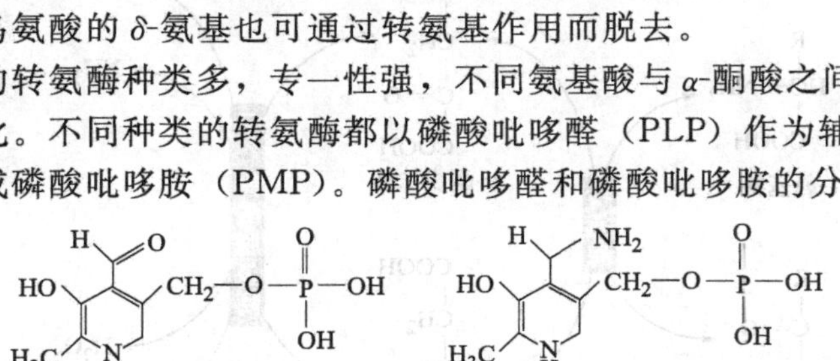

磷酸吡哆醛　　　　　　　磷酸吡哆胺

在各种转氨酶中，以 L-谷氨酸与 α-酮酸的转氨酶最为重要，如谷丙转氨酶（GPT，又称丙氨酸氨基转移酶，ALT）和谷草转氨酶（GOT，又称天冬氨酸氨基转移酶，AST），它们所催化的化学反应如图 2-1 所示。在正常情况下，GPT 和 GOT 主要存在于细胞内，而在血清中的活性很低，各组织器官中以心和肝的活性为最高。当某种原因使细胞膜通透性增高或细胞破坏时，则转氨酶可以大量释放入血，造成血清中转氨酶活性明显升高，故此酶活性的高低可用于临床上肝脏或心肌疾病的辅助诊断。例如，急性肝炎患者血清 GPT 活性显著升高，心肌梗死患者血清中 GOT 明显上升。

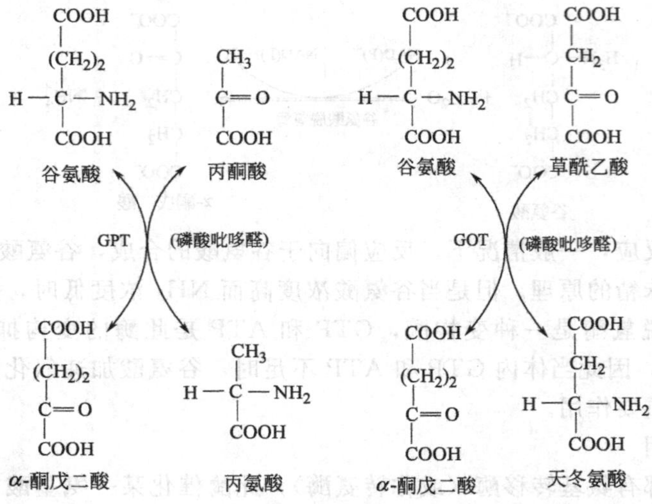

图 2-1 常见的转氨基作用

（3）联合脱氨基作用

联合脱氨基作用有两种方式。

一种是指氨基酸的转氨基作用和氧化脱氨基作用的联合，其过程是氨基酸首先与 α-酮戊二酸在转氨酶催化下生成相应的 α-酮酸和谷氨酸，谷氨酸在 L-谷氨酸脱氢酶作用下生成 α-酮戊二酸和氨，α-酮戊二酸再继续参与转氨基作用，如图 2-2 所示。上述联合脱氨基作用是可逆的，所以也是体内合成非必需氨基酸的主要途径。催化氨基酸转氨基的酶是转氨酶，其辅酶是维生素 B_6 的磷酸酯即磷酸吡哆醛和磷酸吡哆胺，此酶催化某一氨基酸的 α-氨基转移到另一种 α-酮酸的酮基上，生成相应的氨基酸。此种联合脱氨基作用主要在肝、肾等组织中进行。

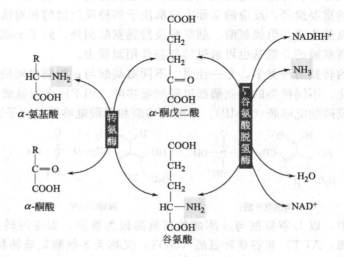

图 2-2 联合脱氨基作用

另一种联合脱氨基作用是指通过嘌呤核苷酸循环脱去氨基。在此过程中，氨基酸首先通过连续的转氨基作用将氨基转移给草酰乙酸，生成天冬氨酸；天冬氨酸与次黄嘌呤核苷酸（IMP）反应生成腺苷酸代琥珀酸，后者经过裂解，释放出延胡索酸并生成腺嘌呤核苷酸（AMP）；AMP在腺苷酸脱氨酶（此酶在肌组织中活性较强）催化下脱去氨基，最终完成氨基酸的脱氨基作用，IMP可以再参加循环，其代谢过程如图2-3所示。此种氨基酸脱氨基方式主要存在于骨骼肌、心肌、肝脏和脑中。

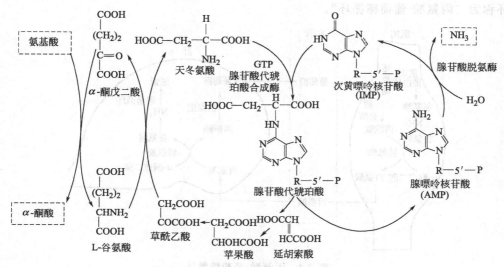

图2-3 嘌呤核苷酸的联合脱氨基作用

（4）非氧化脱氨基作用

非氧化脱氨基作用大多在微生物中进行，非氧化脱氨基作用有以下几种：还原脱氨基（严格无氧条件下）、水解脱氨基、脱水脱氨基、脱巯基脱氨基、氧化-还原脱氨基和脱酰氨基作用等。还原脱氨基反应如下所示：

$$R-\underset{\underset{NH_2}{|}}{C}HCOOH \xrightarrow{H_2} RCH_2COOH + NH_3$$

2. 氨基酸分解产物——氨的去向

氨基酸脱氨基作用生成的氨是有毒物质，故不能以氨的形式在体内大量存积，必须排出体外或转变成其他化合物。

（1）排氨作用

各种动物排氨的方式各不相同。某些水生动物可直接排氨，如鱼类、水生两栖类、线虫等，这些动物叫做排氨动物；鸟类和陆生爬虫类则将氨转化成尿酸排出体外，这些动物叫做排尿酸动物；大部分陆生动物和人类则将氨转变为尿素形式排出体外。有些两栖类处在中间位置，如蝌蚪是排氨动物，成蛙后则排尿素。在植物和某些微生物体内，氨能以酰胺的方式作为氮源储存在体内。

NH_4^+　　　　　$H_2N-\overset{O}{\overset{\|}{C}}-NH_2$　　　　　尿酸

氨(铵离子)　　　　尿素　　　　　　尿酸

（2）氨的运输

氨必须以无毒的形式经血液运输，主要是以丙氨酸及谷氨酰胺两种形式运输的。丙氨酸及谷氨酰胺既是氨的解毒形式，又是氨的运输形式。

① 丙氨酸的生成　在肌肉中氨基酸的氨基转给丙酮酸生成丙氨酸，运输到肝中再分解成丙酮酸和氨。释放出氨用于合成尿素；生成的丙酮酸可经糖异生途径生成葡萄糖，葡萄糖又可由血液输送到肌肉中，糖分解再转变成丙酮酸，后者可再接受氨基生成丙氨酸，如图2-4所示。通过此途径沿丙氨酸和葡萄糖反复地在肌肉和肝之间进行氨的转运，由此可将这一循环称为"丙氨酸-葡萄糖循环"。

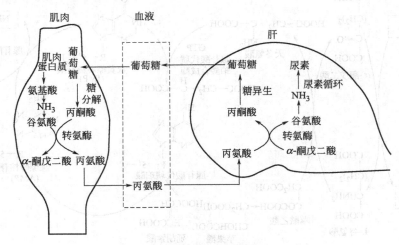

图 2-4　丙氨酸-葡萄糖循环

② 谷氨酰胺的生成　在脑、肌肉等组织中氨基酸的氨基转给谷氨酸在谷氨酰胺合成酶的催化下生成谷氨酰胺，经血运输到肝或肾，再经谷氨酰胺酶水解成谷氨酸及氨。谷氨酰胺的合成与分解是由不同酶催化的不可逆反应，其合成需要 ATP 参与，消耗能量。

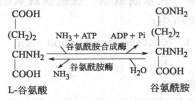

(3) 尿素的生成

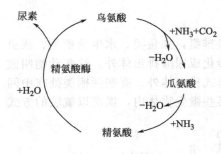

图 2-5　尿素循环

正常情况下体内的氨主要在肝中合成尿素而解毒，尿素是中性、无毒、水溶性很强的物质，由血液运输至肾，从尿中排出。只有少部分的氨是在肾中以铵盐的形式由尿排出。体内氨的来源与去路保持动态平衡，使血氨浓度相对稳定。肝是合成尿素的最主要器官，肾及脑等其他组织虽然也能合成尿素，但合成量甚微。正常成人尿素占排氮总量的 80%~90%，可见肝在氨解毒中起着重要作用。在肝中氨是通过"尿素循环"合成尿素，此循环是由德国学者 Hans Krebs 和 Kurt Henseleit 于 1932 年首次提出，因此又称为"Krebs Henseleit"循环，此循环反应过程如图 2-5 所示。

通过尿素循环，2 分子 NH_3 与 1 分子 CO_2 结合生成 1 分子尿素及 1 分子 H_2O，尿素合成的总反应如下所示：

$$2NH_3 + CO_2 + 3ATP + 3H_2O \longrightarrow \underset{NH_2}{\overset{NH_2}{C}}=O + 2ADP + AMP + 4Pi$$

（4）参与核酸的合成

当肝细胞再生时，尿素合成减少，嘧啶合成增加。

3. 氨基酸分解产物——碳骨架的去向

① 通过还原氨基化作用或转氨基作用合成新的氨基酸。

② 转变成糖或酮体。有些氨基酸在分解过程中转变为乙酰 CoA 或乙酰乙酰 CoA，它们在动物肝脏中可生成乙酰乙酸和 β-羟丁酸，这两种产物为酮体，因此这类氨基酸称为生酮氨基酸。有些氨基酸在分解过程中转变为丙酮酸、α-酮戊二酸、琥珀酰 CoA、延胡索酸和草酰乙酸，这些物质可用于生成葡萄糖或糖原，因此这类氨基酸称为生糖氨基酸。有些氨基酸既可生成酮体又可生成糖，这类氨基酸称为生糖兼生酮氨基酸。

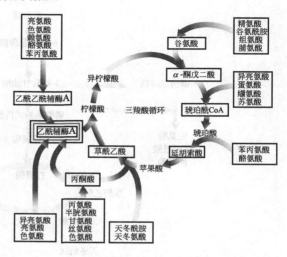

图 2-6　氨基酸骨架的降解与中枢代谢途径关系图

在 20 种基本氨基酸中，只有亮氨酸是纯粹生酮的，异亮氨酸、赖氨酸、苯丙氨酸、色氨酸和酪氨酸既生酮也生糖，其余 14 种氨基酸是纯粹生糖的。

③ 进入三羧酸（TCA）循环，氧化分解为 H_2O 及 CO_2。20 种氨基酸进入 TCA 的途径如图 2-6 所示。

4. 脱羧基作用

氨基酸在氨基酸脱羧酶催化下进行脱羧基作用，生成 CO_2 和一个伯胺类化合物。氨基酸的脱羧基反应除组氨酸外均需要磷酸吡哆醛作为辅酶。氨基酸脱羧酶的专一性很高，除个别脱羧酶外，一种氨基酸脱羧酶一般只对一种氨基酸起脱羧基作用。

$$RCH(NH_2)COOH \xrightarrow[\text{磷酸吡哆醛}]{\text{氨基酸脱羧酶}} RCH_2NH_2 + CO_2$$

氨基酸脱羧后形成的胺类中有一些是组成某些维生素或激素的成分，有一些具有特殊的生理作用，例如脑组织中游离的 γ-氨基丁酸就是谷氨酸经谷氨酸脱羧酶催化脱羧基的产物，它对中枢神经系统的传导有抑制作用。

$$\begin{array}{c} COO^- \\ | \\ (CH_2)_2 \\ | \\ CHNH_3^+ \\ | \\ COO^- \end{array} \longrightarrow \begin{array}{c} COO^- \\ | \\ (CH_2)_2 \\ | \\ CH_2NH_3^+ \end{array} + CO_2$$

谷氨酸　　　　　γ-氨基丁酸

氨基酸的脱羧基作用在微生物中很普遍，在高等动植物组织内也有此作用，但不是氨基酸代谢的主要方式。

（七）氨基酸的生物合成代谢

1. 生物合成原料来源——碳骨架

氨基酸生物合成的途径多种多样，但是它们的共同特点是所有氨基酸的碳骨架都来自糖代谢的中间产物，这些糖代谢途径包括糖酵解途径、三羧酸循环和磷酸戊糖途径，如图 2-7 所示。

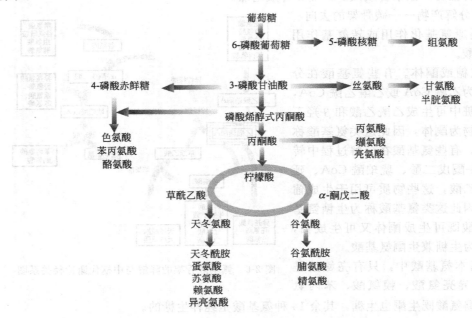

图 2-7 氨基酸碳骨架来源

以前体物作为氨基酸生物合成途径的分类依据，可将氨基酸生物合成分为以下 6 种类型。

（1）谷氨酸族（α-酮戊二酸衍生类型）

某些氨基酸是由三羧酸循环的中间产物 α-酮戊二酸衍生而来，属于这种类型的氨基酸有谷氨酸、谷氨酰胺、脯氨酸和精氨酸。

（2）天冬氨酸族（草酰乙酸衍生类型）

属于这种类型的氨基酸有天冬氨酸、天冬酰胺、甲硫氨酸、苏氨酸、异亮氨酸和赖氨酸。

（3）丙氨酸族（丙酮酸衍生类型）

属于这种类型的氨基酸有丙氨酸、缬氨酸和亮氨酸。

（4）丝氨酸族（3-磷酸甘油衍生类型）

属于这种类型的氨基酸有丝氨酸、半胱氨酸和甘氨酸。

（5）芳香族氨基酸族（4-磷酸赤藓糖、磷酸烯醇式丙酮酸衍生类型即 PEP 衍生类型）

属于这种类型的氨基酸有苯丙氨酸、酪氨酸和色氨酸。

（6）组氨酸族（5-磷酸核糖焦磷酸衍生类型即 PRPP 衍生类型）

属于这种类型的氨基酸有组氨酸。

2. 生物合成原料来源——氨

氨基酸生物合成所需氨主要有 3 个来源：生物固氮作用、硝酸基和亚硝酸基的还原作用以及含氮有机物质的分解作用，如图 2-8 所示。

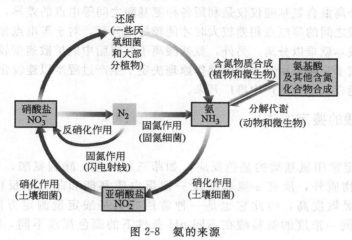

图 2-8　氨的来源

3. 氨基酸合成方式
① α-酮酸经还原氨基化作用。
② α-酮酸经氨基转移作用。
③ 氨基酸间的相互转化

（八）氨基酸的制备方法

氨基酸是构建生物机体的众多生物活性分子之一，是蛋白质的基本组成单位，是构建细胞、修复组织的基础材料，它参与生物体内的新陈代谢和各种生理功能。作为生命存在的必要条件即生物体内蛋白质的动态平衡，是受氨基酸来支持的，任何一种氨基酸的缺失，都会导致整个机体的代谢紊乱。氨基酸及其衍生物有重要的保健和药用价值，已经越来越多地受到重视。氨基酸类药物品种繁多，临床上常用的有甘氨酸、谷氨酸、精氨酸、半胱氨酸等。

目前氨基酸主要通过从生物材料经水解或发酵方法制得。从水解液或发酵液分离纯化氨基酸的方法有沉淀法、离子交换法、溶剂萃取法和吸附法等，其中沉淀法和离子交换法较为常用。

1. 沉淀法

沉淀法是最早应用于氨基酸分离的方法之一，本法利用氨基酸在等电点时的溶解度最小或是与一些化合物反应生成难溶盐而析出的原理。如亮氨酸与芳香族磺酸盐反应，可生成难溶盐即亮氨酸的磺酸盐，分离此难溶盐，再与氨水反应，可重新得到亮氨酸。

沉淀法操作简单、选择性强，但是由于沉淀剂回收困难、废液排放污染加剧、易残留沉淀剂等缺点已逐渐被其他分离方法所取代。

2. 离子交换法

氨基酸是两性电解质，当介质的 pH 值低于等电点时以阳离子状态存在。中性氨基酸的等电点一般在 pH5～6，酸性氨基酸的等电点在 pH2.8～3.2，碱性氨基酸的等电点在 7.6～10.8。由于多数氨基酸的等电点都是 5 以上，因此几乎所有的氨基酸都能用强酸型离子交换树脂进行分离，其等电点越高，亲和力越大，越易被交换吸附。离子交换法提取氨基酸多采用强酸性磺酸树脂，同时利用氨水或氢氧化钠洗脱。

英国有过以离子交换色谱法从胱氨酸母液中提取精氨酸、组氨酸和赖氨酸的报道。国内的许多研究单位和氨基酸生产单位开展了大量的关于离子交换法从蛋白水解液中提取氨基酸工艺的研究。

离子交换法分离混合氨基酸仅仅是利用各种氨基酸之间等电点的差异，因此只有当欲被分离的混合氨基酸之间的等电点相差较大时才能较好地分开，对于等电点相近的混合氨基酸只能部分分开或根本就难以分离。另外，氨基酸离子在树脂中的扩散速度较慢，因此要求料液的流速较低。离子交换法由于本身的操作原理决定了生产过程难以连续化，所以离子交换法提取氨基酸不能在大规模生产中推广开来。

（九）氨基酸的鉴定方法

1. 呈色反应

氨基酸的鉴定常用氨基酸的呈色反应，如茚三酮反应。除脯氨酸、羟脯氨酸和茚三酮反应产生黄色物质外，所有 α-氨基酸及一切蛋白质都能和茚三酮反应生成蓝紫色物质。茚三酮反应灵敏度高，因此它也是一种常用的氨基酸定量测定方法。此反应的适宜 pH 为 5~7，同一浓度的氨基酸在不同 pH 条件下的颜色深浅不同，酸度过大时甚至不显色。

当采用此反应定性检测或定量测定氨基酸时，需要注意的不只是蛋白质和氨基酸有茚三酮颜色反应，β-丙氨酸、氨和许多一级胺等物质也可与茚三酮呈阳性反应，因此，在定性和定量测定中，应严防干扰物存在。

2. 滴定法

天冬氨酸、谷氨酸、赖氨酸等氨基酸在分子结构中含有羧基，一般采用氢氧化钠滴定法对其含量进行测定。以谷氨酸的含量测定为例，其操作过程是：称取谷氨酸片 0.25g，加沸水 50mL，溶解，放冷，加麝香草酚蓝指示液 5 滴，用 0.1mol/L 氢氧化钠滴定至溶液由黄色变为蓝绿色，滴定结束，计算即可。当采用此法测定赖氨酸的含量时，赖氨酸分子结构中的氨基对测定结果有干扰，故应首先在 pH9.0 时用甲醛将氨基保护，再采用氢氧化钠滴定测定含量。

缬氨酸、亮氨酸、甘氨酸、丝氨酸等氨基酸在分子结构中含有氨基，一般采用在非水溶剂中用高氯酸滴定液对其含量进行测定，即非水溶液测定法。由于非水溶液可放大弱酸、弱碱的酸碱性，达到较好的区分效应，如弱碱在酸性溶液中表现出较强的碱性，反之亦然。根据非水溶液这种特性，可选择适当的非水溶液对弱酸、弱碱进行滴定。氨基酸中的氨基在冰醋酸中表现出较强的碱性，通常采用高氯酸对氨基酸含量进行测定。以酪氨酸的含量测定为例，其操作过程是：称取谷氨酸片 0.15g，加无水甲酸 6mL 溶解，加冰醋酸 50mL，依照电位滴定法，用 0.1mol/L 高氯酸滴定。

3. 氨基酸自动分析仪法或高效液相色谱法

氨基酸注射液由多种氨基酸混合而成，可用氨基酸自动分析仪法或高效液相色谱法进行测定。

四、项目实施

训练任务　氨基酸的分离鉴定

【任务背景】

目前，多数氨基酸采用发酵法生产，部分氨基酸则存在多种生产方法。发酵法得到的是单一品种的 L-氨基酸，夹杂其他氨基酸的种类和含量较少；蛋白质水解法得到的是多种氨基酸的混合物。与氨基酸发酵等生产技术的发展相比较，其分离和纯化的下游技术的发展显得有些不相适应。通常，分离纯化的成本可以占到总成本的50%以上，因此提高氨基酸分离的选择性和产率引起了人们的浓厚兴趣。几乎所有的氨基酸分离纯化工艺均利用了氨基酸在不同的pH值时荷电不同这一特性。氨基酸的分离纯化方法主要有：沉淀法、离子交换法、萃取法和膜分离法等几种。

假设你是一名某氨基酸生产企业研发部门的技术员，你所在的研发小组接到一项任务：对某一样品中的氨基酸组分进行分离和鉴定。任务接手后，部门领导要求你们尽快学习氨基酸分离鉴定的相关知识及操作方法，制订工作计划和工作方案并有计划地实施，认真填写工作记录，按时提交质量合格的研究报告。

【任务思考】
1. 名词解释：基本氨基酸、必需氨基酸。
2. α-氨基酸结构通式？
3. 有哪些常见的编码氨基酸？写出其中文名称和三字缩写符号？它们的侧链基团各有何特点？
4. 组成蛋白质分子的酸性氨基酸及碱性氨基酸各有哪些？它们在结构上各有何特点？
5. 什么是色谱技术？
6. 色谱技术的主要分类？
7. 什么是 R_f？
8. 影响 R_f 的因素有哪些？
9. 茚三酮反应鉴定氨基酸的作用原理是什么？

方法1 纸色谱法

【实验器材】
1. 试剂

氨基酸溶液：0.5%的已知氨基酸溶液3种（如赖氨酸、苯丙氨酸、缬氨酸），0.5%的待测氨基酸液1种。

展开剂：正丁醇/冰醋酸/水=4:1:5，将4体积正丁醇和1体积冰醋酸放入分液漏斗中，与5体积水混合，充分振荡，静置后分层，弃去下层水层。

显色剂：0.1%水合茚三酮正丁醇溶液。

2. 材料

色谱缸、喷雾器、毛细管、培养皿、色谱滤纸、直尺、铅笔、电吹风、烧杯、托盘、针、白线、手套等。

【实验方法】
1. 平衡

将盛放平衡溶剂的小烧杯置于密闭的色谱缸中，平衡20min。

2. 作记号

戴上手套，取色谱滤纸（22cm×14cm）一张。在纸的一端距边缘2~3cm处用铅笔划一条平行于底边的直线，在此直线上每间隔2cm作一记号。

3. 点样

用毛细管将各氨基酸样品（其中3个是已知样，1个是待测样品）分别点在直线A的4个记号位置上，同一位置上需点2~3次，每点完一点，立刻用电吹风热风吹干后再点，以保证每点在纸上扩散的直径最大不超过3mm。

4. 扩展

用针、线将滤纸缝成筒状，纸的两侧边缘不能接触且要保持平行。向培养皿中加入展开剂，使其液面高度达到1cm左右，将盛有扩展剂的培养皿迅速置于密闭的色谱缸中，将点好样的滤纸筒直立于培养皿中（点样的一端在下，展开剂的液面在直线下约1cm），密闭。当上升到15～18cm，取出滤纸，剪断连线，立即用铅笔描出溶剂前沿线，自然干燥或用电吹风热风吹干。

5. 显色

用喷雾器均匀喷上0.1%茚三酮正丁醇溶液，用热风吹干即可显出各色谱斑点。

6. 计算

计算各种氨基酸的 R_f 值，并判断未知样品中是哪种氨基酸。

【注意事项】

1. 切勿用手直接接触滤纸和显色剂。
2. 点样过程中必须在第一滴样品干后再点第二滴。
3. 使用的溶剂系统需新鲜配制，并要摇匀。
4. 色谱滤纸要求质地均匀，平整无折痕，厚薄适当，溶剂能匀速展开，有一定纯度而少杂质，以免影响色谱图谱背景。一般选用中速滤纸，或根据溶剂选择，如丁醇类黏度大，宜用快速滤纸；而氯仿、石油醚展开快，宜用慢速滤纸。

方法2 双向纸色谱法

【实验器材】

1. 试剂

标准氨基酸混合溶液：若干种氨基酸各100mg溶于50mL 0.01mol/L 盐酸中。

展开剂：第一相，正丁醇/88%甲酸/水＝15/3/2；第二相，正丁醇/吡啶/95%乙醇/水＝5/1/1/1。

显色剂：0.1%水合茚三酮丙酮溶液。

2. 材料

色谱缸、培养皿、喷雾器、毛细管、电吹风、烘箱、色谱滤纸、铅笔、尺等。

【实验方法】

1. 点样

取色谱滤纸一张，在距纸边1.2cm处划一基线；再将纸转90°，距纸边1.2cm处作一线与上线垂直。以毛细管吸取混合氨基酸溶液，点与两线交点处，点的直径控制在2mm左右，不可过大。待样品干燥后再点一次。滤纸上点样斑点干燥后，把滤纸卷成圆筒形，纸的两边以线相连，但不可重叠相碰。

2. 展层

在色谱缸中平稳地放入装有第一相色谱溶剂的培养皿。将圆筒形滤纸放入，点样一端接触溶剂，以点样处不浸入溶剂为准。待溶剂自下而上均匀展开，约2h后，溶剂到达距纸边0.5cm处取出滤纸，悬挂于室温中，以电吹风充分吹尽溶剂。然后裁去未走过溶剂的滤纸边缘，将滤纸转90°，卷成如前圆筒状，放入盛第二相溶剂的色谱缸内展开，操作同上，约1h后溶剂展开到距纸边0.5cm时取出，以电吹风吹尽溶剂使其干燥。

3. 显色

用喷雾器均匀喷上0.1%茚三酮丙酮溶液，用热风吹干即可显出各色谱斑点，将图谱上的斑点用铅笔圈出。

4. 计算

计算各种氨基酸的 R_f 值。

【注意事项】

1. 第一相溶剂最好在使用前再按比例混合，否则会引起酯化而影响色谱效果。
2. 接触滤纸时，要戴手套。

方法 3　薄层色谱法

【实验器材】

1. 试剂

氨基酸溶液：0.5％的已知氨基酸溶液 3 种（如赖氨酸、苯丙氨酸、缬氨酸），0.5％的待测氨基酸液 1 种。

展开剂：水/乙醇/乙酸＝2/12/1，即将 12 体积乙醇和 1 体积乙酸放入分液漏斗中，与 2 体积水混合，充分振荡，静置后分层，弃去下层水层。

显色剂：0.1％水合茚三酮正丁醇溶液。

2. 材料

色谱缸、喷雾器、毛细管、培养皿、色谱滤纸、直尺、铅笔、电吹风、烧杯、托盘、针、白线、手套等。

【实验方法】

1. 薄层板的制备

将 10g 硅胶 G 和 15mL（3％～0.5％的羧甲基纤维素钠水溶液铺板）水在小烧杯内迅速混合均匀，再加入 5mL 水继续搅拌。将调好的糊状物倒在洗净干燥好的玻璃板上，用手摇摆，使其表面均匀光滑，厚度在 0.25～1mm 为宜。在室温下晾干后，置于烘箱内慢慢升温，在 105～110℃下活化约 0.5h。取出后放于干燥器内备用。所配制的硅胶乳状液可制备薄层板 3～5 块。

2. 氨基酸的分离和鉴定

用毛细管取氨基酸溶液在薄层板上一端约 0.5cm 处点样。如在一块板上点两个样，则它们之间必须相隔一定距离。等斑点干燥后小心地将板置于盛有展开剂（水：乙醇：乙酸＝1：6：0.5）的色谱缸内，点样端浸入展开剂深度约 0.3cm 为宜。待展开剂上升了 10cm 以上后，可停止展开。取出薄层板，在前沿线处用大头针轻轻穿刺薄层作记号。等板晾干后，在 110℃烘箱内干燥大约 10min，然后用喷雾器均匀地喷上茚三酮显色剂，再放入烘箱内烘烤约 15min，即可显出各色谱斑点。分别测出氨基酸的 R_f 值，并推断它们相互混合时能否进行色谱分离。

方法 4　离子交换色谱法

本实验用磺酸阳离子交换树脂分离酸性氨基酸（天冬氨酸）、中性氨基酸（丙氨酸）和碱性氨基酸（赖氨酸）的混合液。在特定的 pH 条件下，它们解离程度不同，通过改变洗脱液的 pH 或离子强度可分别洗脱分离。

【实验器材】

1. 试剂

氨基酸混合液：酸性氨基酸（天冬氨酸）、中性氨基酸（丙氨酸）和碱性氨基酸（赖氨酸）的混合液。

2mol/L HCl。

2mol/L NaOH。
0.1mol/L HCl。
0.1mol/L NaOH。
pH4.2 的柠檬酸缓冲液。
pH5 的醋酸缓冲液。
0.2%中性茚三酮丙酮溶液。

2. 设备和材料

色谱柱（1.6cm×20cm）、恒流泵、梯度混合器、试管及试管架、紫外分光光度计、磺酸阳离子交换树脂（Dowex50）等。

【实验方法】

1. 树脂的处理

将 10g 树脂放入 100mL 烧杯中，加 25mL 12mol/L HCl 搅拌 2h，倾弃酸液，用蒸馏水洗涤树脂至中性。再加 25mL 12mol/L NaOH 至上述树脂中搅拌 2h，倾弃碱液，用蒸馏水洗涤至中性。最后将树脂悬浮于 50mL pH4.2 的柠檬酸缓冲液中备用。

2. 装柱

取大小合适的色谱柱（直径 0.8~1.2cm，长度 10~12cm），底部垫玻璃棉或海绵圆垫，自顶部注入经处理的树脂悬浮液，关闭色谱柱出口，待树脂沉降后，放出过量的溶液，再加入一些树脂，至树脂沉积至 8~10cm 高度即可。最后从柱子顶部继续加入 pH4.2 的柠檬酸缓冲液洗涤，使流出液 pH 为 4.2 为止，关闭柱子出口，保持液面高出树脂表面 1cm 左右。

3. 加样

打开柱子出口使缓冲液流出，待液面几乎平齐树脂表面时关闭出口，注意不可使树脂表面干燥。用长滴管将 15 滴氨基酸混合液仔细直接加到树脂顶部，打开出口，使氨基酸混合液缓慢流入柱内。

4. 洗脱和洗脱液的收集

当液面刚平树脂表面时，加入 0.1mol/L HCl 3mL，以 10~12 滴/min 的流速洗脱，收集洗脱液，每管 20 滴，逐管收集。当 HCl 液面刚平树脂表面时，用 1mL pH4.2 的柠檬酸缓冲液冲洗柱壁一次，接着用 2mL pH4.2 的柠檬酸缓冲液洗脱，仍然保持流速 10~12 滴/min，并注意勿使树脂表面干燥。在收集洗脱液的过程中，逐管用茚三酮丙酮溶液检验氨基酸的洗脱情况，方法是向各管洗脱液中加 10 滴 pH5 醋酸缓冲液和 10 滴中性茚三酮溶液，沸水浴中煮 10min，如溶液呈紫蓝色，表示已有氨基酸洗脱下来，显色的深度还可代表洗脱的氨基酸浓度，可采用比色法测定。在用 pH4.2 柠檬酸缓冲液把第二个氨基酸洗脱出来之后，再收集两管茚三酮反应阴性部分，关闭色谱柱出口，将树脂顶部剩余的 pH4.2 柠檬酸缓冲液移去。从树脂顶部加入 2mL 0.1mol/L NaOH，打开出口使其缓慢流入柱内，用 NaOH 洗脱并逐管收集，此时仍然保持 10~12 滴/min 的流速，每管 20 滴。做洗脱液中氨基酸检验，在第三个氨基酸用 NaOH 洗脱下来后，再继续收集两管茚三酮反应阴性部分。

5. 绘制洗脱曲线

以洗脱液管号为横坐标，洗脱液各管光密度（以水作空白，在 570nm 波长读取吸光度）或颜色深浅（以 -、±、+、++ 等表示）为纵坐标作图，即可绘制出一条洗脱曲线。

【注意事项】

1. 在装柱时必须防止气泡、分层、树脂表面干燥等现象发生。
2. 一直保持 10~12 滴/min 的流速。

五、拓展训练

设计任务一　人发中 L-精氨酸的提取

【任务背景】

L-精氨酸化学名为 α-氨酸-δ-胍基戊酸，其结构式如下所示：

$$\text{H}_2\text{N}-\overset{\text{NH}}{\underset{\text{H}}{\text{C}}}-\cdots-\overset{*}{\text{C}}\text{H}(\text{NH}_2)\text{COOH}$$

L-精氨酸是人体和动物体内的半必需氨基酸，也是生物体尿素循环的一种重要中间代谢物，在医药工业上具有广泛的用途。临床上 L-精氨酸及其盐类被广泛用作氨中毒性肝昏迷的解毒剂和肝功能促进剂，对病毒性肝炎疗效显著，对肠道溃疡、血栓形成、神经衰弱和男性无精病等病症均有治疗效果。

L-精氨酸易吸水，为了便于储存和运输，通常将它制成盐酸盐。L-精氨酸盐酸盐呈白色结晶性粉末，无臭，苦涩味，易溶于水，水溶液呈碱性，等电点 pH 为 10.76，在水中溶解度 0℃ 和 5℃ 时分别为 83g/L 和 400g/L，极微溶于乙醇，不溶于乙醚，熔点为 224℃。

L-精氨酸的主要生产方法有发酵法和蛋白质酸解提取两种。发酵法原料为淀粉或糖，生产过程不会对环境产生影响，但存在发酵时间长、设备庞大、投资大、动力消耗多等缺点，因而难以大规模推广。蛋白质酸解提取法生产 L-精氨最早利用明胶、脱脂大豆等原料，但因这些原料成本较高，因而其应用受到限制。目前，我国广泛利用丰富的廉价的毛发资源来生产胱氨酸，提取胱氨酸后的母液中 L-精氨酸的含量高达 5% 左右，是提取 L-精氨酸的一个良好来源。现在少数厂家试图从胱氨酸母液提取 L-精氨酸，但由于技术落后、收率低、成本高，尚未形成规模生产。

假设你是一名某氨基酸生产企业研发部门的技术员，你所在的研发小组接到一项任务：对人发样品中的 L-精氨酸组分进行分离和鉴定。任务接手后，部门领导要求你们小组尽快查阅氨基酸分离鉴定的相关知识及操作方法，制订工作计划和工作方案并有计划地实施，认真填写工作记录，按时提交质量合格研究报告和所制备的 L-精氨酸，最后他将对所在小组的每一位成员进行考核。

设计任务二　脯氨酸含量的测定

【任务背景】

在正常环境条件下，植物体内游离脯氨酸含量较低，但在逆境（干旱、低温、高温、盐渍等）及植物衰老时，植物体内游离脯氨酸含量可增加 10～100 倍，并且游离脯氨酸积累量与逆境程度、植物的抗逆性有关。因此，测定植物体内游离脯氨酸的含量，在一定程度上可以判断逆境对植物的危害程度和植物对逆境的抵抗力。

假设你是一名某植保所的实验人员，你所在的研发小组接到一项任务：对采集的植物样本中的脯氨酸含量进行测定。任务接手后，部门领导要求你们小组尽快查阅脯氨酸含量测定的相关知识及操作方法，制订工作计划和工作方案并有计划地实施，认真填写工作记录，按时提交质量合格检验报告，最后他将对所在小组的每一位成员进行考核。

多肽和蛋白质生化产品的制备和检测

一、项目介绍

项目相关背景	蛋白质是人体的必需营养素，在生命活动过程中起着各种生命功能执行者的作用，蛋白质是生命的体现者，离开了蛋白质，生命将不复存在。以蛋白质结构与功能为基础，从分子水平上认识生命现象，已经成为现代生物学发展的主要方向，随着功能基因组研究及其应用的广泛深入，蛋白质制备、纯化和检测已成为生物技术产品研发中的关键环节。有科学家预言，对蛋白质类生化物质的研究、制造和应用，有可能在今后10年使生物化学出现革命性的变化和转折。
项目任务描述	训练任务一　牛乳中酪蛋白和乳清蛋白的提取 训练任务二　蛋白质的纯化——葡聚糖凝胶柱色谱 训练任务三　绿豆芽中蛋白质含量的测定——分光光度法 训练任务四　未知蛋白质分子量的测定——SDS-聚丙烯酰胺凝胶电泳

二、学习目标

1. 能力目标

① 能利用等电点沉淀、有机溶剂沉淀和盐析等方法，完成从牛奶中提取酪蛋白和乳清蛋白的工作。
② 能利用透析法除去蛋白质样品中的盐。
③ 能完成葡聚糖凝胶柱色谱的准备、装柱、上样、洗脱和收集工作。
④ 能对葡聚糖凝胶进行正确的再生和保养。
⑤ 能完成洗脱曲线的绘制。
⑥ 能完成标准曲线的绘制。
⑦ 能规范并熟练使用分光光度计。
⑧ 能利用 SDS-PAGE 完成未知蛋白的分子量测定。
⑨ 能合理分析电泳图谱。
⑩ 能完成实验过程中的仪器安装工作。
⑪ 能完成文献资料的查询和搜集工作。
⑫ 能与他人分工协助并进行有效的沟通。
⑬ 能通过文字、口述或实物展示自己的学习成果。

2. 知识目标

① 能解释蛋白质的概念。

② 能列举蛋白质的生物学功能。
③ 能概述蛋白质的主要性质并提供相应的应用实例。
④ 能说出蛋白分离的主要方法及其原理。
⑤ 能计算盐析中盐的用量和有机溶剂沉淀中乙醇的用量。
⑥ 能解释酪蛋白和乳清蛋白的提取原理。
⑦ 能说出蛋白质分离纯化的一般程序。
⑧ 能概述蛋白质纯化的各种方法并对比其优缺点。
⑨ 能解释蛋白质各种纯化方法的原理。
⑩ 能阐述葡聚糖凝胶的特性。
⑪ 能解释凝胶色谱的原理。
⑫ 能解释蛋白质各种含量测定方法的原理。
⑬ 能概述蛋白质含量测定的各种方法并对比其优缺点。
⑭ 能解释分光光度检测技术的工作原理,能列举其常见种类并熟悉其应用。
⑮ 能阐述分光光度检测技术操作的注意事项。
⑯ 能阐述分光光度计的主要构造。
⑰ 能说明电泳的概念。
⑱ 能概述电泳的主要种类。
⑲ 能解释什么是 SDS-PAGE 技术。
⑳ 能说明 SDS-PAGE 测定蛋白质分子量的原理。
㉑ 能归纳 SDS-PAGE 的关键操作点。

三、背景知识

(一) 蛋白质的功能

蛋白质普遍存在于生物界,从病毒、细菌到动、植物都含有蛋白质,蛋白质也是各种生物体内含量最多的有机物质。人体内蛋白质含量约占其干重 45% 左右。蛋白质是生命的物质基础,一切生命活动都离不开蛋白质。

体内蛋白质重要的生理功能概括如下。
① 生物催化功能,如酶。
② 结构支撑功能,如结缔组织的胶原蛋白、血管和皮肤的弹性蛋白、膜蛋白等。
③ 储藏功能,如蛋类的卵清蛋白、乳中的酪蛋白、植物种子的麦谷醇溶蛋白等。
④ 物质运输功能,如运输氧气及二氧化碳的血红蛋白及血蓝蛋白、葡萄糖运输载体、电子传递体等。
⑤ 运动功能,如肌肉收缩的肌球蛋白、肌动蛋白等。
⑥ 激素功能,如胰岛素、甲状腺素等。
⑦ 防御功能,如抗体、皮肤的角蛋白、血凝蛋白等。
⑧ 接受、传递信息功能,如受体蛋白、味觉蛋白等。
⑨ 调节并控制细胞的生长、分化和遗传信息的表达,如组蛋白、阻遏蛋白等。

(二) 蛋白质的分类

1. 按分子组成不同分类

(1) 简单蛋白

只由氨基酸组成的蛋白质称为简单蛋白质或单纯蛋白质。根据其溶解性不同,简单蛋白又可细分为清蛋白、球蛋白、谷蛋白、醇溶蛋白、精蛋白、组蛋白及硬蛋白七类。

(2) 结合蛋白

在分子组成上除蛋白外还有非蛋白成分(辅基)的蛋白质称为结合蛋白。根据所结合辅基的不同,结合蛋白又可细分为核蛋白、糖蛋白、脂蛋白、色蛋白、磷蛋白及金属蛋白六类。

2. 按分子外形的对称程度不同分类

(1) 球状蛋白质

分子对称,外形接近球形或椭圆形,疏水的氨基酸侧链位于分子内部,亲水的侧链在表面,所以球状蛋白溶解性较好,能形成结晶,大多数可溶性蛋白属于这一类。

(2) 纤维状蛋白质

分子对称性差,外形类似纤维状或细棒。纤维状蛋白质是生物体的主要结构蛋白,又可分为可溶性纤维状蛋白质和不溶性纤维状蛋白质,如肌球蛋白和血纤维蛋白原是可溶性纤维状蛋白质,胶原蛋白、弹性蛋白、角蛋白和丝蛋白是不溶性纤维状蛋白质。

3. 按功能不同分类

蛋白质可分为运输蛋白、营养和储存蛋白、激素、受体蛋白、运动蛋白、结构蛋白、防御蛋白等。

(三) 蛋白质的组成

1. 元素组成

组成蛋白质的元素主要有碳50%、氢7%、氧23%、氮16%、硫0~3%及微量的磷、铁、铜、碘、锌、钼。

蛋白质中氮含量恒定,平均含氮量约为16%,即1g氮相当于6.25g蛋白质,这是凯氏定氮法测定蛋白质含量的计算原理。凯氏定氮法测定蛋白质含量的计算公式为:

$$粗蛋白质含量 = 蛋白氮含量 \times 6.25$$

2. 分子组成

氨基酸是构成蛋白质的基本单位,参与组成蛋白质的氨基酸只有20种,它们又称为基本氨基酸或编码氨基酸。除脯氨酸外,它们均为α-氨基酸。在生理条件下(pH7附近),氨基酸的氨基质子化($-NH_3^+$),而羧基离子化($-COO^-$),所以氨基酸一般都写成两性解离形式(兼性离子形式)。

(四) 蛋白质的结构

1. 蛋白质的一级结构

蛋白质的一级结构,又称化学结构、共价结构或初级结构,是指蛋白质多肽链中氨基酸的组成及排列顺序,它是实现蛋白质空间结构及其功能的基础。如图3-1所示。

迄今为止,已有约1000种左右蛋白质的一级结构被研究确定,如胰岛素、胰核糖核酸酶、胰蛋白酶等。牛胰核糖核酸酶的一级结构如图3-2所示。

蛋白质的一级结构是由基因决定的,各种氨基酸按遗传密码的顺序,通过肽键连接起来,成为多肽链。

(1) 肽键与肽

肽键是指由一个氨基酸的α-羧基和另一个氨基酸的α-氨基脱水缩合而成的共价键

(—CO—NH—)，又名酰胺键。肽键形成的反应过程如图 3-3。

肽是指由一个氨基酸的 α-羧基和另一个氨基酸的 α-氨基脱水缩合而成的化合物。两个氨基酸形成的肽叫二肽，三个氨基酸形成的肽叫三肽，……，十个氨基酸形成的肽叫十肽，一般将十肽以下称为寡肽，以上者称多肽或称多肽链。组成多肽链的氨基酸在相互结合时，失去了一分子水，因此把多肽中的氨基酸单位称为氨基酸残基（图 3-4）。

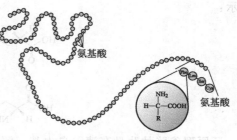

图 3-1 蛋白质的一级结构

图 3-2 牛胰核糖核酸酶的一级结构

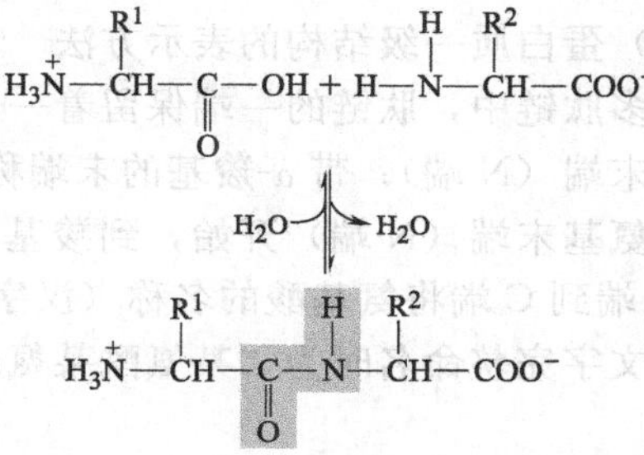

图 3-3 肽键

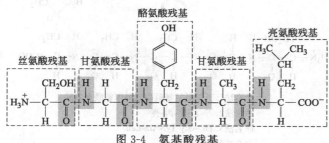

图 3-4 氨基酸残基

存在一个例外情况，谷胱甘肽是由谷氨酸、半胱氨酸和甘氨酸三个氨基酸所组成的三肽，其中 N 末端的谷氨酸是通过 γ-羧基与半胱氨酸形成肽键，全名是 γ-谷氨酰半胱氨酰甘氨酸，其结构见图 3-5。

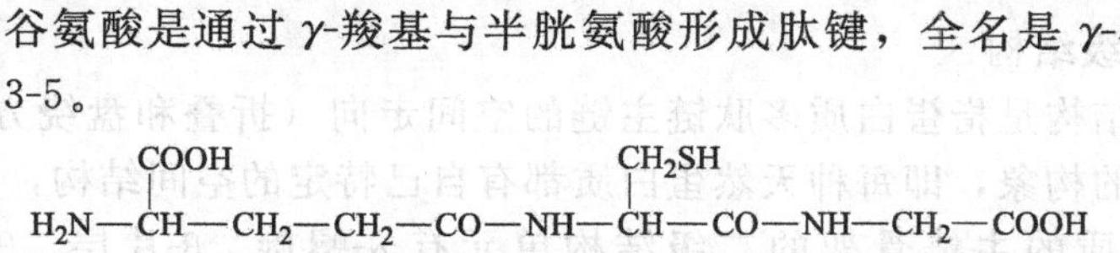

$$H_2N-CH(COOH)-CH_2-CH_2-CO-NH-CH(CH_2SH)-CO-NH-CH_2-COOH$$

　　　γ-谷氨酰　　　　　　半胱氨酰　　　　甘氨酸

图 3-5 谷胱甘肽

(2) 生物活性肽

生物体内具有一定生物学活性的肽类物质称生物活性肽，重要的有谷胱甘肽、神经肽、多肽类激素等。

① 谷胱甘肽（GSH）谷胱甘肽全称为 γ-谷氨酰半胱氨酰甘氨酸。其巯基可氧化、还原，故谷胱甘肽有还原型（GSH）与氧化型（GSSG）两种存在形式。其氧化型的结构式如下

所示：

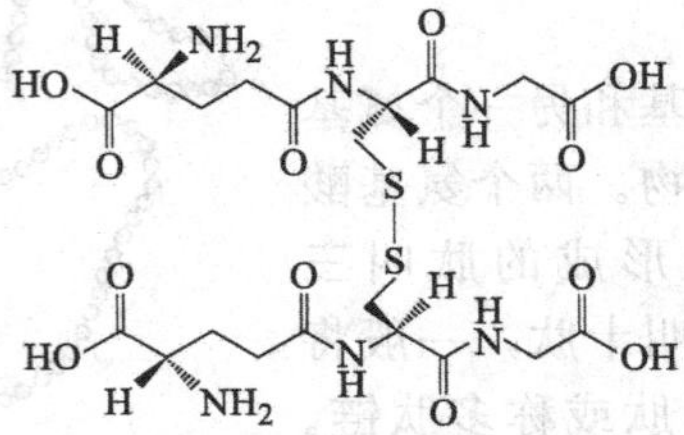

还原型谷胱甘肽具有清除自由基、解毒、促进铁质吸收、维持 DNA 的生物合成、维持红细胞膜结构稳定等多种生理功能。

② 多肽类激素　许多小肽在很低浓度下就可发挥作用，如激素类的脑下垂体素、缓激肽、促甲状腺素释放因子等。

③ 其他肽类活性物质　有些极毒的蘑菇毒素，许多抗生素，还有商业合成的二肽甜味剂天冬甜素等都属于肽类物质。

(3) 蛋白质一级结构的表示方法

在多肽链中，肽链的一端保留着一个 α-氨基，另一端保留一个 α-羧基，带 α-氨基的末端称氨基末端（N 端）；带 α-羧基的末端称羧基末端（C 端）。一般规定，肽链的氨基酸排列顺序从其氨基末端（N 端）开始，到羧基末端（N 端）终止。蛋白质一级结构的表示方法就是从 N 端到 C 端将氨基酸的名称（汉字、三字符号或单字符号）及短横线按其顺序排列成行。肽文字完整命名时为"某氨酰某氨酰……某氨酸"。蛋白质一级结构的表示方法举例见图 3-6。

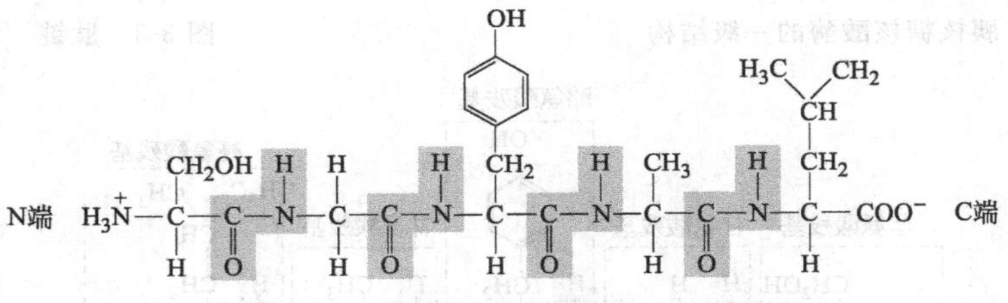

命名法1: 苏氨酰甘氨酰酪氨酰丙氨酰亮氨酸
命名法2: 苏-甘-酪-丙-亮
命名法3: Thy-Gly-Tyr-Ala-Leu
命名法4: TGYAL

图 3-6　蛋白质一级结构的表示方法举例

2. 蛋白质的二级结构

蛋白质的二级结构是指蛋白质多肽链主链的空间走向（折叠和盘绕方式），它们以氢键维系，形成有规则的构象，即每种天然蛋白质都有自己特定的空间结构，并不涉及侧链部分的构象。天然蛋白质的主链骨架的二级结构单元有 α-螺旋、β-片层、β-转角和无规则卷曲等。

(1) α-螺旋

α-螺旋是多肽链的主链原子沿一中心轴盘绕所形成的有规律的螺旋构象，其结构如图 3-7 所示。α-螺旋的结构特点：①有右手螺旋及左手螺旋两种，天然蛋白质中的 α-螺旋几乎都是右手螺旋，右手螺旋比左手螺旋稳定；②稳定性是靠链内氢键维持的，肽链上 C=O 与它后面第 4 个残基上的 N—H 之间形成氢键，氢键的取向几乎与中心轴平行；③每圈螺旋高度为 0.54nm，每圈含 3.6 个氨基酸残基，每个氨基酸残基绕轴旋转 100°，沿轴上升

0.15nm；④氨基酸残基的 R 侧链在螺旋的外侧，其形状、大小及电荷等均影响 α-螺旋的形成。

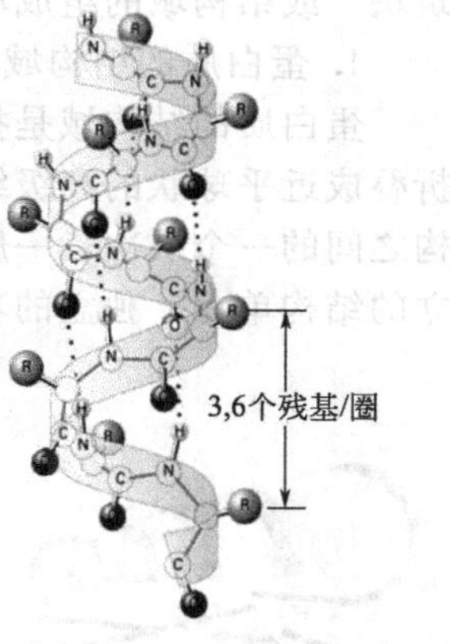

（2）β-片层

β-片层又名 β-折叠，两条或多条几乎完全伸展的多肽链侧向聚集在一起，靠链间氢键联结的片层结构，如图 3-8 所示。β-片层的结构特点：①相邻肽链走向可顺向平行（两条肽链的走向相同，即 N 端、C 端的方向一致），也可反向平行（两条肽链的走向相反，即 N 端、C 端的方向不一致），从能量角度考虑反向平行更为稳定；②稳定性是靠链间氢键维持的，氢键是由相邻肽链主链上的 N—H 和 C=O 之间形成的；③氨基酸残基的 R 侧链交替分布在片层的上下两侧。

（3）β-转角

β-转角是蛋白质分子中出现的 180°回折，如图 3-9 所示。β-转角的结构特点：①主链骨架以 180°返回折叠；②由多肽链上 4 个连续的氨基酸残基组成，第 1 个氨基酸残基的 C=O 与第 4 个氨基酸残基的 N—H 之间形成氢键；③广泛存在于球状蛋白质中，多数由亲水氨基酸残基组成。

图 3-7　α-螺旋结构

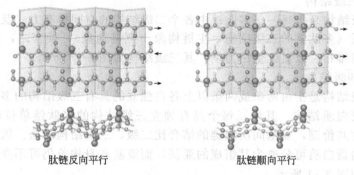

图 3-8　β-片层结构

（4）无规则卷曲

无规则卷曲又名自由回转、自由折叠，是指没有规律的多肽链主链骨架构象，如图 3-10 所示。

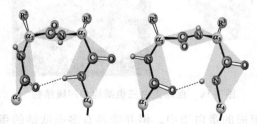

图 3-9　β-转角结构

图 3-10　无规则卷曲结构

3. 蛋白质的超二级结构

蛋白质的超二级结构是指在多肽链内顺序上相互邻近的二级结构常常在空间折叠中靠近，彼此相互作用，形成规则的二级结构聚集体。目前发现的超二级结构有三种基本形式：α-螺旋组合（α-α 转角）、β-折叠组合（β-β-β）和 α-螺旋 β-折叠组合（β-α-β），其中以 β-α-β 组合最为常见。超二级结构如图 3-11 所示。蛋白质的超二级结构可直接作为三级结构的"建筑块"或结构域的组成单位，是蛋白质构象中二级结构与三级结构之间的一个层次。

4. 蛋白质的结构域

蛋白质的结构域是指多肽链上由相邻的超二级结构单元联系而成的局部性区域，多肽链折叠成近乎球状的高级结构，如图 3-12 所示。结构域也是蛋白质构象中二级结构与三级结构之间的一个层次，一般每个结构域由 100~200 个氨基酸残基组成，它是蛋白质分子内独立的结构单元、独立的功能单元和独立的折叠单元。

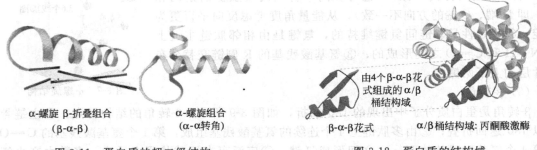

图 3-11　蛋白质的超二级结构　　　　图 3-12　蛋白质的结构域

5. 蛋白质的三级结构

蛋白质的三级结构是指每一条多肽链中各个二级结构的空间排布方式及有关侧链基团之间的相互作用关系（多肽链的三级结构＝主链构象＋侧链构象），换言之，是指一条多肽链内所有原子的空间排布。以血红蛋白为例，其三级结构如图 3-13 所示。

6. 蛋白质的四级结构

蛋白质的四级结构是指由两条或两条以上各自独立的具有三级结构的多肽链通过次级键相互缔合而成的蛋白质结构。其中，每个具有独立三级结构的多肽链单位称为蛋白质的亚基。亚基之间不含共价键，亚基间次级键的结合比二级、三级结构疏松。因此，在一定的条件下，四级结构的蛋白质可分离为其组成的亚基，而亚基本身构象仍可不变。以血球蛋白为例，其四级结构如图 3-14 所示。

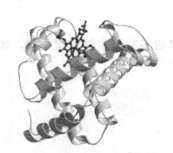  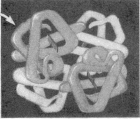

图 3-13　血红蛋白的三级结构　　　　图 3-14　血球蛋白三级结构和四级结构

四级结构只存在于具有两条或两条以上肽链组成的蛋白质中。但并非具有多条肽链的蛋白质一定具有四级结构，如胰岛素有 A 链和 B 链，它们是由二硫键连接而成，但这些链不是亚基。

7. 蛋白质的结构层次

蛋白质的结构层次包括基本结构（一级结构）和三维结构（高级结构），三维结构包含二级结构、超二级结构、结构域、三级结构和四级结构。蛋白质的一级结构决定高级结构，高级结构决定功能。以血红蛋白为例说明蛋白质的结构层次，如图 3-15 所示。

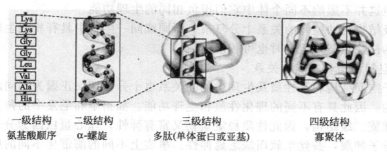

图 3-15 血红蛋白的结构层次

8. 维系蛋白质分子结构的作用力

维系蛋白质分子结构的作用力有共价键和非共价键两类,共价键包括肽键和二硫键,非共价键包括氢键、离子键、疏水键和范德华力。其中维持蛋白质一级结构的主要作用力是肽键,维持蛋白质二级结构的主要作用力是氢键,维持蛋白质三级结构的主要作用力是疏水键。

(五) 蛋白质的结构与功能的关系

1. 蛋白质一级结构和功能的关系

蛋白质分子中关键活性部位氨基酸残基的改变会影响其生理功能,甚至造成分子病。所谓"分子病"是指蛋白质一级结构的改变,进而引起其功能的异常或丧失所造成的疾病。例如镰刀状细胞贫血症是一种致死性的遗传性分子病,患者血红细胞的形状发生改变呈现镰刀状,如图 3-16 所示,这是由于患者血红蛋白分子中两个 β 亚基第 6 位正常的谷氨酸变异成缬氨酸,从酸性氨基酸换成了中性氨基酸,降低了血红蛋白的溶解度,使它容易凝聚并沉淀析出,从而造成红细胞破裂溶血和运氧功能的低下。由此可见,蛋白质关键部位甚至仅一个氨基酸残基的异常,对蛋白质理化性质和生理功能均会有明显的影响。

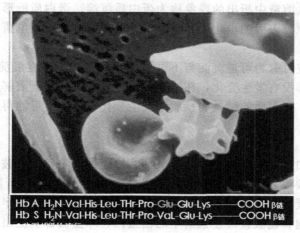

图 3-16 镰刀状细胞贫血症患者的血红细胞

另外,在蛋白质结构和功能关系中,一些非关键部位氨基酸残基的改变或缺失,则不会影响蛋白质的生物活性。例如人、猪、牛、羊等哺乳动物胰岛素分子 A 链中 8 位、9 位、10 位和 B 链 30 位的氨基酸残基各不相同,有种族差异,但这并不影响它们具有降低生物体血糖浓度的生理功能。又例如在人群的不同个体之间,同一种蛋白质有时也会有氨基酸残基的不同或差异，但这并不影响不同个体中它们担负相同的生理功能。

蛋白质一级结构与功能间的关系十分复杂。不同或同一生物中具有相似生理功能的蛋白质，其一级结构往往相似，但有时也可相差很大。

2. 蛋白质空间结构和功能的关系

蛋白质分子空间结构和其性质及生理功能的关系也十分密切。正因为不同的蛋白质具有不同的空间结构，因此具有不同的理化性质和生理功能。如指甲和毛发中的角蛋白，分子中含有大量的α-螺旋二级结构，因此性质稳定坚韧又富有弹性；丝心蛋白因为分子中富含β-片层结构，因此分子伸展，蚕丝柔软而缺乏延伸性。事实上不同的酶催化不同的底物发生不同的反应，即酶的特异性，也是和不同酶各自特有的空间结构密切有关。

（六）蛋白质的性质

1. 蛋白质的两性解离与等电点

蛋白质分子除两端的氨基和羧基可解离外，侧链中某些基团在一定的pH条件下也可解离成带正电荷或负电荷的基团。在某一pH溶液中，蛋白质解离成正、负离子的趋势相等，即成为兼性离子，蛋白质所带的正电荷和负电荷相等，净电荷为零，此时溶液的pH称为该蛋白质的等电点。简言之，蛋白质所带净电荷为零时所处溶液的pH即为此蛋白质的等电点pI。

2. 蛋白质的胶体性质

蛋白质分子因分子量大，故其颗粒大小在1~100nm胶体范围之内。维持蛋白质溶液胶体稳定有两个因素：①水化膜，蛋白质颗粒表面大多为亲水基团，可吸引水分子，使颗粒表面形成一层水化膜，从而阻断蛋白质颗粒的相互聚集，防止溶液中蛋白质的沉淀析出；②同种电荷，在$pH \neq pI$的溶液中，蛋白质带有同种电荷，同种电荷相互排斥，可阻止蛋白质颗粒相互聚集，发生沉淀。

3. 蛋白质的沉淀反应

蛋白质分子凝聚从溶液中析出的现象称为蛋白质沉淀。蛋白质所形成的亲水胶体颗粒具有两种稳定因素，即颗粒表面的水化层和电荷。若蛋白质的水膜或电荷一旦除去，蛋白质就会从溶液中沉淀下来。

蛋白质的沉淀反应可分为可逆沉淀与不可逆沉淀两大类。可逆沉淀是指在沉淀过程中，蛋白质的结构和性质都没有发生变化，在适当的条件下，可以重新溶解形成溶液；不可逆沉淀是指在沉淀过程中，蛋白质的结构和性质都发生变化，沉淀不可能再重新溶解。沉淀蛋白质常用的方法如下。

（1）盐析法

在蛋白质溶液中加入大量的硫酸铵、硫酸钠、氯化钠等中性盐，破坏蛋白质的水化膜和同种电荷，使蛋白质颗粒相互聚集，发生沉淀。各种蛋白质盐析时所需的盐浓度及pH不同，故可用于对混合蛋白质组分的分离，此法称为分段盐析法。如用半饱和的硫酸铵可沉淀出血清中的球蛋白，饱和硫酸铵可使血清中的白蛋白、球蛋白都沉淀出来。盐析沉淀的蛋白质，经透析除盐后，仍可保证蛋白质的活性。

（2）有机溶剂沉淀法

极性亲水性有机溶剂如乙醇、丙酮等，对水的亲和力很大，可破坏蛋白质的水化膜，降低水的介电常数，从而使蛋白质沉淀。在常温下，有机溶剂还可引起蛋白质变性。因此，应用此法分离提取蛋白质时，必须在0~4℃低温下进行，且沉淀后应立即分离有机溶剂与蛋白质，防止蛋白质的变性。

（3）重金属盐沉淀法

蛋白质可与重金属离子如汞、铅、铜、银等结合，生成不溶性盐沉淀。沉淀的条件以pH稍大于等电点为宜，因为此时蛋白质分子有较多的负离子易与重金属离子结合成盐。重金属沉淀的蛋白质常是变性的，但若在低温条件下，并控制重金属离子浓度，也可用于分离制备不变性的蛋白质。临床上利用蛋白质能与重金属盐结合的这种性质，抢救误服重金属盐中毒的病人，给病人口服大量蛋白质，然后用催吐剂将结合的重金属盐呕吐出来解毒。

（4）生物碱试剂以及某些酸沉淀法

蛋白质可与生物碱试剂（如苦味酸、鞣酸、鞣酸等）以及某些酸（如三氯醋酸、过氯酸、硝酸等）结合成不溶性的盐沉淀，沉淀的条件应当是pH稍小于等电点，这样蛋白质带正电荷，容易与酸根负离子结合成盐。临床血液化学分析时常利用此原理，除去血液中的蛋白质，此类沉淀反应也可用于检验尿中蛋白质。

（5）加热沉淀法

将接近于等电点附近的蛋白质溶液加热，可使蛋白质发生凝固而沉淀。加热首先是使蛋白质变性，有规则的肽链结构被打开，呈松散状不规则的结构，分子的不对称性增加，疏水基团暴露，进而凝聚成凝胶状的蛋白块。如煮熟的鸡蛋，蛋黄和蛋清都凝固。蛋白质的变性、沉淀、凝固相互之间有很密切的关系。但蛋白质变性后并不一定沉淀，变性蛋白质只在等电点附近才沉淀。沉淀的变性蛋白质也不一定凝固，如蛋白质被强酸、强碱变性后由于蛋白质颗粒带着大量电荷，故仍溶于强酸或强碱之中，但若将强碱和强酸溶液的pH调节到等电点，则变性蛋白质凝集成絮状沉淀物，若将此絮状物加热，则分子间相互盘缠而变成较为坚固的凝块。

4. 蛋白质的变性作用

蛋白质的变性作用是指天然蛋白质在某些物理或化学因素作用下，其特定的空间结构被破坏，从而导致理化性质的改变和生物学活性的丧失，如酶失去催化活力。一般认为蛋白质变性本质是次级键、二硫键的破坏，变性蛋白质只有空间构象的破坏，并不涉及一级结构的改变。

变性蛋白质和天然蛋白质最明显的区别是溶解度降低，同时蛋白质的黏度增加，结晶性破坏，生物学活性丧失，易被蛋白酶分解。应当注意的是变性的蛋白质易于沉淀，但是沉淀的蛋白质不一定变性。

引起蛋白质变性的原因可分为物理和化学因素两类。物理因素可以是加热、加压、脱水、搅拌、振荡、紫外线照射、超声波的作用等；化学因素有强酸、强碱、尿素、重金属盐、十二烷基磺酸钠（SDS）等。

变性并非是不可逆的变化。当变性程度较轻时，如去除变性因素，有的蛋白质仍能恢复或部分恢复其原来的构象及功能，此过程称为蛋白质的复性作用。如核糖核酸酶中的四对二硫键及其氢键在β-巯基乙醇和尿素的作用下，发生变性，失去生物学活性，变性后如经过透析可去除尿素及β-巯基乙醇，并设法使巯基氧化成二硫键，酶蛋白又可恢复其原来的构象，生物学活性也几乎全部恢复，此作用称为变性核糖核酸酶的复性。许多蛋白质变性时被破坏严重，构象及功能不能恢复，则称为不可逆变性。

5. 蛋白质的颜色反应

（1）茚三酮反应

α-氨基酸与水合茚三酮作用后，可生成蓝紫色产物。由于蛋白质是由许多α-氨基酸组成的，所以也呈现此颜色反应。

（2）双缩脲反应

凡具有两个以上肽键（—CO—NH—）的物质，在碱性溶液中与铜离子反应，形成紫色配合物，称为双缩脲反应。蛋白质分子中氨基酸是以肽键相连，因此，所有蛋白质都能与双缩脲试剂发生此反应。双缩脲反应见图3-17。

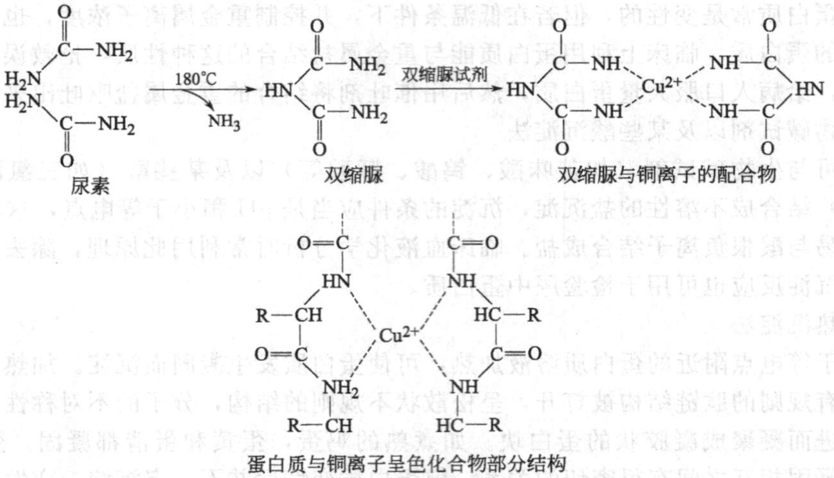

图 3-17 双缩脲反应

（3）米伦反应

蛋白质溶液中加入米伦试剂（亚硝酸汞、硝酸汞及硝酸的混合液），蛋白质首先沉淀，加热则变为红色沉淀，此为酪氨酸的酚核所特有的反应，因此含有酪氨酸的蛋白质均呈米伦反应。

（4）其他反应

此外，蛋白质溶液还可与酚试剂、乙醛酸试剂、浓硝酸等发生颜色反应。

6. 蛋白质的紫外吸收特征

由于蛋白质分子中含有具有共轭双键的色氨酸和酪氨酸，因此在280nm波长处有特征性吸收峰，且在280nm的吸光度与其浓度呈正比关系，因此，此特征可用于蛋白质定量测定。

（七）蛋白质的分离纯化技术

蛋白质在组织或细胞中一般都是以复杂的混合物形式存在。到目前为止，还没有一个单独的或一套现成的方法能把任何一种蛋白质从复杂的混合蛋白质中提取出来。但是对于任何一种蛋白质都有可能选择一套适当的分离提纯程序以获得高纯度的制品。蛋白质提纯的总目标是增加制品的纯度或比活力，设法除去变性的蛋白质和其他杂蛋白，而且希望所得蛋白质的产量达到最高值。

1. 蛋白质分离纯化的一般步骤

某一特定蛋白质分离提纯的一般程序为：原材料的选择→预处理→粗分级→细分级→结晶。

（1）原材料的选择

要求含待分离原材料的蛋白质丰富，廉价，易得，容易收集，新鲜无腐败。

微生物、植物和动物都可作为制备蛋白质的原材料，材料选择主要依据实验目的而定。对于微生物应注意它的生长期，在微生物的对数生长期，蛋白质的含量较高，可以获得高产量；植物材料必须经过去壳、脱脂，并注意植物品种和生长发育状况不同，所含生物大分子的量变化很大，另外与季节性关系密切；对动物组织必须选择有效成分含量丰富的脏器组织为原材料，先进行绞碎、脱脂等处理。除此之外，对预处理好的材料，若不能立即进行实验，应冷冻保存，对于易分解的生物大分子应选用新鲜材料制备。

(2) 预处理

分离提纯某一蛋白质，首先要求把蛋白质从原来的组织或细胞中以溶解的状态释放出来，并保持原来的天然状态，不丧失生物活性。为此，应根据不同的情况，选择适当的方法，将组织和细胞破碎。如果所要的蛋白质主要集中在某一细胞组分中，如细胞核、染色体、核糖体或可溶性的细胞浆等，则可用差速离心方法将它们分开，收集该细胞组分作为下一步提纯的材料。这样可以一下子除去很多杂蛋白，使提纯工作容易得多。如果目标蛋白质与细胞膜或膜质细胞器相结合，则必须利用超声波或去污剂使膜结构解聚，然后用适当的介质提取。

(3) 粗分级

当获得蛋白质混合物提取液后，需选用一套适当的方法，将所要的蛋白质与其他杂蛋白分离开。一般情况下是沉淀蛋白质，常用方法有盐析法、等电点沉淀法、有机溶剂沉淀法等。沉淀法的特点是简便、处理量大，既能除去大量的杂质，又能浓缩蛋白质溶液。

(4) 细分级

细分级是将蛋白质样品进一步提纯。样品经粗分级处理后，杂蛋白大部分已被除去，进一步提纯通常选用色谱法，如凝胶过滤、离子交换色谱、吸附色谱、亲和色谱等。除此以外，还可选用透析、超滤、电泳、超速离心法等。用于细分级的方法一般规模较小，但分辨率高。

(5) 结晶

结晶是蛋白质分离提纯的最后步骤，蛋白质纯度越高，溶液越浓，就越容易结晶。结晶的最佳条件是使溶液处于适度的过饱和状态，此时较易得到结晶，可通过控制温度、盐析、调节 pH 值等方法来调节溶液的饱和状态，接入晶种也能加速结晶过程。

一般认为蛋白质变性后，其结晶能力消失，因此，蛋白质的结晶不仅是纯度的一个标志，也是鉴定蛋白质制品是否处于天然状态的有力指标。

2. 蛋白质的分离技术

大部分蛋白质都可溶于水、稀盐、稀酸或碱溶液，少数与脂类结合的蛋白质则溶于乙醇、丙酮、丁醇等有机溶剂中，因此，可采用不同溶剂提取分离和纯化蛋白质及酶。

(1) 水溶液提取法

稀盐和缓冲系统的水溶液对蛋白质稳定性好、溶解度大，是提取蛋白质最常用的溶剂，通常用量是原材料体积的 1～5 倍，提取时需要均匀搅拌，以利于蛋白质的溶解。提取的温度要视有效成分性质而定。一方面，多数蛋白质的溶解度随着温度的升高而增大，因此，温度高利于溶解，缩短提取时间。另一方面，温度升高会使蛋白质变性失活，因此，基于这一点考虑提取蛋白质和酶时一般采用低温（5℃以下）操作。为了避免蛋白质提取过程中的降解，可加入蛋白水解酶抑制剂（如二异丙基氟磷酸、碘乙酸等）。

下面着重讨论提取液的 pH 值和盐浓度的选择。

① pH 值：蛋白质、酶是具有等电点的两性电解质，提取液的 pH 值应选择在偏离等电点两侧的 pH 范围内。用稀酸或稀碱提取时，应防止过酸或过碱而引起蛋白质可解离基团发生变化，从而导致蛋白质构象的不可逆变化。一般来说，碱性蛋白质用偏酸性的提取液提取，而酸性蛋白质用偏碱性的提取液。

② 盐浓度：稀盐浓度可促进蛋白质的溶解，称为盐溶作用。同时稀盐溶液因盐离子与

蛋白质部分结合，具有保护蛋白质不易变性的优点，因此在提取液中加入少量 NaCl 等中性盐，一般以 0.15mol/L 为宜。缓冲液常采用 0.02～0.05mol/L 磷酸盐和碳酸盐等渗盐溶液。

(2) 有机溶剂提取法

一些和脂质结合比较牢固或分子中非极性侧链较多的蛋白质和酶，不溶于水、稀盐溶液、稀酸或稀碱中，可用乙醇、丙酮和丁醇等有机溶剂，它们具有一定的亲水性，还有较强的亲脂性，是理想的提取脂蛋白的提取液。但必须在低温下操作。

丁醇提取法对提取一些与脂质结合紧密的蛋白质和酶特别优越，一是因为丁醇亲脂性强，特别是溶解磷脂的能力强；二是丁醇兼具亲水性，在溶解度范围内不会引起酶的变性失活。另外，丁醇提取法的 pH 及温度选择范围较广，也适用于动植物及微生物材料。

3. 蛋白质的纯化技术

(1) 根据蛋白质溶解度不同的分离方法

① 蛋白质的盐析　中性盐对蛋白质的溶解度有显著影响，一般在低盐浓度下随着盐浓度升高，蛋白质的溶解度增加，称为盐溶；当盐浓度继续升高时，蛋白质的溶解度不同程度下降并先后析出，这种现象称盐析。将大量盐加到蛋白质溶液中，高浓度的盐离子有很强的水化力，可夺取蛋白质分子的水化层，使之"失水"，于是蛋白质胶粒凝结并沉淀析出。盐析时若溶液 pH 在蛋白质等电点则效果更好。由于各种蛋白质分子颗粒大小、亲水程度不同，故盐析所需的盐浓度也不一样，因此调节混合蛋白质溶液中的中性盐浓度可使各种蛋白质分段沉淀。影响盐析的因素如下。a. 温度：除对温度敏感的蛋白质在低温（4℃）操作外，一般可在室温进行。一般温度低蛋白质溶解度降低。但有的蛋白质（如血红蛋白、肌红蛋白、清蛋白）在较高的温度（25℃）比 0℃ 时溶解度低，更容易盐析。b. pH 值：大多数蛋白质在等电点时在浓盐溶液中的溶解度最低。c. 蛋白质浓度：蛋白质浓度高时，欲分离的蛋白质常常夹杂着其他蛋白质一起沉淀出来，因此在盐析前血清要加等量生理盐水稀释，使蛋白质含量在 2.5%～3.0%。蛋白质盐析常用的中性盐，主要有硫酸铵、硫酸镁、硫酸钠、氯化钠、磷酸钠等。其中应用最多的是硫酸铵，它的优点是温度系数小而溶解度大（25℃时饱和溶解度为 4.1mol/L，即 767g/L；0℃时饱和溶解度为 3.9mol/L，即 676g/L），在这一溶解度范围内，许多蛋白质和酶都可以盐析出来；另外硫酸铵分段盐析效果也比其他盐好，不易引起蛋白质变性。硫酸铵溶液的 pH 常在 4.5～5.5，当用其他 pH 值进行盐析时，需用硫酸或氨水调节。蛋白质在用盐析沉淀分离后，需要将蛋白质中的盐除去。除盐常用的办法是透析，即把蛋白质溶液装入透析袋内（常用的是玻璃纸），用缓冲液进行透析，并不断更换缓冲液，因透析所需时间较长，所以最好在低温进行。此外也可用葡聚糖凝胶 G25 或 G50 过柱的办法除盐，所用的时间较短。

② 等电点沉淀法　蛋白质在静电状态时颗粒之间的静电斥力最小，因而溶解度也最小，各种蛋白质的等电点有差别，可利用调节溶液的 pH 达到某一蛋白质的等电点使之沉淀，但此法很少单独使用，可与盐析法结合使用。

③ 低温有机溶剂沉淀法　用与水可混溶的有机溶剂，如甲醇、乙醇或丙酮，可使多数蛋白质溶解度降低并析出，此法分辨力比盐析高，但蛋白质较易变性，应在低温下进行。

(2) 根据蛋白质分子大小的差别的分离方法

① 透析　透析是利用蛋白质等生物大分子不能透过半透膜而进行纯化的一种方法。脱盐透析是应用最广泛的一种透析方法。将含盐的生物大分子溶液装入透析袋内，将袋口扎好放入装有蒸馏水的大容器中，并不断搅拌使蒸馏水保持流动。经过一段时间后，小分子盐类透过半透膜进入蒸馏水中，使膜内外盐浓度达到平衡。如在透析过程中更换几次大容器中的液体，可以达到使生物大分子溶液脱盐的目的。平衡透析也是常用的透析方法之一。方法是

将装有生物大分子的透析袋装入盛有一定浓度的盐溶液或缓冲液的大容器中，经过透析，袋内外的盐浓度或缓冲液 pH 一致，从而有控制地改变被透析溶液的盐浓度或 pH。如将透析袋放入高浓度吸水性强的多聚物溶液中，透析袋内溶液中的水便迅速被袋外多聚物所吸收，从而达到使袋内液体浓缩的目的，这种方法称为"反透析"。可用作反透析的多聚物有聚乙二醇（PEG）、聚乙烯吡咯烷酮（PVP）、蔗糖等。透析用的半透膜种类很多，玻璃纸、棉胶、动物膜、皮纸等都可用来制作透析袋。透析方法示意如图 3-18 所示。

② 超滤 超滤法是利用具有一定孔径的微孔滤膜，对生物大分子溶液进行过滤（常压、加压或减压），使大分子保留在超滤膜上面的溶液中，小分子物质及水过滤出去，从而达到脱盐、更换缓冲液或浓缩的目的。这种利用超滤膜过滤分离大分子和小分子物质的方法叫做超滤法，如图 3-19 所示。

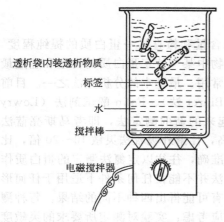

图 3-18 透析方法示意

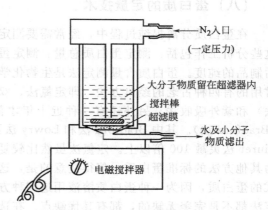

图 3-19 超滤法工作示意图

③ 凝胶色谱 又称排阻色谱、凝胶过滤、渗透色谱或分子筛色谱，是以被分离物质的分子量差异为基础的一种色谱分离技术，它广泛应用于分离、提纯、浓缩生物大分子及脱盐、去热原等。色谱的固定相载体是凝胶颗粒，目前应用较广的是具有各种孔径范围的葡聚糖凝胶和琼脂糖凝胶。凝胶是一种具有立体网状结构且呈多孔的不溶性珠状颗粒物质，用它来分离物质，主要是根据多孔凝胶对不同半径的蛋白质分子（近于球形）具有不同的排阻效应实现的，即它是根据分子大小这一物理性质进行分离纯化的。对于某种型号的凝胶，一些大分子不能进入凝胶颗粒内部而完全被排阻在外，只能沿着颗粒间的缝隙流出柱外；而一些小分子不被排阻，可自由扩散，渗透进入凝胶内部的筛孔，随后又被流出的洗脱液带走。分子越小，进入凝胶内部越深，所走的路程越多，故小分子最后流出柱外，而大分子先从柱中流出。一些中等大小的分子介于大分子与小分子之间，只能进入一部分凝胶较大的孔隙，亦即部分排阻，因此这些分子从柱中流出的顺序也介于大、小分子之间。这样样品经过凝胶色谱后，分子便按照从大到小的顺序依次流出，达到分离的目的。

(3) 根据蛋白质带电性质进行分离

根据蛋白质在不同 pH 环境中带电性质和电荷数量不同，可将其分开。

① 电泳法：不同的蛋白质分子具有不同的大小、形状，在一定的 pH 环境中带有不同的电荷量，因而在一定的电场中所受的电场力及介质对其的阻力不同，二者的作用结果使不同蛋白质分子在介质中以不同的速率移动，经过一定的时间后得以分离。这就是电泳分离蛋白质及核酸生物大分子的基本原理。各种蛋白质在同一 pH 条件下，因分子量和电荷数量不同而在电场中的迁移率不同而得以分开。值得重视的是等电聚焦电泳，这是利用一种两性电解质作为载

体，电泳时两性电解质形成一个由正极到负极逐渐增加的 pH 梯度，当带一定电荷的蛋白质在其中泳动时，到达各自等电点的 pH 位置就停止，此法可用于分析和制备各种蛋白质。

② 离子交换色谱法：离子交换剂有阳离子交换剂（如羧甲基纤维素、CM-纤维素）和阴离子交换剂（二乙氨基乙基纤维素），当被分离的蛋白质溶液流经离子交换色谱柱时，带有与离子交换剂相反电荷的蛋白质被吸附在离子交换剂上，随后用改变 pH 或离子强度办法将吸附的蛋白质洗脱下来。

(4) 根据配体特异性的分离方法——亲和色谱法

亲和色谱法是分离蛋白质的一种极为有效的方法，它经常只需经过一步处理即可使某种待提纯的蛋白质从很复杂的蛋白质混合物中分离出来，而且纯度很高。这种方法是根据某些蛋白质与另一种称为配体的分子能特异而非共价地结合。

（八）蛋白质的定量技术

在蛋白质分离提纯过程中，经常需要测定蛋白质的含量和检查某一蛋白质的提纯程度。这些分析工作包括：测定蛋白质总量、测定蛋白质混合物中某一特定蛋白质的含量和鉴定最后制品的纯度。蛋白质含量测定法是生物化学研究中最常用、最基本的分析方法之一。目前常用的有四种古老的经典方法，即定氮法、双缩脲法（Biuret 法）、Folin-酚试剂法（Lowry 法）和紫外吸收法。另外还有一种近十年才普遍使用起来的新的测定法，即考马斯亮蓝法（Bradford 法）。其中 Bradford 法和 Lowry 法灵敏度最高，比紫外吸收法灵敏 10～20 倍，比 Biuret 法灵敏 100 倍以上。定氮法虽然比较复杂，但较准确，往往以定氮法测定的蛋白质作为其他方法的标准蛋白质。值得注意的是，这后四种方法并不能在任何条件下适用于任何形式的蛋白质，因为一种蛋白质溶液用这四种方法测定，有可能得出四种不同的结果。每种测定法都不是完美无缺的，都有其优缺点。在选择方法时应考虑：实验对测定所要求的灵敏度和精确度；蛋白质的性质；溶液中存在的干扰物质；测定所要花费的时间。考马斯亮蓝法（Bradford 法）由于其突出的优点，正得到越来越广泛的应用。

1. 微量凯氏定氮法

样品与浓硫酸共，含氮有机物分解产生氨（消化），氨又与硫酸作用，变成硫酸铵，经强碱碱化使之分解放出氨，借蒸汽将氨蒸至酸液中，根据此酸液被中和的程度可计算得样品的氮含量。计算所得结果为样品总氮量，如欲求得样品中蛋白氮含量，应将总氮量减去非蛋白氮即得。如欲进一步求得样品中蛋白质的含量，即用样品中蛋白氮乘以 6.25 即得。此法用于标准蛋白质含量的准确测定。优点是干扰少，但费时太长。

2. 双缩脲测定法

双缩脲是两个分子脲经 180℃ 左右加热，放出一个分子氨后得到的产物。在强碱性溶液中，双缩脲与 $CuSO_4$ 形成紫色配合物，称为双缩脲反应。

凡具有两个酰氨基或两个直接连接的肽键，或通过一个中间碳原子相连的肽键，这类化合物都有双缩脲反应。

蛋白质中的肽键有双缩脲反应，在碱性溶液中与二价铜离子形成紫色的配合物，在一定范围内，颜色的深浅与蛋白质的含量成正比。此法的测定范围为 1～10mg 蛋白质。干扰这一测定的物质主要有硫酸铵、Tris 缓冲液和某些氨基酸等。此法的优点是较快速，不同的蛋白质产生颜色的深浅相近，以及干扰物质少，特异性强，游离的氨基酸、小肽和核酸均不产生这种反应。主要的缺点是灵敏度差。因此双缩脲法常用于需要快速，但并不需要十分精确的蛋白质测定。

3. Folin-酚法

Folin-酚法是蛋白质测定法中最灵敏的方法之一。过去此法是应用最广泛的一种方法，由于其试剂乙的配制较为困难，近年来逐渐被考马斯亮蓝法所取代。

Folin-酚法的显色原理与双缩脲方法相同，只是加入了第二种试剂，即 Folin-酚试剂，以增加显色量，从而提高了检测蛋白质的灵敏度。显色反应产生深蓝色的原因是：在碱性条件下，蛋白质中的肽键与铜结合生成复合物，Folin-酚试剂中的磷钼酸盐-磷钨酸盐被蛋白质中的酪氨酸和苯丙氨酸残基还原，产生深蓝色（钼蓝和钨蓝的混合物）。在一定的条件下，蓝色深度与蛋白质的量成正比。这个测定法的优点是灵敏度高，可检测的最低蛋白质量达 5g，通常测定范围是 20~250g，比双缩脲法灵敏得多；缺点是费时较长，要精确控制操作时间，标准曲线也不是严格的直线形式，且专一性较差，干扰物质较多，对双缩脲反应发生干扰的离子，同样容易干扰 Lowry 反应，而且对后者的影响还要大得多。进行测定时，加 Folin-酚试剂时要特别小心，因为该试剂仅在酸性 pH 条件下稳定，但上述还原反应只在 pH10 的情况下发生，故当 Folin-酚试剂加到碱性的铜-蛋白质溶液中时，必须立即混匀，以便在磷钼酸盐-磷钨酸盐试剂被破坏之前，还原反应即能发生。

4. 紫外吸收法

蛋白质分子中，酪氨酸、苯丙氨酸和色氨酸残基的苯环含有共轭双键，使蛋白质具有吸收紫外光的性质。吸收高峰在 280nm 处，其吸光度（即光密度值）与蛋白质含量成正比。此外，蛋白质溶液在 238nm 的光吸收值与肽键含量成正比。利用一定波长下，蛋白质溶液的光吸收值与蛋白质浓度的正比关系，可以进行蛋白质含量的测定。紫外吸收法简便、灵敏、快速，不消耗样品，测定后仍能回收使用。低浓度的盐〔例如生化制备中常用的 $(NH_4)_2SO_4$ 等〕和大多数缓冲液不干扰测定。特别适用于柱色谱洗脱液的快速连续检测，因为此时只需测蛋白质浓度的变化，而不需知道其绝对值。此法的缺点是测定蛋白质含量的准确度较差，干扰物质多，在用标准曲线法测定蛋白质含量时，对那些与标准蛋白质中酪氨酸和色氨酸含量差异大的蛋白质，有一定的误差。故该法适用于测定与标准蛋白质氨基酸组成相似的蛋白质。若样品中含有嘌呤、嘧啶及核酸等吸收紫外光的物质，会出现较大的干扰。核酸的干扰可以通过查校正表，再进行计算的方法，加以适当的校正。但是因为不同的蛋白质和核酸的紫外吸收是不相同的，虽然经过校正，测定的结果还是存在一定的误差。此外，进行紫外吸收法测定时，由于蛋白质吸收高峰常因 pH 的改变而有变化，因此要注意溶液的 pH 值，测定样品时的 pH 要与测定标准曲线的 pH 相一致。

5. 考马斯亮蓝 G-250 法

1976 年由 Bradford 建立的考马斯亮蓝法（Bradford 法），是根据蛋白质与染料相结合的原理设计的，这种方法是目前灵敏度最高的蛋白质测定法。

考马斯亮蓝 G-250 在游离状态下呈红色，最大光吸收在 488nm；当它在酸性溶液中与蛋白质结合后变为蓝色，蛋白质-色素结合物在 595nm 波长下有最大光吸收，其光吸收值与蛋白质含量成正比，因此可用于蛋白质的定量测定。

蛋白质与考马斯亮蓝 G-250 结合在 2min 左右的时间内达到平衡，完成反应十分迅速；其结合物在室温下 1h 内保持稳定。该法试剂配制简单，操作简便快捷，反应非常灵敏，可测定微克级蛋白质含量，测定蛋白质浓度范围为 0~1000μg/mL，是一种常用的微量蛋白质快速测定方法。

（九）蛋白质分子量的测定

蛋白质相对分子质量很大，其变化范围在 6000~10^6 或更大一些。下面介绍几种常见的测定蛋白质分子量的方法。

1. 沉降法

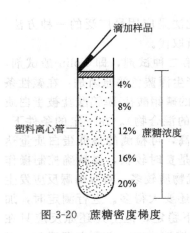

图 3-20 蔗糖密度梯度

采用密度梯度离心法沉降蛋白质溶液，如图 3-20 所示，蛋白质分子沉降的速度与颗粒大小成正比。超速离心机转速可达 750000r/min 以上，离心力超过重力 4000000 倍。分析用的超速离心机装有光学系统，可以记录沉降进行时蛋白质界面的位置。当溶液中所含的分子形状和大小相同时，则这些分子以相同速度移向离心管底，在溶质与溶剂之间产生清晰的界面。当溶液含有数种分子大小不同的蛋白质时则产生数个界面，每个界面存在一种蛋白质。从光学系统观察沉降界面可以得出蛋白质的沉降速度。当沉降面以恒速移动时，每单位离心力场的沉降速度称为沉降常数或沉降系数，以 S 表示，一个 S 单位为 1×10^{-13} s。蛋白质的沉降常数 S（20℃，水中）为 $1\times10^{-13}\sim200\times10^{-13}$ s，即 $1\sim200$ S。由 S 可以按照公式求出相对分子质量。

2. 凝胶过滤法

凝胶过滤是在色谱柱中装入葡聚糖凝胶，这种凝胶具有大量微孔，这些微孔只允许较小的分子进入胶粒，而大于胶粒微孔的分子则不能进入胶粒而被排阻。当用洗脱液洗脱时，被排阻的分子，分子量大的先被洗脱下来，分子量小的后下来。当凝胶柱用已知相对分子质量的蛋白质校准后，从被测样品在洗脱时出现的先后位置即可求出近似的相对分子质量。

3. SDS-聚丙烯酰胺凝胶电泳法

采用 SDS-聚丙烯酰胺凝胶电泳法测定蛋白质相对分子质量具有分辨率高、重复性能好的优点。

在电泳时，蛋白质在介质中的移动速率与其分子的大小、形状和所带的电荷量有关，为了使其只与蛋白质分子的大小有关，从而利用蛋白质在介质中的迁移率来测定蛋白质的分子量，就需要消除分子的形状和所带电荷量的不同对迁移率的影响，或减小到可忽略不计的程度，SDS 的引入正是为了这个目的。SDS 是十二烷基硫酸钠的简称，是一种很强的阴离子表面活性剂，它能破坏蛋白质分子之间以及与其他物质分子内的非共价键，使蛋白质变性，特别是在强还原剂，如巯基乙醇存在的情况下，蛋白质分子内的二硫键被打开且不易再氧化，SDS 以其疏水基和蛋白质分子的疏水区相结合，形成牢固的带负电荷的蛋白质-SDS 复合物，SDS 和蛋白质的结合是高密度的，SDS-蛋白质复合物具有均一的电荷密度，相同的荷质比，据计算，结合到蛋白质分子上的 SDS 的分子数目和蛋白质的氨基酸残基的比值一般为 0.5。由于 SDS 的结合，所引入的净电荷远远超过了蛋白质原有的净电荷，从而消除或大大降低了不同蛋白质之间所带净电荷的不同而对电泳迁移率的影响。流体力学的研究表明，SDS-蛋白质复合物具有扁平而紧密的椭圆形或棒状结构，棒的短轴是恒定的，与蛋白质的种类无关，棒的长轴是变化的，而长轴的变化正比于蛋白质的分子量，这说明 SDS 和蛋白质的结合所形成的 SDS-蛋白质复合物消除了由于天然蛋白质形状不同而对电泳迁移率的影响。

由此可知，由于 SDS 和蛋白质的结合，消除了蛋白质带静电荷的多少和分子形状的不同而对电泳迁移率的影响，使迁移率在外界条件固定的情况下，只取决于蛋白质分子量大小一个因素，而且当蛋白质的相对分子质量在 11700~165000 时，电泳迁移率与分子量的对数呈直线关系，符合直线方程式：$\lg M_W = -bx + k$，式中，M_W 为蛋白质分子量；x 为电泳迁移率；k 和 b 均为常数。利用这一关系将已知分子量的标准蛋白质电泳迁移率与分子量的对数作图，可得一条标准曲线，只要测得未知分子量的蛋白质在相同条件下的电泳迁移率就能根据标准曲线求得其分子量。

（十）蛋白质一级结构的测定

1. 测定方法

（1）间接法

通过测定蛋白质基因的核苷酸顺序，用遗传密码来推断氨基酸的顺序，这是因为核苷酸的测序比蛋白质的测序工作要更方便、更准确。

（2）直接法

用酶和特异性试剂直接作用于蛋白质而测出氨基酸顺序。

2. 测定的一般程序

（1）蛋白质的纯化

测定蛋白质分子的一级结构，要求待测样品的纯度达到 97% 以上才能分析准确。

（2）测定蛋白质分子量

其误差允许在 10% 左右。

（3）测定蛋白质分子中多肽链的数目

根据蛋白质末端残基的数目来确定。

（4）拆分蛋白质分子的多肽链

可用尿素或盐酸胍等有机溶液来拆分非共价键如氢键、离子键、疏水键及范德华力；可用巯基乙醇、碘代乙酸、过甲酸来拆分共价键如二硫键。

（5）测定每条多肽链的氨基酸组成

将分离纯化的多肽链进行完全水解，测定它的氨基酸组成，并计算出氨基酸成分的分子比。

（6）分析每条多肽链的 N 末端和 C 末端残基

多肽链末端氨基酸分析的方法较多，这里只介绍常用的几种。

① N 末端测定：常用方法是二硝基氟苯法（FDNB 法、DNFB 法、Sanger 法），此法于 1945 年由 Sanger 提出，他用此法测定胰岛素的 N 末端分别为甘氨酸及苯丙氨酸。此法的操作流程为 DNFB→DNP-肽→水解→乙醚萃取→色谱鉴定。DNP-氨基酸用有机溶剂抽提后，通过色谱位置可鉴定它是何种氨基酸。

② C 末端测定：常用方法是肼解法，即将多肽链溶于无水肼中，100℃下加热反应，C 末端氨基酸将以游离态释放，而其余肽链部分则与肼生成氨基酸肼。随后可采用抽提或离子交换色谱的方法将 C 末端氨基酸分出并进行分析。如果 C 末端氨基酸侧链带有酰胺基团，如天冬酰胺和谷氨酰胺，则肼解时不能产生游离的 C 末端氨基酸。此外，肼解时注意避免任何少量的水解，以免释出的氨基酸混淆末端分析。C 末端测定还常采用羧肽酶水解法，羧肽酶可以专一性地水解 C 末端氨基酸。根据酶解的专一性不同，可区分为羧肽酶 A、B 和 C。应用羧肽酶测定末端时，需要先进行酶的动力学实验，以便选择合适的酶浓度及反应时间，使释放出的氨基酸主要是 C 末端氨基酸。

（7）将肽链降解成较小的肽段

用两种或几种不同的断裂方法（指断裂点不一样）将多肽链样品降解成两套或几套肽段，并将这些肽段分离开。

常用的工具酶和特异性试剂如下。

胰蛋白酶：仅作用于 Arg、Lys 的羧基与别的氨基酸的氨基之间形成的肽键。

糜蛋白酶：仅作用于含苯环的氨基酸 Trp、Tyr、Phe 的羧基与别的氨基酸的氨基之间形成的肽键。

CNBr：仅作用于 Met 的羧基与别的氨基酸的氨基之间形成的肽键。

(8) 测定各个肽段的氨基酸顺序

目前最常用的是 Edman 降解法，此外还有酶解法、气相色谱-质谱联用法等。

(9) 确定肽段在多肽链中的次序

利用两套或几套肽段的氨基酸顺序彼此间有交错重叠，可拼凑出整条多肽链的氨基酸顺序。

(10) 确定原多肽链中二硫键的位置

用对角线电泳来测定链内及链间二硫键的位置。在肽链未拆分的情况下用胃蛋白酶水解之，可以得到被二硫键连着的多肽产物。先进行第一向电泳，将产物分开。再用过甲酸、碘代乙酸、巯基乙醇处理，将二硫键打断。最后进行第二向电泳，条件与第一向电泳完全相同。选取偏离对角线的样品（多肽或寡肽），它们就是含二硫键的片段，上机测氨基酸顺序，根据已测出的蛋白质的氨基酸顺序，把这些片段进行定位，就能找到二硫键的位置。

3. 蛋白质一级结构测定的意义

① 分子进化将不同生物的同源蛋白质的一级结构进行比较，以人的为最高级，从而确定其他物种的进化程度，也可以制成进化树，由于这是由数据决定的，因此比形态上确定的进化更加科学和精确。

② 证明了一个理论，即蛋白质的一级结构决定高级结构，最终决定蛋白质的功能。

③ 疾病的分子生物学，如确认了镰刀形贫血症的内因，即蛋白质一级结构的改变。

四、项目实施

训练任务一　牛乳中酪蛋白和乳清蛋白的提取

【任务背景】

酪蛋白是乳中含量最高的蛋白质，目前主要作为食品原料或微生物培养基使用。利用蛋白质酶促水解技术制得的酪蛋白磷酸肽具有防止矿物质流失、预防龋齿、防治骨质疏松与佝偻病、促进动物体外授精、调节血压、治疗缺铁性贫血和缺镁性神经炎等多种生理功效。乳清蛋白被称为蛋白之王，在牛奶中的含量仅为 0.7%，可见弥足珍贵，具有营养价值高、易消化吸收、含有多种活性成分等特点，是公认的人体优质蛋白质补充剂之一。

假设你是一名某蛋白质生产企业研发部门的技术员，你所在的研发小组接到一项任务：摸索从牛乳中提取酪蛋白和乳清蛋白的方法和操作条件。任务接手后，部门领导要求你们尽快学习蛋白质提取的相关知识及操作方法，制订工作计划和工作方案并有计划地实施，认真填写工作记录，按时提交质量合格研究报告和所制备的酪蛋白、乳清蛋白，最后他将对所在小组的每一位成员进行考核。

【任务思考】

1. 什么是蛋白质？
2. 什么是蛋白质的两性解离？什么是蛋白质的等电点？
3. 维系蛋白质结构的化学键有哪些？它们分别在哪一级结构中起作用？
4. 蛋白质胶体溶液稳定的原因？
5. 蛋白质有哪些颜色反应？
6. 什么是蛋白质的变性与复性？
7. 蛋白质的分离纯化包括哪些主要步骤？
8. 蛋白质的分离有哪些常用方法？

9. 盐析法和有机溶剂沉淀法各有何特点？
10. 蛋白质可逆沉淀与不可逆沉淀常用的方法有哪些？

【实验原理】

牛乳中主要的蛋白质是酪蛋白，含量约为 35g/L。酪蛋白是一些含磷蛋白质的混合物，等电点为 4.7。利用等电点时溶解度最低的原理，将牛乳的 pH 调至 4.7 时，酪蛋白就沉淀出来。用乙醇洗涤沉淀物，除去脂类杂质后，便可得到纯度较高的酪蛋白。

【实验器材】

1. 材料

新鲜脱脂牛奶。

2. 试剂

95%乙醇。

无水乙醇。

0.2mol/L pH4.7 醋酸-醋酸钠缓冲液：先分别配制 A 液与 B 液（A 液——0.2mol/L 醋酸钠溶液：称 NaAc·3H_2O 54.44g，定容至 2000mL；B 液——0.2mol/L 醋酸溶液，称醋酸 12.0g，定容至 1000mL）；取 A 液 177mL、B 液 123mL 混合，即得 pH4.7 的醋酸-醋酸钠缓冲液 300mL。

3. 耗材

离心机、抽滤装置、精密 pH 试纸或酸度计、电炉、烧杯、温度计。

【实验方法】

1. 酪蛋白的提取

① 100mL 牛奶加热至 40℃，在搅拌下慢慢加入预热至 40℃、pH4.7 的醋酸-醋酸钠缓冲液 50mL。用精密 pH 试纸或酸度计调 pH 至 4.7。（讨论：若加入醋酸-醋酸钠缓冲液后 pH 达不到 4.7，应怎么办？）

② 将上述悬浮液冷却至室温，离心 15min（3000r/min），得沉淀即为酪蛋白粗制品，上清液均分成两份，备用。（讨论：若离心机使用人数较多，还可以采用哪种方式进行固-液分离？）

③ 在沉淀中加入 15mL 乙醇，搅拌片刻，将全部悬浊液转移至布氏漏斗中抽滤，抽干。

④ 将沉淀摊开在表面皿上，风干，得酪蛋白。

⑤ 准确称重，计算含量和得率。得率＝酪蛋白质量/牛乳体积（g/100mL）。理论含量为 3.5g/100mL 牛乳。

2. 乳清蛋白的提取

方法一：在酪蛋白提取步骤②所得的上清液中添加无水乙醇，使乙醇含量达到 35%，继续添加无水乙醇直至乙醇含量逐渐达到 55%，搅拌均匀，静置 30min 后，3000～5000r/min 离心，倒出上清液，所得沉淀即为乳清蛋白，将乳清蛋白真空干燥或冷冻干燥。

方法二：在酪蛋白提取步骤②所得的上清液中添加固体硫酸铵，使硫酸铵饱和度达到 70%，搅拌均匀，静置 30min 后，3000～5000r/min 离心，倒出上清液，所得沉淀即为乳清蛋白，将乳清蛋白真空干燥或冷冻干燥。

准确称重，计算含量和得率。得率＝乳清蛋白质量/牛乳体积（g/100mL）。

3. 蛋白质的透析除盐

① 将透析管剪成 10cm 的小段，在大体积的 2%碳酸氢钠和 1mmol/L EDTA 中将透析袋煮沸 10min，然后将透析袋用蒸馏水彻底漂洗。

② 将透析袋置 1mmol/L EDTA 中煮沸 10min，冷却后用蒸馏水将透析袋里外加以清洗备用（若要保存透析袋，应在溶液中加入痕量的苯甲酸）。

③ 加样：戴上手套，用棉线将透析袋一端扎紧，将含有盐的蛋白质溶液装入透析袋，用棉线将透析袋另一端扎紧。

④ 透析：将装有样品的透析袋放入装有蒸馏水的烧杯中，将烧杯放到磁力搅拌器上搅拌，15min 换水一次。

⑤ 透析效果的检查：换水 3～4 次后，取透析外液至 1～2mL 试管中，加入 1%氯化钡或硝酸钡溶液 1～2 滴，检查硫酸根离子的存在。若出现白色沉淀，表示硫酸根离子未除净；若无白色沉淀，说明透析完全。

训练任务二　蛋白质的纯化——葡聚糖凝胶柱色谱

【任务背景】

凝胶色谱又称分子排阻色谱或凝胶过滤，是以被分离物质的分子量差异为基础的一种色谱分离技术，这一技术为纯化蛋白质等生物大分子提供了一种非常温和的分离方法。

假设你是一名某生物制品公司研发部门的技术人员，你所在的工作小组接到了一项任务：学会葡聚糖凝胶柱色谱的基本操作技能，为马上要开展的抗体蛋白纯化工作奠定基础。任务完成过程中，你的部门领导要求你们制订工作计划和方案，并按计划实施方案，认真记录工作过程和数据，并提交工作报告，最后他将对你所在工作小组的每一位成员进行考核。

【任务思考】

1. 蛋白质分离纯化的一般程序是什么？
2. 蛋白质的纯化有哪些方法？简述其纯化机理？
3. 凝胶色谱纯化蛋白质的理论依据是什么？
4. 凝胶色谱常用的固定相是什么？
5. 凝胶色谱的主要应用有哪些？
6. 凝胶色谱的操作过程包括哪些步骤？
7. 如何配制 Tris-醋酸缓冲液？
8. Tris-醋酸缓冲液在葡聚糖凝胶色谱实验中的作用有哪些？
9. 在葡聚糖凝胶色谱实验中装柱和加样时应注意哪些问题？
10. 离子交换色谱的固定相是什么？其分离机理是什么？
11. 亲和色谱是如何分离蛋白质的？

【实验原理】

葡聚糖凝胶是由直链的葡聚糖分子和交联剂 3-氯-1,2-环氧丙烷交联而成的具有多孔网状结构的高分子化合物。凝胶颗粒中网孔的大小可通过调节葡聚糖和交联剂的比例来控制，交联度越大，网孔结构越紧密；交联度越小，网孔结构就越疏松。网孔的大小决定了被分离物质能够自由出入凝胶内部的分子量范围。可分离的相对分子质量范围从几百到几十万不等。本实验以葡聚糖凝胶 G25 作为固定相载体，来分离蓝色葡聚糖-2000 和溴酚蓝。蓝色葡聚糖-2000 相对分子质量接近 2×10^6，而溴酚蓝相对分子质量为 670，二者相对分子质量相差较大。二者在通过色谱柱时，蓝色葡聚糖-2000 相对分子质量大，不能进入凝胶颗粒内部，而从凝胶颗粒间隙流下，所受阻力小，移动速度快，先流出色谱柱；溴酚蓝相对分子质量小，可进入凝胶颗粒内部，洗脱流程长，因而所受阻力大，移动速度慢，后流出色谱柱。这样就可达到分离蓝色葡聚糖-2000 和溴酚蓝的目的。

【实验器材】

1. 试剂

Tris-醋酸缓冲液（pH7.0）：量取 0.01mol/L Tris 溶液（含 0.1mol/L KCl）900mL，

用浓醋酸调 pH 至 7.0，加蒸馏水至 1000mL。

溴酚蓝溶液：称取溴酚蓝 10mg，溶于 5mL 乙醇中，充分搅拌，使其溶解，然后逐滴加入 Tris-醋酸缓冲液（pH7.0）至溶液呈深蓝色。

蓝色葡聚糖-2000 溶液：称取蓝色葡聚糖-2000 10mL，溶于 2mL Tris-醋酸缓冲液（pH7.0）中即成。

样品溶液：取溴酚蓝溶液 0.1mL，蓝色葡聚糖-2000 溶液 0.5mL，混匀后为上柱样品溶液。

葡聚糖凝胶 G25（SephadexG25）。

2. 耗材

色谱柱（1cm×20cm）（附有一小段乳胶管及螺旋夹）、洗脱瓶（带下口的三角瓶，250mL）、试管及试管架、10mL 量筒、可见分光光度计等。

【实验方法】

1. 凝胶的准备

商品凝胶是干燥的颗粒，使用时需经溶胀处理，称取 4g 葡聚糖凝胶 G25，加 50mL 蒸馏水，搅拌均匀，在室温溶胀 6h，或沸水浴溶胀 2h，一般采用后一种方法。再用倾泻法除去凝胶上层水及细小颗粒，用蒸馏水反复洗涤几次，再以缓冲溶液（pH7.0 的 Tris-醋酸溶液）洗涤 2~3 次，使 pH 和离子强度达到平衡，最后抽去溶液及凝胶颗粒内部气泡，凝胶可保存在缓冲液内。

2. 装柱

将色谱柱洗净，垂直固定在铁支架上，选择有薄膜端作为色谱柱下口，将下口接上乳胶管并用螺旋夹夹紧。色谱柱中加入洗脱液，打开下口螺旋夹，让溶液流出，排除残留气泡，最后保留约 2cm 高度的洗脱液，拧紧螺旋夹。将凝胶轻轻搅动均匀，用玻璃棒沿色谱柱内壁缓缓注入柱中，待凝胶沉积至高约 2cm 时，打开下口螺旋夹，继续装柱至柱床高度达到 18cm，关闭出口。装柱过程中严禁产生气泡，尽可能一次装完，避免出现分层，表面要平整。如凝胶床表面不平整，可用细玻璃棒轻轻将凝胶床上部颗粒搅起，待其自然下沉，即可使表面平整。再用洗脱液平衡 1~2 个柱床体积，凝胶面上始终保持有 1cm 高的洗脱液。平衡后，拧紧下端螺旋夹。

3. 加样

打开螺旋夹使柱面上的洗脱液流出，直至床面与液面刚好平齐为止，关闭下端出口。取溴酚蓝及蓝色葡聚糖-2000 混合液 0.3mL，小心地加于凝胶表面上，切勿搅动色谱柱床表面。打开下端出口，使样品溶液进入凝胶内，并开始收集流出液。当样品溶液恰好流至与凝胶表面平齐时，关闭下端出口。用少量洗脱液清洗色谱柱加样区，共洗涤 3 次，每次清洗液应完全进入凝胶柱内后，再进行下一次洗涤。最后在凝胶表面上加入洗脱液，保持高度为 3~4cm。

4. 洗脱与收集

连接好凝胶柱色谱系统，调节洗脱液流速为每分钟 1mL，进行洗脱。仔细观察样品在色谱柱内的分离现象，收集洗脱液，每收集 3mL 即换一支收集管（试管预先编号），收集约 20 管左右，样品即可完全被洗脱下来。将各收集管中的洗脱液分别用可见分光光度计在波长 540nm 处，以 Tris-醋酸缓冲液调零，测定其光密度。

5. 凝胶回收处理

将样品完全洗脱下来后，继续用 3 倍柱床体积的洗脱液冲洗凝胶后，将柱下口放在小烧杯中，慢慢打开，再将上口慢慢松开，使凝胶全部回收至小烧杯中，备用。

6. 结果处理

以洗脱管号为横坐标、以光密度为纵坐标作图即得洗脱曲线。分析曲线图并讨论实验结果。

训练任务三　绿豆芽中蛋白质含量的测定——分光光度法

【任务背景】
　　蛋白质的定量分析是生物化学和其他生命学科最常涉及的分析内容，是临床上诊断疾病及检查康复情况的重要指标，也是许多生物制品、药物、食品质量检测的重要指标。在生化实验中，对样品中的蛋白质进行准确可靠的定量分析，则是经常进行的一项非常重要的工作。1976 年由 Bradford 建立的考马斯亮蓝法，是根据蛋白质与染料相结合的原理设计的。这种方法是目前灵敏度最高的蛋白质测定方法之一。
　　假设你是一名某蔬菜生产基地质检部门的技术人员，你所在的工作小组接到了一项任务：用考马斯亮蓝法检测豆芽中的蛋白质含量。你的部门领导要求你们在工作过程中制订工作计划和方案，并按计划实施方案，认真记录工作过程和数据，并提交检测报告，最后他将对你所在工作小组的每一位成员进行考核。

【任务思考】
1. 蛋白质的元素组成和蛋白质的含量测定有何关系？
2. 蛋白质的含量测定有哪些方法？试述其作用原理？
3. 什么是分光光度法？
4. 根据物质吸收光谱的波长范围不同，分光光度法可分为哪几类？
5. 分光光度技术有哪些主要应用？
6. 分光光度法的定量测定的原理是什么？
7. 分光光度计的主要结构部件包括哪些？
8. 722 型分光光度计的操作步骤？
9. 使用分光光度计的注意事项？
10. 考马斯亮蓝法为什么是目前灵敏度最高的蛋白质含量测定方法之一？
11. 如何绘制标准曲线？

【实验器材】
1. 试剂
　　考马斯亮蓝 G-250 溶液：称取 100mg 考马斯亮蓝 G-250 溶于 50mL 95％的乙醇后，加入 120mL 85％磷酸，用水稀释至 1000mL，混匀，过滤，于 4℃在棕色瓶中保存。
　　0.015mol/L 磷酸缓冲溶液（PBS 溶液）。
　　双蒸 H_2O：新鲜制备。
　　标准蛋白溶液：用 BSA（牛血清白蛋白）作为标准蛋白。将 50mg BSA 标准品溶于 50mL 0.015mol/L 磷酸缓冲溶液中，配成 1mg/mL 标准蛋白溶液。
　　待测样品：称取新鲜绿豆芽 2g 放入研钵中，加 2mL 双蒸 H_2O 研磨成匀浆，转移到离心管中，再用 6mL 蒸馏水分次洗涤研钵，洗涤液收集于同一离心管中，放置 0.5h 以充分提取，然后在 12000g 离心 10min，弃去沉淀，上清液转入 10mL 容量瓶，并以双蒸 H_2O 定容至刻度，即得待测样品提取液。

2. 耗材
　　试管、可见分光光度计、取液枪、离心机等。

【实验方法】
1. 标准曲线的测定

将 7 支干燥洁净的试管，编号 1～7，按表 3-1 加入试剂，摇匀。

表 3-1

管号	1	2	3	4	5	6	7
蛋白标准液/μL	0	10	20	40	60	80	100
PBS 溶液/μL	100	90	80	60	40	20	0
总体积/μL	100	100	100	100	100	100	100

2. 样品的测定

另取 3 支干燥洁净的试管，编号 8～10。按表 3-2 加入试剂，摇匀，将待测蛋白配成系列浓度。

表 3-2

管号	8	9	10
待测蛋白质/μL	40	60	80
PBS 溶液/μL	60	40	20
总体积/μL	100	100	100

3. 加入考马斯亮蓝 G-250 溶液

各试管混合均匀后，用取样器分别加入 5.0mL 考马斯亮蓝 G-250 溶液，每加完一管，立即混合（注意不要太剧烈，以免产生大量气泡而难于消除）。

4. 比色

各管室温静置 2～5min 后，使用玻璃比色皿，在分光光度计上测定 595nm 处的光吸收值，空白对照为第一号试管，标准和待测蛋白样同时比色。玻璃比色皿使用后，立即用少量 95％乙醇润洗，洗去颜色。

5. 结果与分析

（1）标准曲线的测定和绘制

① 测定结果按表 3-3 填写。

表 3-3

管号	1	2	3	4	5	6	7
蛋白质含量/μg							
A_{595nm}							

② 标准曲线的绘制 以吸光度 A_{595nm} 为横坐标 x，标准蛋白质含量（μg）为纵坐标 y，分别利用坐标纸和 EXCEL 绘制标准曲线。

（2）样品蛋白含量

① 在标准曲线上，根据待测样品的 A_{595nm}，按表 3-4 查出待测样品中的蛋白质含量。分光光度计的吸光值在 0.1～0.8 的范围内准确度较高，如待测样品的 A_{595nm} 不在此范围内，应将样品做适当稀释或浓缩。

表 3-4

管号	8	9	10
A_{595nm}			
蛋白质含量/μg			

② 样品蛋白含量的计算

$$样品蛋白质含量（\mu g/g 鲜重）= \frac{x \times \frac{提取液总体积（mL）}{测定时取样体积（mL）}}{样品鲜重（g）}$$

式中　x——在标准曲线上查得的蛋白质含量，μg。

【注意事项】

1. 各取样操作要准确无误。
2. 加入蛋白样品后的试剂混匀要温和。
3. 蛋白质溶液与考马斯亮蓝染色液反应后，复合物最多稳定 1h，再延长时间可能影响测定结果的准确性。

训练任务四　未知蛋白质分子量的测定——SDS-聚丙烯酰胺凝胶电泳

【任务背景】

假设你是一名某蛋白产品生产企业的技术员，你所在的公司采用一系列生物分离纯化的方法获得了某种蛋白质，现在要通过测定这种蛋白质的分子量及生物活性来鉴定这种蛋白质，你所在的工作小组的任务是采用凝胶电泳的方式来测定这种蛋白质的相对分子质量。任务接手后，部门领导要求你们小组尽快学习与蛋白质凝胶电泳相关的知识及操作方法，制订工作计划和工作方案并有计划地实施，认真填写工作记录，并在规定时间内提交质量合格的报告。任务完成后，领导将对你所在的工作小组中的每一位成员进行考核。

【任务思考】

1. 什么是电泳？
2. 电泳技术的分类？
3. 什么是迁移率？
4. 什么是 SDS-PAGE？
5. 为什么 SDS-PAGE 能用来测定蛋白质分子量？
6. 如何利用 SDS-PAGE 来测定蛋白质分子量？
7. 在样品溶解液中 SDS、巯基乙醇、甘油及溴酚蓝的作用分别是什么？
8. 电极缓冲液中甘氨酸的作用是什么？
9. 在 SDS-PAGE 中，分离胶与浓缩胶中均含有 TEMED 和 Ap，试述其作用？
10. 样品液为何在加样前需在沸水中加热几分钟？
11. 电泳中可能出现哪些不正常现象？

【实验器材】

1. 材料

待测蛋白质样品。

2. 试剂

30％凝胶储液：取丙烯酰胺 30g 与亚甲基双丙烯酰胺 0.8g，加水至 100mL，滤纸滤过，避光 4℃保存，3 个月内有效。

分离胶缓冲液（1.5mol/L pH8.8 Tris-HCl 缓冲液）：用浓盐酸调 pH，4℃保存，3 个月内有效。

浓缩胶缓冲液（0.5mol/L pH6.8 Tris-HCl 缓冲液）：用浓盐酸调 pH，4℃保存，3 个月内有效。

1×电泳缓冲液：取三羟甲基氨基甲烷12g、甘氨酸57.6g、十二烷基硫酸钠2.0g，加水至2000mL。最后pH应为8.3左右。

1×样品缓冲液：0.5mol/L pH6.8 Tris-HCl缓冲液5.0mL，SDS 0.5g，甘油5.0mL，β-巯基乙醇0.25mL，溴酚蓝25mg，加纯水定容至50mL。

10%过硫酸铵（Ap）：过硫酸铵需高纯度，现用现配。

四甲基乙二胺（TEMED）：最后加入缓冲液，聚合反应开始。

10%SDS：SDS用分析纯，如需化学纯则需处理。

固定液：取乙醇500mL、冰醋酸100mL，加水至1000mL，充分混合。

脱色液：取乙醇250mL、冰醋酸80mL，加水至1000mL，充分混合。

染色液：称取0.29g考马斯亮蓝R-250溶解在250mL脱色液中，过滤备用。

1%琼脂糖。

3. 耗材

恒压或恒流电源、垂直板电泳槽、制胶模具、低分子量标准蛋白试剂盒、移液管、滤纸、微量注射器、大培养皿等。

【实验方法】

1. 制胶

按表3-5中分离胶配方制成分离胶液，灌入模具内至一定高度，用1mL纯水封顶，静置30min，聚合完毕，倾去水层。再按表3-5中浓缩胶配方制成浓缩胶液，灌在分离胶上，插入样品梳，静置30min，待浓缩胶液聚合后，小心拔出样梳，用洗瓶冲洗点样孔，除去未凝聚的丙烯酰胺等杂物。彻底倒出点样孔中的水，在其中加入电泳缓冲溶液。

表 3-5

项目	10%分离胶	12%分离胶	5%浓缩胶
水	2.61mL	3.32mL	2.84mL
30%丙烯酰胺溶液	3mL	4mL	0.83mL
分离胶缓冲液	3.36mL	2.5mL	—
浓缩胶缓冲液	—	—	1.25mL
10%SDS	0.09mL	0.1mL	0.05mL
10%过硫酸铵溶液	0.03mL	0.1mL	0.05mL
四甲基乙二胺	6μL	8～10μL	5～6μL

2. 样品的处理

标准蛋白按说明书添加样品缓冲液溶解后，转移至离心管中，密闭，沸水浴5min，取出，冷却至室温备用。固体待测样品1mg溶解于1mL蒸馏水中，加入等体积样品缓冲液后，转移至离心管中，密闭，沸水浴5min，取出，冷却至室温备用。

3. 加样

用自来水冲刷并用手抹去制胶玻璃板表面上的残余凝胶，倾尽点样孔中的液体，以点样孔朝上、短玻璃板朝内、长玻璃板朝外，装进电泳槽，并用斜插板插紧。用100μL微量注射器取15μL处理过的蛋白质溶液，点到点样孔中。标准蛋白点在正中间的点样孔中，待测蛋白分别点到左右两边的点样孔中。

4. 电泳垂直板电泳

向电泳槽的内槽加入电泳缓冲液使其溢出而流到外槽，使外槽中的电泳缓冲液液面高度约为 5cm。恒压电泳，初始电压为 80V，进入分离胶时调至 150～200V，当溴酚蓝迁移胶底处，停止电泳。

5. 固定与染色

电泳结束后，撬开玻璃板，待凝胶板做好标记后放在装有固定液的容器中，固定 30min。回收固定液，加入染色液，使凝胶浸没，晃动容器使反应均匀。加盖密闭，于 60℃ 恒温水浴染色 10min，回收染色液。

6. 脱色

凝胶先用自来水洗去表面残余的染色液，加入脱色液使凝胶浸没，加盖密闭，于 60℃ 恒温水浴脱色 10min，更换新的脱色液再处理两次。最后将凝胶浸泡于蒸馏水中，脱色后的凝胶背景透明。

7. 计算

用尺测量溴酚蓝指示剂距离加样孔底端的距离和蛋白条带距离加样孔底端的距离。按下式计算相对迁移率：相对迁移率＝蛋白迁移距离/溴酚蓝指示剂迁移距离。以每个标准蛋白的相对迁移率为横坐标、分子量对数为纵坐标，进行线性回归，量出未知蛋白的相对迁移率由标准曲线求得供试品的分子量。这样的标准曲线只对同一块凝胶上的样品的分子量测定才具有可靠性。

【注意事项】

1. 丙烯酰胺（Acr）和亚甲基双丙烯酰胺（Bis）有很强的神经毒性，容易吸附在皮肤上，作用有累积性，称量时应小心，最好戴手套、口罩。聚丙烯酰胺可认为无毒，但难免有少量的未能聚合的丙烯酰胺单体，故在整个操作过程中都应注意。

2. 微量进样器针头极易堵塞，吸样后应及时清洗；玻管中的金属芯子不宜拔出，防止弯曲和弄脏。

3. 吸取溶液胶的滴管、吸管等，要立即排空和冲洗，以防凝固堵塞。

4. 实验过程中，注意勿弄破平板玻璃。

酶类生化产品的制备和检测

一、项目介绍

项目相关背景	酶是生物体内具有催化作用的蛋白质，生物体内的生物化学反应，一般都是在酶的作用下进行的。酶是生命活动的推动机，没有酶的催化反应，生物的生命也就停止了，任何生物技术也都无法实现。 酶的应用范围非常广泛。在临床化学分析上，将各种酶的活力测定作为临床诊断的指标，如将乳酸脱氢酶同工酶的检定作为心肌梗死的诊断指标，转氨酶作为肝病变的指标等。许多酶制剂还是安全有效的药品，如蛋白水解酶复剂作为消化药物广泛应用。酶法分析也应用于食品分析上，如辅酶、有机酸、农药毒物的分析。在工业生产上也常常利用酶制剂，如合成洗涤剂以蛋白水解酶为添加料，可以除去牛乳、蛋白、血液等顽固污渍。 由于酶有很强的工业及临床应用价值和潜力，酶类生化制品也得到人们的普遍关注。
项目任务描述	训练任务一　植物组织中过氧化物酶的分离与纯化 训练任务二　植物组织中过氧化氢酶的活力测定 训练任务三　水果或蔬菜中维生素C含量的测定 设计任务一　小麦种子中淀粉酶活力测定 设计任务二　植物叶片硝酸还原酶活性的测定

二、学习目标

1. 能力目标
① 能完成文献资料的查询和搜集工作。
② 能与他人分工协助并进行有效的沟通。
③ 能设计出酶分离纯化、鉴定与活力测定的方案并做出相应计划。
④ 能完成酶的分离纯化、鉴定与活力测定工作，能解释其基本原理，并说明操作注意事项。
⑤ 能完成实验过程中的仪器安装工作。
⑥ 能绘制并分析标准曲线。
⑦ 能通过文字、口述或实物展示自己的学习成果。
2. 知识目标
① 能总结和说明酶作为生物催化剂的特性。

② 能说明酶的分子结构特点。
③ 能概述酶的主要动力学性质,并提供相应的应用实例。
④ 能列举维生素的常见分类与生理功能。
⑤ 能列举酶分离纯化、鉴定与活力测定的常见方法。
⑥ 能解释酶的分离纯化、鉴定与活力测定的工作原理。

三、背景知识

(一) 酶的概念

酶,又名生物催化剂,是指活细胞所产生的具有催化活性的生物大分子,包括蛋白质及核酸。

核(糖)酶是指具有催化作用的 RNA。

(二) 酶的特性

1. 高效性

酶催化反应速率是相应的无催化反应的 $10^8 \sim 10^{20}$ 倍,,比一般催化剂高 $10^6 \sim 10^{13}$ 倍。

2. 高度专一性

酶对底物和催化的反应有严格的选择性,一种酶只能催化某一种或某一类化学物质发生反应的性能,称为酶的底物专一性或特异性。

根据酶对底物专一性的程度不同,通常可分为相对专一性、绝对专一性、立体异构专一性。相对专一性又可分为键专一性及基团专一性两种。立体异构专一性又可分为旋光异构专一性及几何异构专一性两种。

(1) 绝对专一性

酶只能作用于一个底物,或只催化一个反应。如麦芽糖酶只作用于麦芽糖,脲酶只催化尿素水解。

(2) 基团专一性

酶不仅对化学键有要求,还对键一端的基团有要求,但对另一端基团要求不严格。如 α-D-葡萄糖苷酶,不仅要求作用的键是 α-糖苷键,且要求此键一端必须是葡萄糖残基,对此键另一端基团无要求,此酶可水解蔗糖和麦芽糖。

(3) 键专一性(对底物结构要求最低)

酶只对其作用的键有要求,而对键两端的基团无特殊要求。如酯酶可催化酯键水解,R—CO—O—R′,对 R 和 R′无要求,但不同底物水解速率不同。

(4) 旋光异构专一性

当底物具有旋光异构体(D 型、L 型)时,酶只能作用于其中的一种异构体,它是酶促反应中相当普遍的现象。如葡萄糖脱氢酶只作用 L-葡萄糖,乳酸脱氢酶只作用 L-乳酸。

(5) 几何异构专一性

当底物具有顺式或反式异构体时,酶只作用于其中的一种异构体。如反丁烯二酸水化酶只催化反丁烯二酸生成苹果酸,对顺丁烯二酸无作用。

3. 反应条件温和

酶所催化的反应通常在接近生物体的温度、常压和非极端 pH 的条件下进行。

4. 高度不稳定性

酶易失活。一般的催化剂在一定条件下会因中毒而失去催化能力，而酶却较其他催化剂更加脆弱，更易失去活性。凡使蛋白质变性的因素，如强酸、强碱、高温等条件都能使酶破坏而完全失去活性。所以，酶作用一般都要求比较温和的条件，如常温、常压、接近中性的酸碱度等。

5. 在细胞内酶的活力受到严格的调节控制

根据生物体的需要，许多酶的活性可受多种调节机制的灵活调节，包括别构调节、酶的共价修饰、酶的合成、活化与降解等。

（三）酶的分类

1. 根据酶参与的反应性质分类

（1）氧化还原酶类

氧化还原酶类是催化底物之间进行氢原子或电子转移的酶，主要有脱氢酶和氧化酶。脱氢作用即是质子和电子的转移；氧化酶催化的反应，一般有氧分子直接参与。

$$AH_2 + B \longrightarrow A + BH_2$$

（2）转移酶类

转移酶类催化底物之间某种功能基团的转移，如转氨酶等。

$$AR + B \longrightarrow A + BR$$

（3）水解酶类

水解酶类催化底物加水分解，如蛋白酶、脂肪酶、淀粉酶等。

$$AB + H_2O \longrightarrow AOH + BH$$

（4）裂合酶类

裂合酶类可催化某种化合物分裂为两种化合物，或是由两种化合物合成为一种化合物，如脱氨酶、脱羧酶、醛缩酶。

$$AB \longrightarrow A + B$$

（5）异构酶类

异构酶类可催化同分异构体间的相互转变，如磷酸丙糖异构酶（可催化 3-磷酸甘油醛和磷酸二羟丙酮的相互转变）、磷酸甘油酸变位酶（可催化 3-磷酸甘油酸和 2-磷酸甘油酸的相互转变）。

$$A \longrightarrow B$$

（6）连接酶类

连接酶类又名合成酶类，可催化两种物质分子合成一种物质，此合成反应一般要消耗能量。

$$A + B + ATP \longrightarrow AB + ADP + Pi$$

2. 根据酶的活动部位分类

（1）胞内酶

大多数的酶属于胞内酶。

（2）胞外酶

胞外酶主要为水解酶。

3. 根据酶的组成成分分类

（1）单成分酶（单纯酶）

单纯酶是仅由蛋白质组成的酶。

（2）多成分酶（结合酶）

有些酶不仅含有蛋白质（酶蛋白），还含有非蛋白质成分（辅助因子），只有酶蛋白与辅助因子结合形成复合物（全酶）才表现出酶活性，酶的辅助因子主要有金属离子和有机化合物。全酶＝酶蛋白＋辅助因子（辅基、辅酶、金属离子）。如超氧化物歧化酶（Cu^{2+}、Zn^{2+}）、乳酸脱氢酶（NAD^+）。酶蛋白决定酶的专一性，辅助因子用于传递电子或某些化学基团，决定酶促反应类型和反应性质。如 NAD^+ 可与多种酶蛋白结合，构成专一性强的乳酸脱氢酶、醇脱氢酶、苹果酸脱氢酶、异柠檬酸脱氢酶。生物体内酶种类很多，而辅助因子种类却很少，原因是一种辅助因子可与多种酶蛋白结合。

4. 根据酶蛋白的亚基组成及结构特点分类

（1）单体酶

单体酶是由一条或多条共价相连的肽链组成的酶分子。单体酶种类较少，一般多催化水解反应。

（2）寡聚酶

寡聚酶是由两个或两个以上亚基组成的酶，亚基可以相同或不同，一般是偶数，亚基间以非共价键结合。大多数寡聚酶是胞内酶，而胞外酶一般是单体酶。

（3）多酶复合体

多酶复合体是由两个或两个以上的酶靠非共价键结合而成，其中每一个酶催化一个反应，所有反应依次进行，构成一个代谢途径或代谢途径的一部分。如脂肪酸合成酶复合体。

（四）酶的命名

1. 习惯命名法

习惯命名法较简单，常依据酶所作用的底物和反应类型命名，但缺乏系统性。

① 根据作用底物，如蛋白酶、淀粉酶、蔗糖酶等。
② 根据反应性质，如水解酶、脱氢酶、转氨酶等。
③ 根据作用底物与反应性质相结合，如琥珀酸脱氢酶、乳酸脱氢酶、谷丙转氨酶等。
④ 根据来源与底物相结合，如胃蛋白酶、唾液淀粉酶、牛胰凝乳蛋白酶等。

2. 国际系统命名法

"底物＋反应性质＋酶"。如果底物不止一个，应全部列出，用冒号隔开；若底物之一是水时，可省略不写。

举例：

（1）乙醇＋NAD^+ $\longrightarrow$ 乙醛＋$NADH+H^+$

系统名：乙醇：NAD^+氧化还原酶；习惯名：乙醇脱氢酶。

（2）丙氨酸＋α-酮戊二酸 $\longrightarrow$ 丙酮酸＋谷氨酸

系统名：丙氨酸：α-酮戊二酸氨基转移酶；习惯名：谷丙转氨酶。

3. 酶的编号（EC 编号）

"EC＋酶大类号.亚类号.亚亚类号.顺序号"。EC 为 Enzyme Commission（酶学委员会）的缩写。国际系统分类的原则是将所有的酶促反应性质分为六大类，分别用 1、2、3、4、5、6 的编号来表示。再根据底物中被作用的基团或键的特点将每一大类分为若干个亚类，按顺序编成 1、2、3、4 等数字。每一亚类可再分为若干个亚亚类，用编号 1、2、3 等表示。例如，乙醇脱氢酶的分类编号是 EC1.1.1.1，乳酸脱氢酶是 EC1.1.1.27，苹果酸脱氢酶是 EC1.1.1.37。第一个数字表示大类：氧化还原；第二个数字表示反应基团：醇基；第三个数字表示电子受体：NAD^+ 或 $NADP^+$；第四个数字表示酶底物：乙醇，乳酸，苹果酸。前面三个编号表明这个酶的特性：反应性质、底物性质（键的类型）及电子或基团的受体；第四个编号用于区分不同的底物。

（五）酶的分子结构

1. 酶分子的结构

酶的分子中存在许多功能基团，例如—NH_2、—COOH、—SH、—OH 等，但并不是这些基团都与酶活性有关。一般将与酶活性有关的基团称为酶的必需基团。

酶分子中有些必需基团虽然在一级结构上可能相距很远，但在空间结构上彼此靠近，集中在一起形成具有一定空间结构的区域，该区域与底物分子相结合并可催化底物转化为产物，这一空间区域称为酶的活性中心，又称为酶的活性部位。对于结合酶来说，辅酶或辅基往往是活性中心的组成成分。酶的活性中心通常包括两部分：与底物结合的部位称为结合中心，结合中心决定酶作用的专一性；促进底物发生化学变化的部位称为催化中心，它决定酶所催化反应的性质以及催化的效率。有些酶的结合中心与催化中心是同一部分。还有些必需基团虽然不参加酶的活性中心的组成，但为维持酶活性中心特有的空间构象所必需，这些基团是酶的活性中心以外的必需基团。

酶分子中除上述基团外的其他基团对酶的活性"没有贡献"，也称为酶的非必需基团。这些基团对酶活性的发挥不起作用，它们可以被其他氨基酸残基取代，甚至可以去掉，都不会影响酶的催化活力。但这些基团并不是真正意义上的"非必需"基团，它们可能在系统发育的物种专一性方面、免疫方面或者在体内的运输转移、分泌、防止蛋白酶降解方面起一定作用。如果没有这些基团，酶的寿命、酶在细胞中的分布等方面受到限制。这些基团的存在也可能是该酶迄今未发现的新的活力类型的活力中心。酶分子的构成如图 4-1 所示。

酶分子很大，其催化作用往往并不需要整个分子，如用氨基肽酶处理木瓜蛋白酶，其肽链自 N 端开始逐渐缩短，当其原有的 180 个氨基酸残基被水解掉 120 个后，剩余的短肽仍有水解蛋白质的活性。又如将核糖核酸酶肽链 C 末端的三肽切断，余下部分也有酶的活性，可见某些酶的催化活性仅与其分子的一小部分有关。

2. 酶活性中心的特点

虽然各种酶的结构、专一性和催化机理各不相同，但活性中心有其共同点，可概括为以下几点：

① 活性中心只占酶整个体积的相当小的一部分。
② 活性中心是一个三维实体（立体空间）。

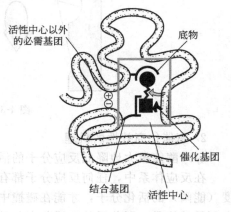

图 4-1 酶的分子结构

③ 活性中心处于酶分子的一凹穴中，形成疏水区，底物分子大多结合在这一凹穴中。
④ 多数底物与酶结合时通过弱的作用力。
⑤ 结合的专一性决定于活性中心原子基团的正确排列，并且活性中心是柔性的，当酶活性中心与底物结合时可发生变化，使两者的形状发生互补。

（六）酶的作用机理

1. 酶催化专一性的机理

（1）锁钥学说

1890 年，由 E. Fischer 指出，底物结合部位由酶分子表面的凹槽或空穴组成，这是酶的活性中心，它的形状与底物分子形状互补。底物分子或其一部分像钥匙一样，可专一地插入酶活性中心，通过多个结合位点的结合，形成酶-底物复合物，同时酶活性中心的催化基团正好对准底物的有关敏感键，进行催化反应。这即是锁钥学说或刚性模板学说、直接契合学说，如图 4-2 所示。此学说不能解释酶专一性中所有的现象，如既能催化正反应，又能催化逆反应，酶的结构不可能既适合于底物又适合于产物。

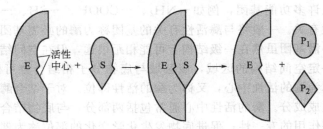

图 4-2　锁钥学说示意图

（2）诱导契合学说

1958 年，Koshland 指出，酶在结合底物前具有特定的形状，酶分子的活性中心结构并不与底物分子的结构互相吻合；但酶的活性部位是柔性的，可改变构象，使其发生有利于与底物结合的变化，酶与底物在此基础上互补契合，生成酶-底物复合物，进行反应；酶的构象变化是可逆的，酶与底物结合生成产物后，酶又可回到原有构象。这即是诱导契合学说，如图 4-3 所示。

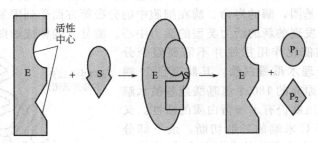

图 4-3　诱导契合学说示意图

2. 酶催化高效性的机理

（1）酶能极大地降低反应分子的活化能

在反应体系中，任何反应分子都有进行化学反应的可能，但只有能量达到或超过某一限度（能阈）的活化分子，才能在碰撞中起化学反应。能阈活化能是指分子由常态转变为活化态所需的能量，即分子处于活化态与常态的能量差。活化分子是指达到或超过能阈的分子。在一个反应体系中，活化分子越多，反应速率越快。提高体系中活化分子数量可通过两个方法：对反应体系加热或照射，降低活化能。

酶能显著地降低活化能，故能表现为高度的催化效率，如图 4-4 所示。

（2）酶催化的中间复合物学说和过渡态理论

中间复合物学说，也称中间产物假说，认为酶催化某一反应时，首先是酶的活性中心与底物（S）先络合生成一个中间产物（ES），然后中间产物进一步分解成产物（P）和游离的酶（E），游离酶又与另一底物分子结合，进行下一轮催化反应。

过渡态理论认为 ES 复合物形成后，使底物分子受到牵拉变形，形成一种极不稳定的过渡态，其结构既不同于底物，也不同于产物，寿命极短，很容易分解，这使得反应分子所需活化能大大减少。如图 4-5 所示。

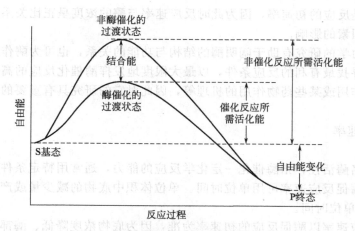

图 4-4 酶降低反应活化能阈示意图

(a) 酶与底物先生成ES复合物后,需生成酶-底物过渡状态复合物才能产生催化作用

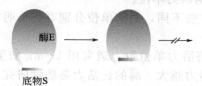

(b) 酶与底物先生成ES复合物后,但不能形成ES过渡状态,催化作用不能发生

图 4-5 酶与底物的过渡状态互补结合

(3) 酶催化的几种现代理论

① 邻近效应与定向效应 酶把底物分子从溶液中富集出来,使它们固定在活性中心附近,反应基团相互邻近,同时使反应基团的分子轨道以正确方位相互交叠,反应易于发生。

② 酸碱催化 酶分子的一些功能基团起到质子供体或质子受体的作用。参与酸碱催化的基团有氨基、羧基、巯基、酚羟基、咪唑基。

③ 共价催化 酶作为亲核基团或亲电基团,与底物形成一个反应活性很高的共价中间物,此中间物易变成过渡态,反应活化能大大降低,提高反应速率。

④ 变形或张力 酶与底物结合时,酶中某些基团可使底物分子的敏感键发生变形或使敏感键中某些基团的电子云密度变化,产生电子张力,从而使底物的敏感键更易断裂。

⑤ 活性中心的疏水微环境 酶活性中心附近往往是疏水的,介电常数低,可加强极性基团间的反应。

(七) 酶促反应动力学

酶促反应动力学是研究酶促反应速率及其影响因素的科学。这些因素主要包括酶的浓度、底物的浓度、pH、温度、抑制剂和激活剂等。在研究某一因素对酶促反应速率的影响时,应该维持反应中其他因素不变,而只改变要研究的因素。但必须注意,酶促反应动力学中所指明的速率是反应的初速率，因为此时反应速率与酶的浓度呈正比关系，这样避免了反应产物以及其他因素的影响。

酶促反应动力学的研究有助于阐明酶的结构与功能的关系，也可为酶作用机理的研究提供数据；有助于寻找最有利的反应条件，以最大限度地发挥酶催化反应的高效率；有助于了解酶在代谢中的作用或某些药物作用的机理等，因此对它的研究具有重要的理论意义和实践意义。

1. 酶促反应速率

（1）酶活力

酶活力，又名酶活性，指酶催化一定化学反应的能力，通常用特定条件下催化反应的反应速率来衡量。酶促反应速率可用单位时间、单位体积中底物的减少量或产物的增加量来表示，单位是浓度/单位时间。

研究酶促反应速率以酶促反应的初速率为准，因为底物浓度降低、酶部分失活、产物抑制和逆反应等因素，会使反应速率随反应时间的延长而下降。

（2）酶活力单位

1961年国际生化协会酶学委员会统一规定，酶活力单位是指在最适条件下（25℃，最适pH，饱和底物浓度），每分钟催化$1\mu mol$底物转化为产物所需要的酶量为一个酶活力单位（U）。

1972年国际生化协会又推荐一种新单位Katal（Kat），即在最适条件下，每秒钟催化1mol底物转化为产物所需要的酶量为一个酶活力单位。

在实际工作中，每一种酶测定活力的方法不同，对酶单位分别有一个明确的定义。

（3）酶的比活力

酶的比活力指每单位酶蛋白所具有的酶活力单位数，通常用U/mg酶蛋白或U/mL酶制剂来表示。很明显，比活力越大，酶的活力越大。酶的比活力是酶学研究及生产中经常使用的数据，可以用来比较每单位重量酶蛋白的催化能力。酶的比活力也是分析酶纯度的重要指标，对同一种酶来说，比活力愈高，酶愈纯。

2. 各因素对酶促反应速率的影响

酶促反应速率可表示为单位时间内底物的消耗量或单位时间内产物的生成量。

（1）酶浓度对酶促反应速率的影响

在有足够底物，而又不受其他因素影响的情况下，酶的反应速率（v）与酶浓度（$[E]$）成正比，即$v=k\times[E]$，k为反应速率常数，如图4-6所示。

（2）底物浓度对酶促反应速率的影响

在酶浓度不变的情况下，底物浓度对反应速率影响的作用呈现矩形双曲线，如图4-7所示。

当底物浓度很低时，反应速率随底物浓度的增加而急骤加快，两者呈正比关系，表现为一级反应。随着底物浓度的升高，反应速率不再呈正比例加快，反应速率增加的幅度不断下降。如果继续加大底物浓度，反应速率不再增加，表现为0级反应。此时，无论底物浓度增加多大，反应速率也不再增加，说明酶已被底物所饱和。所有的酶都有饱和现象，只是达到饱和时所需底物浓度各不相同而已。

解释酶促反应中底物浓度和反应速率关系的最合理学说是中间产物学说。酶首先与底物结合生成酶与底物复合物（中间产物），此复合物再分解为产物和游离的酶。

1913年Michaelis和Menten提出米氏方程，如下所示，米氏方程表明底物浓度与酶促反应速率的定量关系。

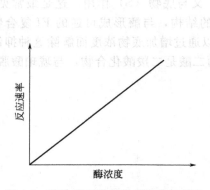
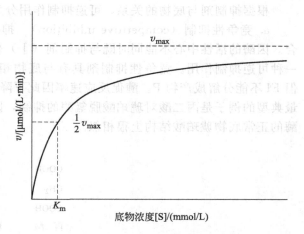

图4-6 酶浓度对酶促反应速率的影响　　　图4-7 底物浓度[S]对酶促反应速率的影响

$$v = \frac{v_{max}[S]}{K_m + [S]}$$

米氏常数（K_m）是指当酶促反应速率达到最大反应速率一半时的底物浓度，它的单位是 mol/L，与浓度单位相同。K_m 是酶学研究中极重要的数据，它有如下特点。

① K_m 是酶的一个特征性常数　K_m 只与酶的性质有关，与酶的浓度无关。K_m 作为一个常数是在一定的底物浓度、一定的温度和一定的 pH 条件下测定的，条件不同，K_m 值也不同。

② K_m 可近似表示酶与底物的亲和力　K_m 越小，表示酶与底物的亲和力越大，反之亦然。如果一个酶有多个底物，则 K_m 最小的底物是该酶的最适底物或天然底物。

③ 酶的 K_m 值大小用于判断是否是限速酶和酶促反应的主要方向　如果代谢途径中各酶的 K_m 值已知，K_m 值最大的酶是限速酶。在可逆反应中，两个 K_m 值中最小的反应方向是该酶促反应的主要方向。

值得注意的是，米氏方程只适用于较为简单的酶作用过程，不适用于比较复杂的酶促反应过程，如多酶体系、多底物、多产物、多中间物等。

(3) 抑制剂对酶促反应速率的影响

凡能使酶分子上某些必需基团发生变化，引起酶的活性下降，甚至丧失，而不引起酶蛋白变性的物质称为酶的抑制剂。

根据抑制剂与酶的作用方式及抑制作用是否可逆，可将抑制作用分为两大类。

① 不可逆抑制作用（irreversible inhibition）　这类抑制剂通常以比较牢固的共价键与酶蛋白中的基团结合，而使酶失活，不能用透析、超滤等物理方法除去抑制剂而恢复酶活性。

按照不可逆抑制作用的选择性不同，又可分为专一性不可逆抑制和非专一性不可逆抑制两类。专一性不可逆抑制仅仅和活性部位的有关基团反应，非专一性不可逆抑制则可以和一类或几类的基团反应。但这种区别也不是绝对的，因作用条件及对象等不同，某些非专一性抑制剂有时会转化，产生专一性不可逆抑制作用。

比较起来，非专一性抑制剂（如烷化巯基的碘代乙酸）用途更广，它可以用来很好地了解酶有哪些必需基团。而专一性不可逆抑制则往往要在前者提供线索的基础上才能设计出来。另外，非专一性抑制剂还可用来探测酶的构象。

② 可逆抑制作用（reversible inhibition）　这类抑制剂与酶蛋白的结合是可逆的，可用透析法除去抑制剂，恢复酶的活性。可逆抑制剂与游离状态的酶之间存在着一个平衡。

根据抑制剂与底物的关系，可逆抑制作用分为如下三种类型。

a. 竞争性抑制（competitive inhibition） 抑制剂与底物竞争，从而阻止底物与酶的结合。因酶的活性中心不能同时既与抑制剂（I）作用，又与底物（S）作用。这是最常见的一种可逆抑制作用。竞争性抑制剂具有与底物相类似的结构，与酶形成可逆的 EI 复合物。但 EI 不能分解成产物 P。酶促反应速率因此下降。可以通过增加底物浓度而解除这种抑制。最典型的例子是丙二酸对琥珀酸脱氢酶的抑制，因为丙二酸是二羧酸化合物，与琥珀酸脱氢酶的正常底物琥珀酸结构上很相似。

$$
\begin{array}{cc}
\text{COOH} & \text{COOH} \\
| & | \\
\text{CH}_2 & \text{CH}_2 \\
| & | \\
\text{COOH} & \text{CH}_2 \\
& | \\
& \text{COOH} \\
\text{丙二酸} & \text{琥珀酸}
\end{array}
$$

b. 非竞争性抑制（noncompetitive inhibition） 酶可以同时与底物及抑制剂结合，两者没有竞争作用。酶与抑制剂结合后，还可以与底物结合：EI＋S ⟶ ESI；酶与底物结合后，也还可以与抑制剂结合：EI＋I ⟶ ESI。但是中间物 ESI 不能进一步分解为产物，因此酶活性降低。这类抑制剂与酶活性中心以外的基团相结合，其结构可能与底物毫无相关之处，如亮氨酸是精氨酸酶的一种非竞争性抑制剂。大部分非竞争性抑制都是由一些可以与酶的活性中心之外的硫氢基可逆结合的试剂引起的。这种—SH 对于酶活性来说也是很重要的，因为它们帮助维持酶分子的构象。这类试剂如含某些金属离子（Cu^{2+}、Hg^{2+}、Ag^{+} 等）的化合物，与酶反应时存在如下平衡：E—SH＋Ag^{+} ⇌ E—S—Ag＋H^{+}。此外，EDTA 结合金属引起的抑制，也属于非竞争性抑制，例如它对需 Mg^{2+} 的己糖激酶的抑制。

c. 反竞争性抑制（uncompetitive inhibition） 酶只有在与底物结合后，才能与抑制剂结合，即 ES＋I ⟶ ESI，ESI ⟶̸ P。比较起来，这种抑制作用最不重要。

(4) 激活剂对酶促反应速率的影响

激活剂是指能提高酶活性的物质（离子或简单有机化合物）和使非活性酶原变为活性酶的物质（离子或蛋白质）。激活剂的作用是相对的，通常酶对激活剂有一定的选择性，且有一定的浓度要求。大部分激活剂是离子或简单的有机化合物。

(5) pH 值对酶促反应速率的影响

大部分酶的 pH-酶活曲线是钟形，但也有半钟形甚至直线形，如图 4-8 所示。

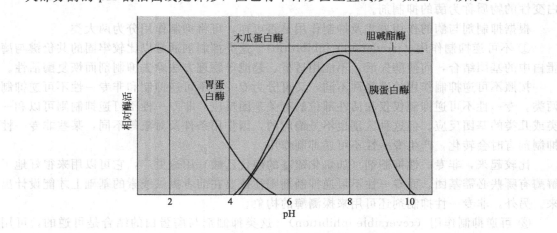

图 4-8 pH 值对酶促反应速率的影响

每一种酶只能在一定 pH 下才能表现酶反应的最大速率，通常称此 pH 值为酶反应的最适 pH 值。一般酶的最适 pH 为 4～8，植物酶的最适 pH 为 5～6.5，动物酶的最适 pH 为 6.5～8。酶的最适 pH 与等电点（pI）不一定一致，如胃蛋白酶最适 pH＜pI、胰蛋白酶最适 pH＝pI、蔗糖酶最适 pH＞pI。

pH 值对酶促反应速率的影响有三个方面：①影响酶蛋白构象，过酸或过碱会使酶变性；②影响酶和底物分子解离状态，尤其是酶活性中心的解离状态，最终影响酶与底物复合物的形成；③影响酶和底物分子中另一些基团解离，这些基团的离子化状态影响酶的专一性及活性中心构象。

值得注意的是，最适 pH 不是酶的特征性常数，它受底物浓度、缓冲液的种类和浓度以及酶的纯度等因素的影响。溶液的 pH 值高于和低于最适 pH 时都会使酶的活性降低，远离最适 pH 值时，甚至可能导致酶的变性失活。因此，测定酶的活性时，应选用适宜的缓冲液，以保持酶活性的相对恒定。

（6）温度对酶促反应速率的影响

提高温度，活化分子数增多，可加快反应速率；但与此同时，温度升高，酶易变性失活。每一种酶只能在一定温度下才能表现酶反应的最大速率，通常称此温度为酶反应的最适温度。在小于最适温度时，前一种因素为主；在大于最适温度时，后一种因素为主。最适温度就是这两种因素综合作用的结果，如图 4-9 所示。

温血动物的酶的最适温度通常为 35～40℃，植物酶最适温度 40～50℃，有少数酶能耐较高温度，如某些细菌中 Taq DNA 聚合酶的最适温度为 70℃。

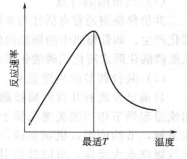

图 4-9　温度对酶促反应速率的影响

酶的最适温度不是酶的特征常数，它与酶作用时间的长短、底物种类以及 pH 有关。如酶可以在短时间内耐受较高的温度，相反，延长反应时间，最适温度便降低。

温度系数 Q_{10} 是指温度升高 10℃，反应速率与原来的反应速率之比，大多数酶的 Q_{10} 一般为 1～2。

（八）酶活性的调节与控制

1. 别构调节

有些酶除了活性中心外，还有一个或几个部位，当特异性分子非共价结合到这些部位时，可改变酶的构象，进而改变酶的活性，酶的这种调节作用称为别构调节或变构调节，受变构调节的酶称变构酶，也称别构酶，这些特异性分子称为变构剂或效应剂。

（1）别构酶的特点

① 已知的别构酶都是寡聚酶，含有两个或两个以上亚基。

② 别构酶具有活性中心和别构中心（调节中心），活性中心负责底物结合和催化，别构中心负责调节酶反应速率，活性中心和别构中心处在不同的亚基上或同一亚基的不同部位上。

③ 多数别构酶不止一个活性中心，活性中心之间有同种效应，底物就是调节物；有的别构酶不止一个别构中心，可以接受不同代谢物的调节。

④ 别构酶由于同位效应和别构效应，不遵循米式方程，动力学曲线也不是典型的双曲线形，而是 S 形（同位效应为正协同效应）和压低的近双曲线（同位效应为负协同效应）。

(2) 别构调节的生理意义

① 在变构酶的 S 形曲线中段，底物浓度稍有降低，酶的活性明显下降，多酶体系催化的代谢通路可因此而被关闭；反之，底物浓度稍有升高，则酶活性迅速上升，代谢通路又被打开，因此可以快速调节细胞内底物浓度和代谢速度。

② 变构抑制剂常是代谢通路的终产物，变构酶常处于代谢通路的开端，通过反馈抑制，可以及早地调节整个代谢通路，减少不必要的底物消耗。例如葡萄糖的氧化分解可提供能量使 AMP、ADP 转变成 ATP，当 ATP 过多时，通过变构调节酶的活性，可限制葡萄糖的分解；而 ADP、AMP 增多时，则可促进糖的分解。随时调节 ATP/ADP 的水平，可以维持细胞内能量的正常供应。

2. 共价调节

一些酶分子可被其他的酶催化进行共价修饰，从而在活性形式与非活性形式之间相互转变，这种调节称为共价修饰调节，这类酶称为共价调节酶或共价修饰酶。酶的共价调节是体内代谢调节的另一重要的方式。

(1) 共价酶的特点

共价修饰酶通常有活性与非活性两种形式，两种形式之间转换的正、逆反应是由不同的酶催化产生。如骨骼肌中的糖原磷酸化酶有高活性的磷酸化形式与低活性的脱磷酸化形式两种，从脱磷酸化形式转化成磷酸化形式是由磷酸化激酶催化，反之，则是由磷酸化酶磷酸酶催化。

(2) 共价调节的生理意义

目前已发现有几百种酶被翻译后都需要进行共价修饰，其中一部分处于分支途径对其代谢流量起调节作用的关键酶属于这种酶促共价修饰系统。由于这种调节的生理意义广泛，反应灵敏，节约能源，机制多样，在体内显得十分灵活，加之它们常受激素甚至神经的指令，导致级联放大反应，所以日益引人注目。

3. 酶原激活

酶以酶原的形式合成和分泌，酶原是没有活性的酶的前体。使无活性的酶原转变成活性酶的过程，称为酶原激活。胃蛋白酶、胰蛋白酶、胰糜蛋白酶、羧基肽酶、弹性蛋白酶在它们初分泌时都是以无活性的酶原形式存在，在一定条件下才转化成相应的酶。

酶原激活的实质是活性部位形成或暴露的过程。例如，胰蛋白酶原进入小肠后，受肠激酶或胰蛋白酶本身的激活，第 6 位赖氨酸与第 7 位异亮氨酸残基之间的肽键被切断，水解掉一个六肽，酶分子空间构象发生改变，产生酶的活性中心，于是胰蛋白酶原变成了有活性的胰蛋白酶。胰蛋白酶原激活过程中蛋白质一级结构的变化如图 4-10 所示。

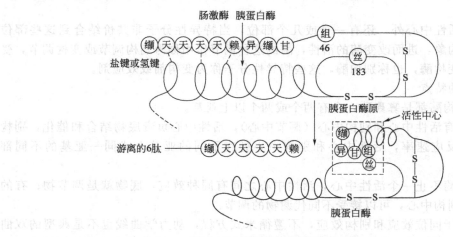

图 4-10 胰蛋白酶原激活示意图

酶原激活的生理意义在于避免细胞内产生的蛋白酶对细胞进行自身消化，并可使酶在特定的部位和环境中发挥作用，保证体内代谢的正常进行。

酶原激活具有不可逆性。酶原激活由专一性调控蛋白调节，如钙调蛋白、激素结合蛋白可促进或抑制特异的酶活性。

（九）维生素

1. 维生素的定义

维生素是指维持生物正常生命活动所必需的一类有机化合物，机体的需要量很小，但异养生物不能合成或合成量不足，必须从食物中进行补充。

2. 维生素的分类

依维生素溶解性不同，可分为脂溶性维生素和水溶性维生素。脂溶性维生素不溶于水，易溶于有机溶剂，单独具有生理功能，可直接参与代谢调节，主要包括维生素 A、维生素 D、维生素 E、维生素 K。水溶性维生素溶于水，可通过转变为辅酶参与代谢调节，主要包括 B 族维生素和维生素 C。B 族维生素包括维生素 B_1、维生素 B_2、维生素 PP、维生素 B_6 等。

3. 脂溶性维生素

（1）维生素 A

维生素 A，又名视黄醇、抗干眼病维生素，它是一个具有脂环的不饱和的一元醇，有维生素 A_1 和维生素 A_2 两种，维生素 A_1 为视黄醇，维生素 A_2 为 3-脱氢视黄醇，其分子结构如图 4-11 所示。

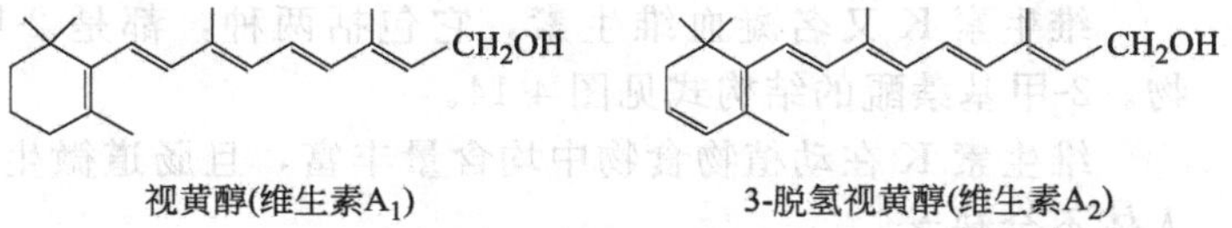

视黄醇(维生素A_1)　　　　3-脱氢视黄醇(维生素A_2)

图 4-11　维生素 A

维生素 A 存在于动物性食物中。植物中尚未发现维生素 A，但存在有类似结构的色素，如 β-胡萝卜素、α-胡萝卜素、γ-胡萝卜素和黄玉米色素，它们在动物的肝脏、肠黏膜内可转化成维生素 A。

维生素 A 缺乏症为夜盲症。活性形式：11-顺式视黄醛。

（2）维生素 D

维生素 D 又名钙化醇、抗佝偻病维生素，为固醇类衍生物。维生素 D 均为不同的维生素 D 原经紫外照射后的衍生物。维生素 D 家族成员中最重要的成员是维生素 D_2 和维生素 D_3，它们的结构式见图 4-12。

维生素D_2　　　　维生素D_3

图 4-12　维生素 D

酵母、真菌、植物中的麦角固醇为维生素 D_2 原，经紫外照射后可转变为维生素 D_2，又名麦角钙化醇。人和动物皮下含的 7-脱氢胆固醇为维生素 D_3 原，在紫外照射后转变成维生素 D_3，又名胆钙化醇。

维生素 D 具有调节钙磷代谢，维持血中钙磷正常水平，促进骨骼正常生长的生理功能。维生素 D 缺乏症是佝偻病等。

植物不含维生素 D，但维生素 D 原在动、植物体内都存在。鱼肝油、蛋黄、牛奶、肝、肾、皮肤组织等均富含维生素 D。

(3) 维生素 E

维生素 E 又名生育酚、抗不育维生素，天然存在的维生素 E 有 8 种，根据甲基的数目、位置的不同分类，α、β、γ、δ 四种较重要，其中 α 型活性最高。α-生育酚的结构式见图 4-13。

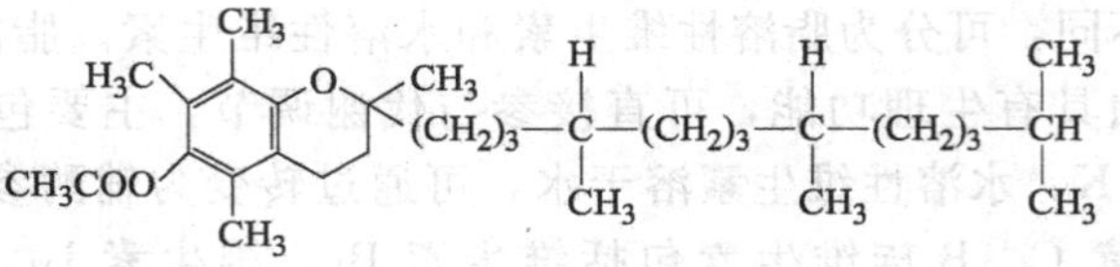

图 4-13 α-生育酚

维生素 E 具有抗生殖不育、肌肉萎缩、贫血、血细胞形态异常的作用；有抗氧化活性，能防止不饱和脂肪酸自动氧化，保护细胞膜，延长细胞寿命，还可保护巯基酶的活性。

维生素 E 多存在于植物中，尤其在麦胚油、玉米油、花生油、棉子油中含量较多，此外豆类、蔬菜中的含量也较丰富。

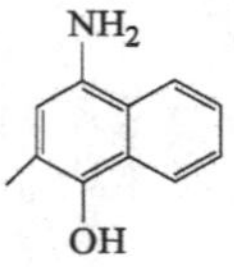

(4) 维生素 K

图 4-14 2-甲基萘醌

维生素 K 又名凝血维生素，它包括两种，都是 2-甲基萘醌的衍生物。2-甲基萘醌的结构式见图 4-14。

维生素 K 在动植物食物中均含量丰富，且肠道微生物可合成，一般人体不会缺乏。

维生素 K 可促进凝血。维生素 K 缺乏症是肌肉出血、凝血时间延长。

4. 水溶性维生素

(1) 维生素 B_1

维生素 B_1 又名硫胺素、抗脚气病维生素，它的活化形式是硫胺素焦磷酸（TPP），TPP 涉及糖代谢中羰基碳（醛、酮）合成与裂解反应的辅酶，特别是催化丙酮酸、α-酮戊二酸脱羧反应的辅酶。硫胺素和硫胺素焦磷酸的结构式见图 4-15。

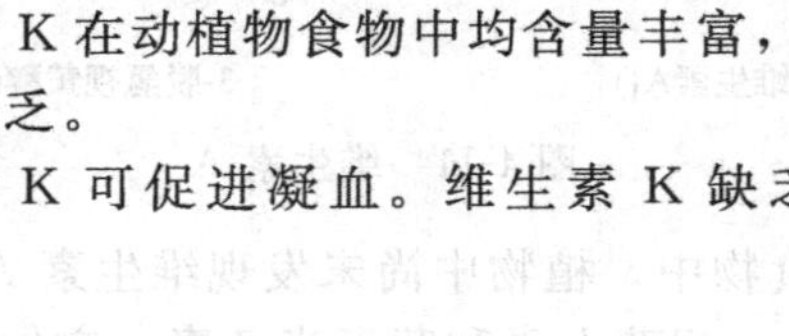

维生素B_1(硫胺素)

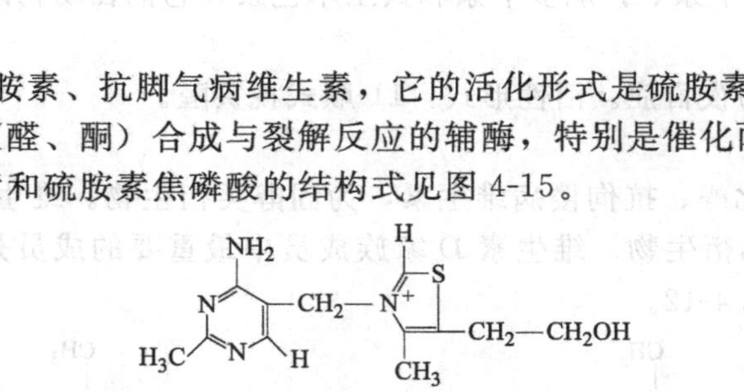

硫胺素焦磷酸

图 4-15 维生素 B_1 和硫胺素焦磷酸的结构式

维生素 B_1 缺乏症是脚气病、多发性神经炎。

项目四 酶类生化产品的制备和检测

维生素 B_1 在植物中分布很广，谷类、豆类的种皮中含量最高，米糠及酵母中的含量也很丰富。

(2) 维生素 B_2

维生素 B_2 又名核黄素，它的活化形式是 FAD（黄素腺嘌呤二核苷酸）和 FMN（黄素单核苷酸），它们的结构式见图 4-16。

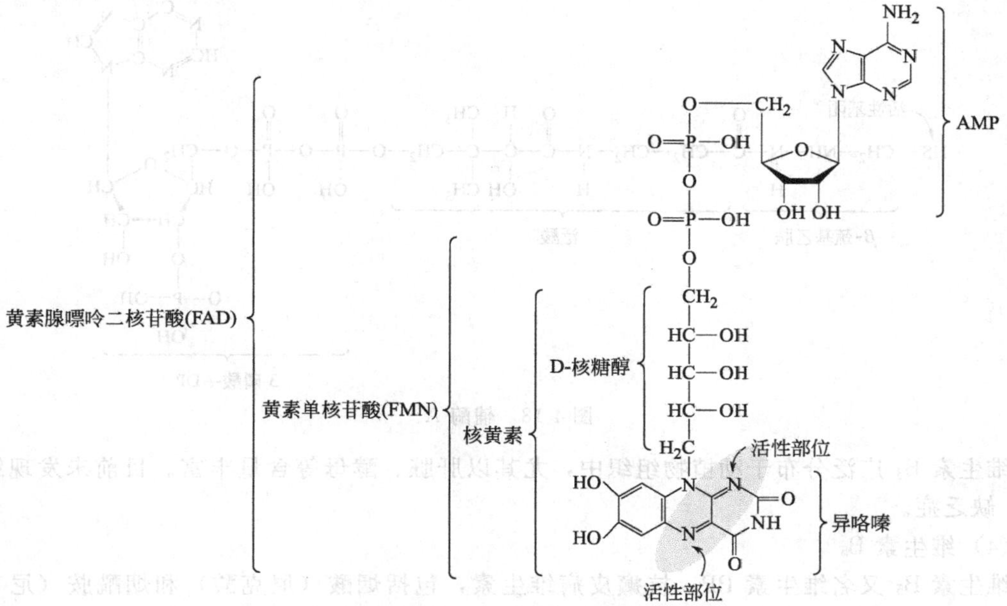

图 4-16 维生素 B_2、FAD 和 FMN 的结构式

FMN 和 FAD 是另一类氢和电子的传递体，参与体内多种氧化还原反应，它们可以接受 2 个 H 而还原为 $FMNH_2$ 或 $FADH_2$。$FMNH_2$ 和 $FADH_2$ 的结构式见图 4-17。

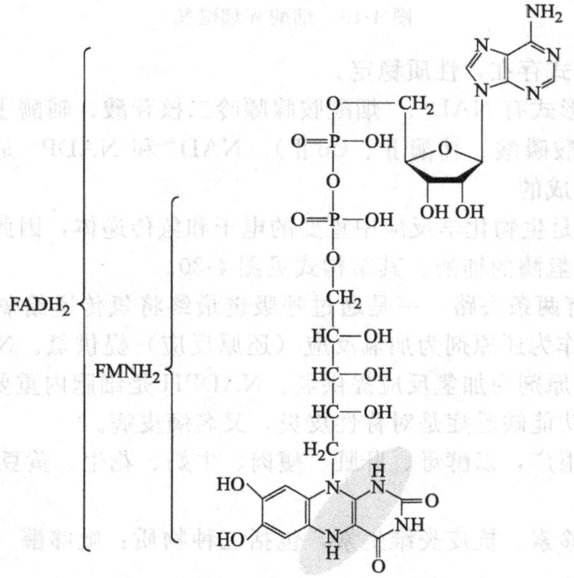

图 4-17 $FMNH_2$ 和 $FADH_2$ 的结构式

维生素 B_2 主要分布在动物的肝脏、酵母、大豆和米糠等。

(3) 维生素 B_3

维生素 B_3 又名泛酸、遍多酸，它的活化形式是辅酶 A（CoASH 或 CoA）。辅酶 A 是体内传递酰基的载体，是酰基移换酶的辅酶，是糖代谢、脂肪代谢、氨基酸代谢的枢纽。辅酶 A 由 3-磷酸-ADP、泛酸、β-巯基乙胺三部分构成，其结构式见图 4-18。

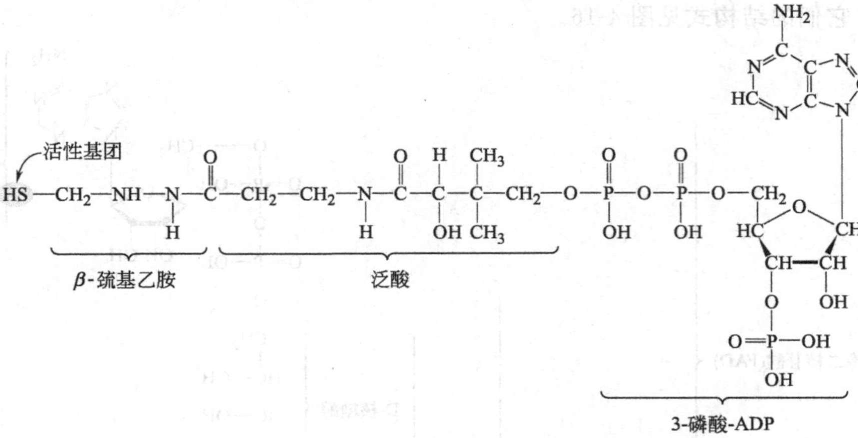

图 4-18　辅酶 A

维生素 B_3 广泛分布于动植物组织中，尤其以肝脏、酵母等含量丰富。目前未发现维生素 B_3 缺乏症。

(4) 维生素 B_5

维生素 B_5 又名维生素 PP、抗癞皮病维生素，包括烟酸（尼克酸）和烟酰胺（尼克酰胺）两种物质，它们的结构式见图 4-19。

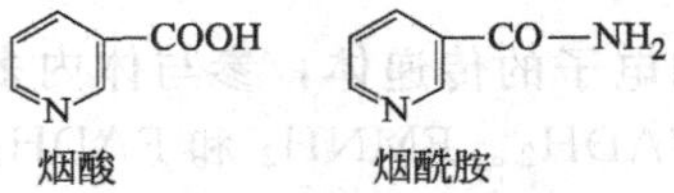

图 4-19　烟酸和烟酰胺

体内多以烟酰胺形式存在，性质稳定。

维生素 B_5 的活化形式有 NAD^+（烟酰胺腺嘌呤二核苷酸、辅酶 I、Co I）和 $NADP^+$（烟酰胺腺嘌呤二核苷酸磷酸、辅酶 II、Co II）。NAD^+ 和 $NADP^+$ 是以维生素 B_5、核糖、磷酸、腺嘌呤为原料合成的。

NAD^+ 和 $NADP^+$ 是生物化学反应中重要的电子和氢传递体，因此它们参与的是氧化还原反应，它们是多种脱氢酶的辅酶。其结构式见图 4-20。

NADH 在细胞内有两条去路：一是通过呼吸链最终将氢传递给氧生成水，释放能量用于 ATP 的合成；二是作为还原剂为加氢反应（还原反应）提供氢。NADPH 一般不将氢传递给氧，通常只作为还原剂为加氢反应提供氢。NADPH 是细胞内重要的还原剂。

维生素 B_5 的生理功能缺乏症是对称性皮炎，又名癞皮病。

维生素 B_5 的分布很广，以酵母、肝脏、瘦肉、牛奶、花生、黄豆含量较多。

(5) 维生素 B_6

维生素 B_6 又名吡哆素、抗皮炎维生素，包括三种物质：吡哆醛、吡哆胺和吡哆醇，它们的结构式见图 4-21。

维生素 B_6 的活化形式主要是磷酸吡哆醛和磷酸吡哆胺，它们是氨基的载体，是氨基酸代谢中多种转氨酶的辅酶，它们的结构式见图 4-22。

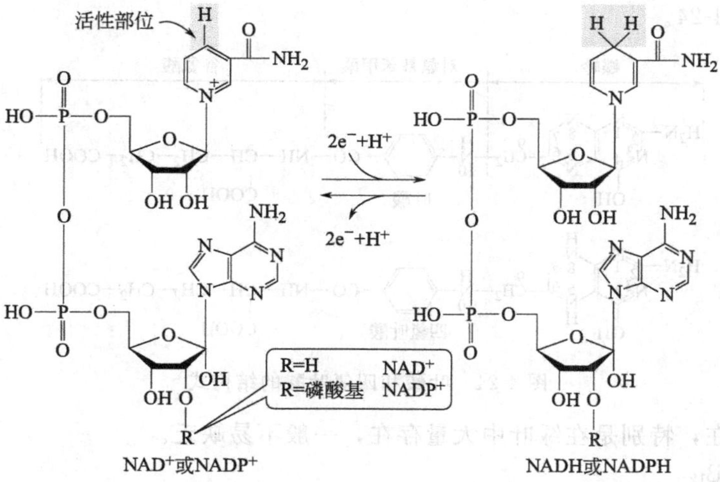

图 4-20 NAD$^+$和 NADP$^+$的结构式

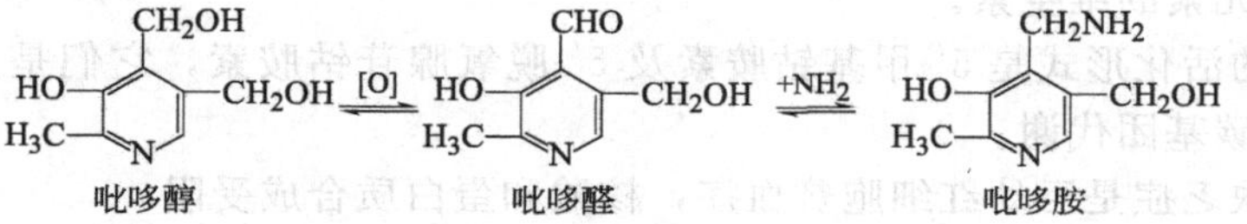

图 4-21 吡哆醇、吡哆醛、吡哆胺的结构式

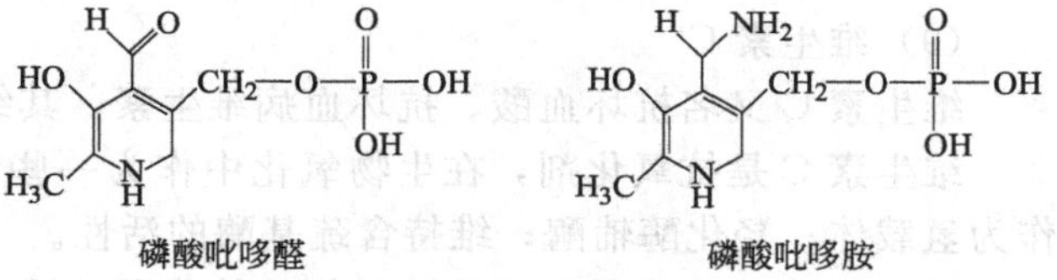

图 4-22 磷酸吡哆醛和磷酸吡哆胺的结构式

维生素 B_6 广泛存在于动植物中，且肠道微生物可合成，一般人体不会缺乏。

（6）维生素 B_7

维生素 B_7 又名生物素、维生素 H，它是各种羧化酶的辅基，在体内参与 CO_2 的固定或脱羧反应，在 ATP 作用下生物素可与 CO_2 结合形成 N-羧基生物素。生物素和 N-羧基生物素的结构式见图 4-23。

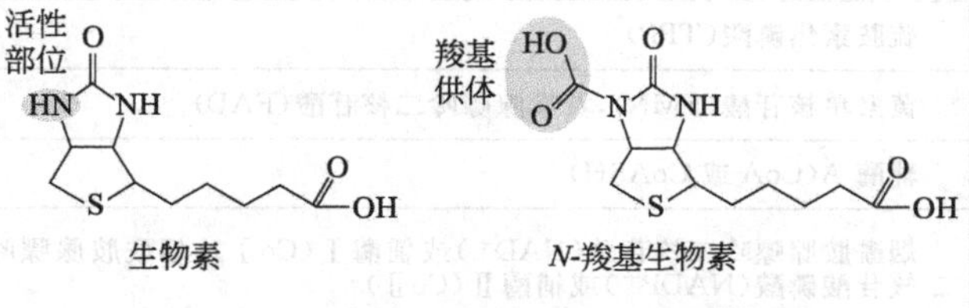

图 4-23 生物素和 N-羧基生物素的结构式

生物素是 B 族维生素中唯一不需变化就可直接作为酶蛋白辅基的维生素。

维生素 B_7 广泛存在于动植物中，且肠道微生物可合成，一般人体不会缺乏。

（7）维生素 B_9

维生素 B_9 又名维生素 M、叶酸，它的活化形式是四氢叶酸（FH_4）。FH_4 是一碳基团转移酶的辅酶，是一碳基团（如甲基、亚甲基、次甲基、羟甲基等）的载体。叶酸和四氢叶酸的结构式见图 4-24。

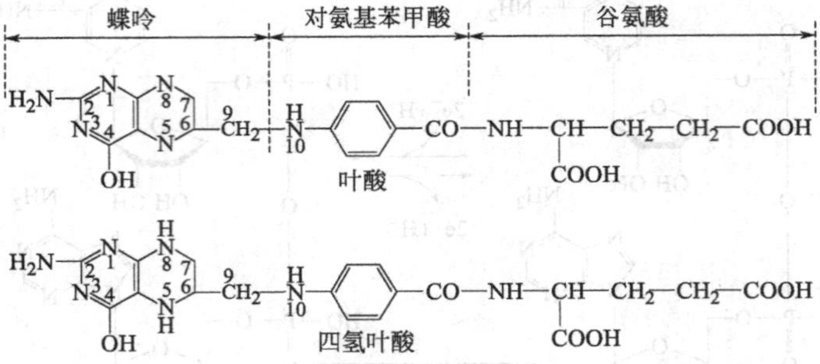

图 4-24 叶酸和四氢叶酸的结构式

叶酸广泛存在，特别是在绿叶中大量存在，一般不易缺乏。

(8) 维生素 B_{12}

维生素 B_{12}，因分子中含金属元素钴，故又名钴胺素、钴维素、抗恶性贫血维生素，它是唯一含有金属元素的维生素。

维生素 B_{12} 的活化形式是 5′-甲基钴胺素及 5′-脱氧腺苷钴胺素，它们是几种变位酶的辅酶，参与体内一碳基团代谢。

维生素 B_{12} 缺乏症是巨幼红细胞贫血症，核酸和蛋白质合成受阻。

维生素 B_{12} 主要存在于动物肝脏、酵母中，其次肉、乳、肾、蛋等也含有，动物肠道细菌还可合成。

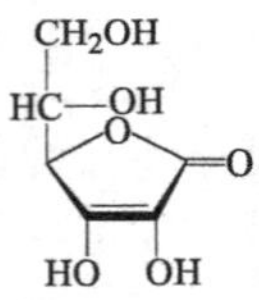

(9) 维生素 C

维生素 C 又名抗坏血酸、抗坏血病维生素，其结构式见图 4-25。

维生素 C 是抗氧化剂，在生物氧化中作为一些氧化还原酶的辅酶，作为氢载体；羟化酶辅酶；维持含巯基酶的活性。

维生素 C 缺乏症是坏血病，毛细血管脆弱，牙龈发炎出血。

图 4-25 维生素 C

维生素 C 广泛分布在新鲜水果和蔬菜中，人体不能合成，必须由食物提供。

水溶性维生素的活化形式和生理功能见表 4-1。

表 4-1 水溶性维生素的活化形式和生理功能

水溶性维生素类型	活化形式	生理功能
硫胺素(维生素 B_1)	硫胺素焦磷酸(TPP)	羧基载体
核黄素(维生素 B_2)	黄素单核苷酸(FMN)，黄素腺嘌呤二核苷酸(FAD)	氢载体
泛酸、遍多酸(维生素 B_3)	辅酶 A(CoA 或 CoASH)	酰基载体
烟酰胺(维生素 B_5)	烟酰胺腺嘌呤二核苷酸(NAD^+)或辅酶Ⅰ(CoⅠ)，烟酰胺腺嘌呤二核苷酸磷酸($NADP^+$)或辅酶Ⅱ(CoⅡ)	氢载体
吡哆素(维生素 B_6)	磷酸吡哆醛和磷酸吡哆胺	氨基的载体
生物素(维生素 B_7)	生物素	羧基载体
叶酸(维生素 B_9)	四氢叶酸(FH_4)	一碳基团载体
钴胺素(维生素 B_{12})	5-甲基钴胺素，5-脱氧腺苷钴胺素	甲基载体
抗坏血酸(维生素 C)	抗坏血酸	氢载体

（十）酶的分离提纯技术

对酶进行分离提纯有两方面的目的：一是为了研究酶的理化特性（包括结构与功能、生物学作用等），对酶进行鉴定必须用纯酶；二是作为生化试剂及用作药物的酶，常常也要求有较高的纯度。

1. 酶的抽提

酶的抽提即将酶溶解出来制备酶的粗提液。酶存在于动植物以及微生物细胞的各个部位。不同的酶分布部位不同，有在细胞外的胞外酶，在细胞内的胞内酶，胞内酶中又有与细胞器一定结构相结合的结合酶，也有的存在于细胞质中，提取时都应区别对待，作不同处理。胞外酶主要是水解酶类，易收集，分离时不必破碎细胞，缓冲液或水浸泡细胞或发酵液离心得到上清液即为酶的粗提液。胞内酶是除水解酶类外的其他酶类，分离时需破碎细胞。如果酶仅存在于细胞质中，只要将细胞破碎，酶就会转移到提取液中；但如果是与细胞器（如细胞壁、细胞核、线粒体、原生质膜、微粒体等）紧密结合的酶，这时仅仅破碎细胞还不够，还需要用适当的方法破碎该细胞器，然后将酶用适当的缓冲溶液或水抽提。

用于制备酶制剂的生物材料通常为动植物原料或微生物的发酵液，其中微生物发酵液最常用，因为微生物种类多，繁殖快，培养时间短，含酶丰富。植物细胞有坚韧的细胞壁，需要强烈的方法破碎。少量样品可用研钵加石英砂研磨，或用玻璃匀浆器，大量样品则需用电动匀浆器。为减少研磨或匀浆过程中发热，所用器皿和溶液需要预冷，提取液的用量一般为组织的1~5倍。用量大些有利于提高得率，但工作量大，一般宁可用量小些，将残渣再提取一次。提取匀浆时加入酚类结合剂聚乙烯基聚吡咯烷酮（PVPP），金属螯合剂EDTA-2Na，以及含—SH化合物以保护蛋白质，或加入非离子型去垢剂如Triton X-100，以增加蛋白质的可溶度。

对于某种酶的具体制备方案，应通过了解酶的来源、性质及纯度需要来确定，无固定的方案。在增加酶得率和纯度的同时，尽可能避免高温、过酸、过碱、剧烈的振荡及其他可能使酶丧失活力的一切操作过程，尽最大可能保存酶的活力。

2. 酶的纯化

酶的粗提液中除含有所需要的酶外，还含有其他蛋白质以及其他大分子和小分子化合物杂质。要在许多蛋白质的混合物中分离出所需要的酶蛋白，目前常用的方法有盐析法、色谱法、薄膜超滤法、亲和色谱法、电泳法等。

酶是生物活性物质，在提纯时关键是维持酶的活性。随着酶的逐渐提纯，一些天然的可保持酶活力的其他成分逐渐减少，酶的稳定性变差，因此全部操作需在低温下进行。一般在0~5℃进行，用有机溶剂分级分离时必须在-20~-15℃下进行。为防止重金属使酶失活，有时需加入少量的EDTA螯合剂；为防止酶蛋白—SH被氧化失活，需要在抽提溶剂中加入少量巯基乙醇。在整个分离提纯过程中不能过度搅拌，以免产生大量泡沫，使酶变性。

（1）盐析法

盐析法是提纯酶使用最早的方法之一，迄今仍广泛使用，而且在高浓度的盐溶液中酶蛋白不易变性而失去活性，利于在室温中进行。

不同蛋白质在高浓度的盐溶液中溶解度有不同程度的降低，盐析法就是利用这一性质，将不同性质的蛋白质分离。目前应用较多的是硫酸铵分级沉淀法，为了使沉淀的蛋白质的酶活性最大，应选择合适饱和度的硫酸铵。大多数酶的活性存在于35%~45%和45%~55%饱和度硫酸铵沉淀的部分，但也有存在于65%~80%饱和度的部分。沉淀的蛋白质经离心后收集之，再溶于少量缓冲溶液中，经透析或凝胶柱过滤，以除去硫酸铵及其他小分子杂质，然后再经柱色谱分离。目前柱色谱和硫酸铵分级沉淀一样，已经成为一种常规的酶分离提纯的步骤之一。

(2) 亲和色谱

近年来，亲和色谱成为纯化酶常用的一种有效方法，此法主要利用酶和底物、抑制剂或辅酶具有一定的结合能力。此法首先选择一支持物，如琼脂糖，将底物、竞争性抑制剂或辅酶以共价键的形式连接到支持物上，然后把含有酶的溶液流过装有专一性底物、竞争性抑制剂或辅酶的色谱柱，酶即被保留在支持物上，再经过充分洗涤除去未被吸附的杂质，然后用含有一定浓度的底物或竞争性抑制剂或辅酶的缓冲液进行竞争性洗脱。如果亲和剂选择合适，往往能得到较高纯度的酶。此法是酶分离、纯化中既方便又最有效的一种方法。

(十一) 酶活力的测定

酶活力也称为酶活性，是指酶催化一定化学反应的能力。检查酶的含量及存在，不能直接用重量或体积来表示，常用它催化某一特定反应的能力来表示，即用酶的活力来表示。酶活力的高低是研究酶的特性、生产及应用酶制剂的一项不可缺少的指标。

测定酶活性的方法很多，常因反应的底物和产物的性质不同可选用不同的方法，应用最广泛的是比色法或分光光度法。凡反应系统中的化合物在紫外区或可见光区有吸收峰的都可以用这种方法进行测定。如果酶催化的是一需氧反应，如氧化酶，则可用测压法或氧电极法。如果催化的反应系统中需要 ATP 或产生 ATP，如一些激酶；或是有 NAD 存在，如一些脱氢酶和氧化还原酶；或者反应产生 H_2O_2，如一些氧化酶，这些酶的活性可以用生物发光或化学发光方法进行测定。如果酶催化的反应系统中有荧光物质生成或产物与荧光试剂反应生成荧光产物，可采用荧光法。如果酶催化的反应系统中有酸或碱物质生成，可采用滴定法。总之，测定酶活性的方法很多，应根据具体情况选择合适的方法。

由于酶的催化作用和周围环境的关系十分密切，环境的温度、pH、离子强度等都对酶的活力有很大的影响，因此测定酶活力时应该使这些条件保持恒定。

四、项目实施

训练任务一　植物组织中过氧化物酶的分离与纯化

【任务背景】

酶是生命活动的催化剂，因此酶有很强的工业及临床应用价值和潜力。将酶从生物中提取出来制成酶制剂，可以方便使用，但受高成本的困扰，分离和提纯酶的技术成为降低酶制剂成本的重要方面。到目前为止，投入大规模生产和应用的商品酶只有 16 种，小批量生产的商品酶也只有几百种。在生物技术的研究和生物产品（食品、药品等）的生产过程中，需要对酶进行分析和利用，作为使用、分析酶的工作人员，应该掌握基本的酶提取和分离技术。

过氧化物酶是由微生物或植物所产生的一类氧化还原酶，可催化过氧化氢氧化酚类和胺类化合物，具有消除过氧化氢和酚类、胺类毒性的双重作用。在医学上，过氧化物酶可作为工具酶，用于检验尿糖和血糖。植物体中含有大量过氧化物酶，是活性较高的一种酶，它与呼吸作用、光合作用及生长素的氧化等都有关系。

假设你是一名某酶制剂生产企业研发部门的技术员，你所在的研发小组接到一项任务：从某一植物材料中提取过氧化物酶，在提取过程中需要尽最大可能提高过氧化物酶得率和纯度,并最大程度保持其活力。任务接手后,部门领导要求你们尽快查阅任务相关知识及操作方法,制订工作计划和工作方案并有计划地实施,认真填写工作记录,需在规定时间内按时提交质量合格的研究报告和提纯的酶制剂,最后他将对所在小组的每一位成员进行考核。

【任务思考】
1. 什么是酶?其化学本质是什么?
2. 酶作为生物催化剂具有什么特性?
3. 试列举酶的常见类型?
4. 什么是过氧化物酶?在生物体内的作用原理?
5. 常用的酶分离纯化的方法有哪些?在操作时需要注意哪些问题?

【实验器材】
1. 材料
花椰菜根(或其他植物材料)。
2. 试剂
10%PVPP。
硫酸铵。
0.02mol/L KH_2PO_4 溶液。
0.1mol/L 磷酸钾缓冲液(pH6.0)。
3. 仪器与耗材
冰冻离心机、可见分光光度计、电磁搅拌器、组织捣碎机、天平、量筒、移液管、烧杯、透析袋等。

【实验方法】
1. 酶的提取

取花椰菜根(或其他植物材料)用自来水洗净,吸干水分,称得鲜重,按每克 5mL 提取溶液,加入预冷的 0.02mol/L KH_2PO_4 溶液,加入材料鲜重 10%PVPP(预先经过纯化,用蒸馏水吸胀)。在预冷的组织捣碎机中搅成匀浆。匀浆倒在烧杯中,于冰箱中浸提 1h,用 4 层纱布或尼龙布袋过滤,滤液于 18000r/min 冷冻离心 15min,弃去沉淀,上清液即为酶的粗提取液。

2. 硫酸铵分级沉淀

用量筒量得酶液的体积,吸取 5mL 留作酶活性及蛋白质含量分析,保存在冰箱中,其余酶液加入固体硫酸铵,使达 35%饱和度,加硫酸铵时要缓慢,以避免造成局部浓度过高,在电磁搅拌器上边搅拌边加入。然后置冰箱中 0.5h,离心如上。分别收集上清液和沉淀,上清液中再加入硫酸铵使达 65%饱和度,再离心,收集沉淀和上清液。按这样的方法分别收集 0~35%、35%~65%、65%~80%、80%~100%饱和度硫酸铵沉淀。每部分沉淀分别复溶于 1/20 原始提取液体积的 0.02mol/L KH_2PO_4 溶液中,装入透析袋中,用大量 KH_2PO_4 溶液(2000mL)在冰箱中进行透析过夜,其间更换 KH_2PO_4 溶液约 4 次,直至无 SO_4^{2-} 析出为止(用 $BaCl_2$ 溶液检查)。透析完毕后,分别量得适量体积,保存于冰箱中备用。

3. 蛋白质含量的测定

将原提取液及经硫酸铵分级沉淀得到的各部分溶液,用 Folin 试剂或考马斯亮蓝 G-250 测定蛋白质含量,以牛血清蛋白作标准。

4. 将结果填入表 4-2 中。

表 4-2　蛋白质含量的测定

项目		粗酶液	硫酸铵饱和度/%			
			0～35	35～65	65～80	80～100
体积/mL						
蛋白质	g/mL					
	总量/mg					
	%					

训练任务二　植物组织中过氧化氢酶的活力测定

【任务背景】

生物体在逆境下或衰老时，由于体内活力氧代谢加强而使 H_2O_2 发生累积。H_2O_2 可以直接或间接地氧化细胞内核酸、蛋白质等生物大分子，并使细胞膜遭受损害，从而加速细胞的衰老和解体。过氧化氢酶可以清除 H_2O_2，是植物体内重要的酶促防御系统之一。几乎所有的生物机体都存在过氧化氢酶。其普遍存在于能呼吸的生物体内，主要存在于植物的叶绿体、线粒体、内质网，动物的肝和红细胞中，其酶促活性为机体提供了抗氧化防御机理。目前，过氧化氢酶在食品工业中被用于除去用于制造奶酪的牛奶中的过氧化氢。过氧化氢酶也被用于食品包装，防止食物被氧化。在纺织工业中，过氧化氢酶被用于除去纺织物上的过氧化氢，以保证成品不含过氧化物。它还被用在隐形眼镜的清洁上，眼镜在含有过氧化氢的清洁剂中浸泡后，使用前再用过氧化氢酶除去残留的过氧化氢。近年来，过氧化氢酶开始使用在美容业中，一些面部护理中加入了该酶和过氧化氢，目的是增加表皮上层的细胞氧量，延缓面部衰老。

假设你是一名某酶制剂生产企业研发部门的技术员，你所在的研发小组接到一项任务：寻找适宜制备高活性过氧化氢酶的植物材料。你们小组在规定的时间内必须提交研究报告和分离鉴定的结果。任务接手后，部门领导要求你们尽快查阅任务相关知识及操作方法，制订工作计划和工作方案并有计划地实施，认真填写工作记录，按时提交质量合格的检测报告，最后他将对所在小组的每一位成员进行考核。

【任务思考】

1. 什么是过氧化氢酶？在生物体内的作用原理？
2. 什么是酶活力、比活力和酶活力单位？
3. 具体到这个实验中，酶活力大小指的是什么？
4. 影响酶促反应速率的因素有哪些？如何影响？
5. 影响过氧化氢酶活力测定的因素有哪些？
6. 测定酶活力时为什么要测量初速率，且一般以测定产物的增加量为宜？

方法1　高锰酸钾滴定法

【实验器材】

1. 材料

小麦叶片（或其他植物组织）。

2. 试剂

10% H_2SO_4。

0.2mol/L 磷酸缓冲液（pH 7.8）。

0.1mol/L 草酸：称取优级纯 $H_2C_2O_4 \cdot 2H_2O$ 12.607g，用蒸馏水溶解后，定容至1L。

0.1mol/L 高锰酸钾标准液：称取 $KMnO_4$ 3.1605g，用新煮沸冷却蒸馏水配制成1000mL，临用前用 0.1mol/L 草酸溶液标定。

0.1mol/L H_2O_2：市售 30% H_2O_2 浓度约为 17.6mol/L，取 30% H_2O_2 溶液 5.68mL，稀释至 1000mL，临用前用标准 0.1mol/L $KMnO_4$ 溶液（在酸性条件下）进行标定。

3. 仪器与耗材

研钵、三角瓶、酸式滴定管、恒温水浴锅、容量瓶等。

【实验方法】

1. 酶液提取

取小麦叶片 2.5g 加入 pH7.8 的磷酸缓冲溶液少量，研磨成匀浆，转移至 25mL 容量瓶中，用该缓冲液冲洗研钵，并将缓冲洗液转入容量瓶中，用同一缓冲液定容，4000r/min 离心 15min，上清液即为过氧化氢酶的粗提液。

2. 滴定

取 50mL 三角瓶 4 个（2 个测定，2 个对照），测定瓶中加入酶液 2.5mL，对照瓶中加入煮死酶液 2.5mL，再加入 2.5mL 0.1mol/L H_2O_2，同时计时，于 30℃ 恒温水浴中保温 10min，立即加入 10% H_2SO_4 2mL。用 0.1mol/L $KMnO_4$ 标准溶液滴定 H_2O_2，至出现粉红色（在 30min 内不消失）为终点。

3. 计算

酶活力用每克鲜重样品 1min 内分解 H_2O_2 的质量（mg）表示。

$$\text{酶活力}[\text{mg } H_2O_2/(g \cdot min)] = \frac{(A-B) \times V_T \times 1.7}{W \times V_1 \times t}$$

式中　A——对照 $KMnO_4$ 滴定量，mL；

B——酶反应后 $KMnO_4$ 滴定量，mL；

V_T——酶液总量，mL；

V_1——反应所用酶液量，mL；

W——样品鲜重，g；

t——反应时间，min；

1.7——1mL 0.1mol/L 的 $KMnO_4$ 相当于 1.7mg H_2O_2。

方法2　紫外吸收法

【实验器材】

1. 材料

小麦叶片（或其他植物组织）。

2. 试剂

0.2mol/L pH7.8 磷酸缓冲液（内含 1% 聚乙烯吡咯烷酮）。

0.1mol/L H_2O_2（用 0.1mol/L 高锰酸钾标定）。

3. 仪器与耗材

紫外分光光度计、离心机、研钵、容量瓶、刻度吸管、试管、恒温水浴锅等。

【实验方法】

1. 酶液提取

称取新鲜小麦叶片或其他植物组织 0.5g 置研钵中，加入 2~3mL 4℃ 下预冷的 pH7.0 磷酸缓冲液和少量石英砂研磨成匀浆后，转入 25mL 容量瓶中，并用缓冲液冲洗研钵数次，合并冲洗液,并定容到刻度。混合均匀,将容量瓶置5℃冰箱中静置10min,取上部澄清液4000r/min离心15min,上清液即为过氧化氢酶粗提液。5℃下保存备用。

2. 测定

取10mL试管3支,其中2支为样品测定管,1支为空白管,按表4-3顺序加入试剂。

表 4-3

管 号	0(对照管)	1(样品管)	2(样品管)
粗酶液/mL	0.2(煮死酶液)	0.2	0.2
pH7.8磷酸缓冲液/mL	1.5	1.5	1.5
蒸馏水/mL	1.0	1.0	1.0

25℃预热后,逐管加入0.3mL 0.1mol/L的H_2O_2,每加完一管立即计时,并迅速倒入石英比色杯中,于240nm下测定吸光度,每隔1min读数1次,共测4min,待3支管全部测定完后,计算酶活力。

3. 计算

以1min内A_{240}减少0.1的酶量为1个酶活单位(U)。

$$过氧化氢酶活力[U/(g \cdot min)] = \frac{\Delta A_{240} \times V_T}{0.1 \times V_1 \times t \times W}$$

$$\Delta A_{240} = A_0 - (A_1 + A_2)/2$$

式中 A_0——加入煮死酶液的对照管吸光值;

A_1,A_2——样品管吸光值;

V_T——粗酶提取液总体积,mL;

V_1——测定用粗酶液体积,mL;

W——样品鲜重,g;

0.1——A_{240}每下降0.1为1个酶活单位,U;

t——加过氧化氢到最后一次读数时间,min。

训练任务三 水果或蔬菜中维生素C含量的测定

【任务背景】

维生素在生物体内的需要量很少,但对维持机体健康很重要,当机体缺少某种或多种维生素时,就会使物质代谢过程发生紊乱,导致不同类型的维生素缺乏症。其中维生素C是人体必需的营养元素之一,它与体内其他还原剂共同维持细胞正常的氧化还原电势和有关酶系统的活性。维生素C能促进细胞间质的合成,如果人体缺乏维生素C时则会出现坏血病,因而维生素C又称为抗坏血酸。维生素C广泛存在于各种蔬菜和水果中,但在不同的材料中维生素C的含量是不同的,不同栽培条件、不同成熟度和不同的加工储藏方法,都可以影响水果、蔬菜的维生素C含量。测定维生素C含量是了解果蔬品质高低及其加工工艺成效的重要指标。

假设你是一名某果汁生产企业的质控人员,你所在的工作小组接到一项任务:对某一原料中维生素C的含量进行测定。任务接手后,部门领导要求你们尽快学习任务的相关知识及操作方法,制订工作计划和工作方案,并有计划地实施,认真填写工作记录,按时提交质量合格的检测报告,最后他将对所在小组的每一位成员进行考核。

【任务思考】

1. 什么是维生素?

2. 试列举维生素常见种类及各自特点？
3. 试说明酶分子结构的组成特点？
4. 什么是辅酶和辅基？
5. 常见的脂溶性维生素有哪些？它们各自的活化形式及生理功能是什么？

方法 1 2,6-二氯靛酚滴定法

【实验原理】

2,6-二氯靛酚是一种染料，在碱性溶液中呈蓝色，在酸性溶液中呈红色。维生素 C 具有强还原性，能使 2,6-二氯靛酚还原褪色，其反应见图 4-26。

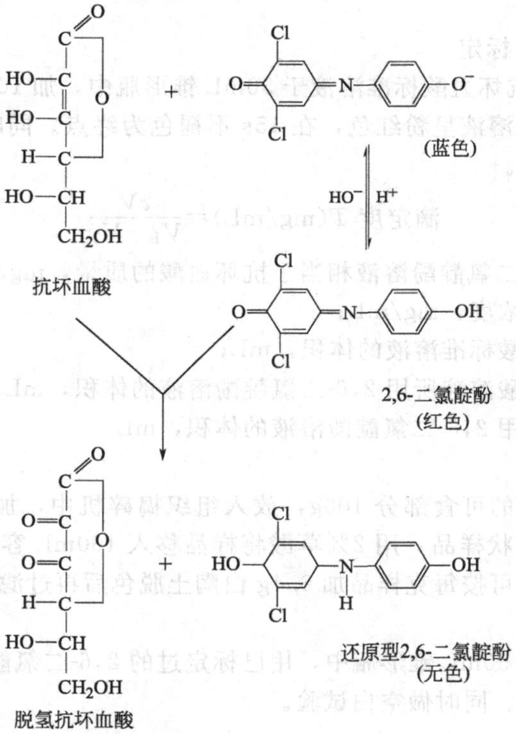

图 4-26 维生素 C 还原 2,6-二氯靛酚

当用 2,6-二氯靛酚滴定含有维生素 C 的酸性溶液时，滴下的 2,6-二氯靛酚被还原成无色；当溶液中的维生素 C 全部被氧化成脱氢维生素 C 时，滴入的 2,6-二氯靛酚立即使溶液呈现红色。因此用这种染料滴定维生素 C 至溶液呈淡红色即为滴定终点，根据染料消耗量即可计算出样品中还原型维生素 C 的含量。

【实验器材】

1. 材料

各种水果或蔬菜。

2. 试剂

2%偏磷酸溶液。

2%草酸溶液。

抗坏血酸标准溶液（1mg/mL）：准确称取 100mg（准确至 0.1mg）抗坏血酸溶于 2%草酸中，并稀释至 100mL。现配现用。

2,6-二氯靛酚溶液：称取碳酸氢钠 52mg 溶解在 200mL 热蒸馏水中，然后称取 2,6-二氯靛酚 50mg 溶解在上述碳酸氢钠溶液中，冷却定容至 250mL，过滤至棕色瓶中，储存于冰箱内。每周标定一次。

0.001mol/L KIO_3 标液：吸 0.1mol/L KIO_3 溶液 5.0mL，放入 500mL 容量瓶内，加水至刻度，摇匀。每毫升溶液相当于抗坏血酸 0.008mg。

0.5％淀粉溶液。

6％KI 溶液。

3. 仪器与耗材

天平、组织捣碎机、容量瓶、吸管、锥形瓶、碱式滴定管等。

【实验方法】

1. 2,6-二氯靛酚溶液标定

吸取 1mL 已知浓度抗坏血酸标准溶液于 50mL 锥形瓶中，加 10mL 2％草酸，摇匀，用染料 2,6-二氯靛酚滴定至溶液呈粉红色，在 15s 不褪色为终点。同时另取 10mL 2％草酸做空白试验。计算滴定度 T。

$$滴定度\ T(mg/mL) = \frac{cV}{V_1 - V_2}$$

式中 T——每毫升 2,6-二氯靛酚溶液相当于抗坏血酸的质量，mg/mL；

c——抗坏血酸的浓度，mg/mL；

V——吸取抗坏血酸标准溶液的体积，mL；

V_1——滴定抗坏血酸溶液所用 2,6-二氯靛酚溶液的体积，mL；

V_2——滴定空白所用 2,6-二氯靛酚溶液的体积，mL。

2. 样液制备

称取具有代表性样品的可食部分 100g，放入组织捣碎机中，加 100mL 2％草酸，迅速捣成匀浆。称 10～40g 浆状样品，用 2％草酸将样品移入 100mL 容量瓶中，并稀释至刻度，摇匀过滤。若滤液有色，可按每克样品加 0.4g 白陶土脱色后再过滤。

3. 滴定

吸取 10mL 滤液放入 50mL 锥形瓶中，用已标定过的 2,6-二氯靛酚溶液滴定，直至溶液呈粉红色 15s 不褪色为止。同时做空白试验。

4. 计算

$$维生素\ C(mg/100g) = \frac{(V - V_0)TA}{W} \times 100$$

式中 V——滴定样液时消耗染料溶液的体积，mL；

V_0——滴定空白时消耗染料溶液的体积，mL；

T——2,6-二氯靛酚染料滴定度，mg/mL；

A——稀释倍数；

W——样品重量，g。

平行测定结果用算术平均值表示，取三位有效数字，含量低的保留小数点后两位数字。

平行测定结果的相对误差，在维生素 C 含量大于 20mg/100g 时，不得超过 2％；小于 20mg/100g 时，不得超过 5％。

【注意事项】

1. 靛酚法测定的是还原型抗坏血酸，方法简便，较灵敏，但特异性差，样品中的其他还原性物质（如 Fe^{2+}、Sn^{2+}、Cu^{2+} 等）会干扰测定，使测定结果偏高。

2. 所有试剂的配制最好都用重蒸馏水。

3. 样品进入实验室后,应浸泡在已知量的2%草酸液中,以防氧化,损失维生素C;储存过久的罐头食品,可能含有大量的低铁离子(Fe^{2+}),要用8%的醋酸代替2%草酸。这时如用草酸,低铁离子可以还原2,6-二氯靛酚,使测定数据增高,使用醋酸可以避免这种情况的发生。

4. 整个操作过程中要迅速,避免还原型抗坏血酸被氧化。

5. 在处理各种样品时,如遇有泡沫产生,可加入数滴辛醇消除。

6. 测定样液时,需做空白对照,样液滴定体积扣除空白体积。

方法2 紫外分光光度法

【实验原理】

维生素C具有对紫外产生吸收和对碱不稳定的特性,因此可采取紫外快速测定法,于243nm处测定样品液与碱处理样品液两者吸光值之差,通过查标准曲线,即可计算样品中维生素C的含量。

【实验器材】

1. 材料

各种水果或蔬菜。

2. 试剂

① 10%盐酸:取浓盐酸133mL,加水稀释至500mL。

② 1%盐酸:取浓盐酸22mL,加水稀释至100mL。

2%草酸溶液。

1mol/L氢氧化钠溶液:称取40g NaOH,加蒸馏水,不断搅拌至溶解,然后定容至1000mL。

抗坏血酸标准溶液(0.1mg/mL):准确称取10mg(准确至0.1mg)抗坏血酸溶于2%草酸中,并稀释至100mL。现配现用。

3. 仪器与耗材

紫外分光光度计、离心机、分析天平、容量瓶、移液管、吸管、研钵等。

【实验方法】

1. 标准曲线的制作

取带塞刻度试管8支,编号,分别按表4-4所规定的量加入维生素C标准溶液和蒸馏水。

表4-4

管号	1	2	3	4	5	6	7	8
标准维生素C溶液/mL	0.1	0.2	0.3	0.4	0.5	0.6	0.8	1.0
蒸馏水/mL	9.9	9.8	9.7	9.6	9.5	9.4	9.2	9.0
维生素C溶液浓度/(μg/mL)	1.0	2.0	3.0	4.0	5.0	6.0	8.0	10.0

以蒸馏水为空白,在243nm处测定标准系列维生素C溶液的吸光值,以维生素C的含量(μg)为横坐标,以相应的吸光值为纵坐标作标准曲线。

2. 样品的提取和测定

(1)样品的提取

将果蔬样品洗净、擦干、切碎、混匀。称取5.00g于研钵中,加入2~5mL 1%盐酸,匀浆，转移到 25mL 容量瓶中，稀释至刻度。若提取液澄清透明，则可直接取样测定；若有浑浊现象，可通过离心（10000g，10min）来消除。

（2）样品的测定

取 0.1～0.2mL 提取液，放入盛有 0.2～0.4mL 10%盐酸的 10mL 容量瓶中，用蒸馏水稀释至刻度后摇匀。以蒸馏水为空白，在 243nm 处测定其吸光值。

（3）待测碱处理液的制备

分别吸取 0.1～0.2mL 提取液、2mL 蒸馏水和 0.6～0.8mL 1mol/L 氢氧化钠溶液依次放入 10mL 容量瓶中，混匀，15min 后加入 0.6～0.8mL 10%盐酸，混匀，并定容至刻度。以蒸馏水为空白，在 243nm 处测定其吸光值。

由待测样品与待测碱处理样品的吸光值之差和标准曲线，即可计算出样品中维生素 C 的含量。也可直接以待测碱处理液为空白，测出待测液的吸光值，通过查标准曲线，计算出样品中维生素 C 的含量。

3. 计算

$$维生素 C 的含量(\mu g/g) = \frac{\mu \times V_总}{V_1 \times W_总}$$

式中　μ——从标准曲线上查得的维生素 C 的含量，μg；

V_1——测吸光值时吸取样品溶液的体积，mL；

$V_总$——样品定容体积，mL；

$W_总$——称样质量，g。

五、拓展训练

设计任务一　小麦种子中淀粉酶活力测定

【任务背景】

淀粉是植物最主要的储藏多糖，也是人和动物的重要食物和发酵工业的基本原料。淀粉经淀粉酶作用后生成葡萄糖、麦芽糖等小分子物质而被机体利用。淀粉酶存在于几乎所有植物中，特别是萌发后的禾谷类种子，淀粉酶活力最强。淀粉酶应用非常广泛，从纺织工业到废水处理都有不同规模的应用。将淀粉转化为糖、糖浆和糊精构成了淀粉加工工业的主体，淀粉水解物除了在食品饮料的生产中被用作甜味来源外，它还被用作发酵碳源。

假设你是一名某酶制剂生产企业研发部门的技术员，你所在的研发小组接到一项任务：对不同品种小麦种子样品中的淀粉酶活力进行测定。任务接手后，部门领导要求你们小组尽快查阅淀粉酶活力测定的相关知识及操作方法，制订工作计划和工作方案并有计划地实施，认真填写工作记录，按时提交质量合格检测报告，最后他将对所在小组的每一位成员进行考核。

设计任务二　植物叶片硝酸还原酶活性的测定

【任务背景】

硝酸还原酶是硝酸盐同化中第一个酶，也是限速酶，处于植物氮代谢的关键位置。它与植物吸收利用氮肥有关，对农作物产量和品质有重要影响，因而硝酸还原酶活性被当作植物营养或农田施肥的指标之一，也可作为品种选育的指标之一。

假设你是一名某农业生产企业的技术员,你所在的研发小组接到一项任务:对特定作物样品叶片中的硝酸还原酶进行活性测定,以此作为品种选育的依据。任务接手后,部门领导要求你们小组尽快查阅硝酸还原酶活性测定的相关知识及操作方法,制订工作计划和工作方案并有计划地实施,认真填写工作记录,按时提交质量合格的检测报告,最后他将对所在小组的每一位成员进行考核。

核酸生化产品的制备和检测

一、项目介绍

项目相关背景	核酸是生命最基本的物质之一，在遗传变异、代谢调控等方面起着重要作用，是分子生物学和基因工程研究的对象。现已发现近 2000 种遗传性疾病都和 DNA 结构有关，肿瘤的发生、病毒的感染、射线对机体的作用等都与核酸有关。 目前应用于临床的核酸及其衍生物类生化产品越来越多，并初步形成了核酸生产工业。我国每年生产核酸约 10t，但仅是日本的 1/10，核酸类生化产品的制备在我国仍有极大的发展空间。 近年来兴起的基因工程技术使人们可用人工方法改组 DNA，从而有可能创造出新型的生物品种，基因工程技术使很多自然界很难或不能获得的蛋白质得以大规模合成，为人类获取大量医用价值的多肽蛋白开辟了新途径。 随着对核酸秘密的揭示，对生命现象认识的不断深入，利用核酸战胜危害人类健康的各种疾病，将会有新的飞跃。
项目任务描述	训练任务一　大肠杆菌基因组 DNA 的提取 训练任务二　DNA 的鉴定——琼脂糖凝胶电泳技术 训练任务三　DNA 的含量测定——分光光度技术 训练任务四　酵母菌目标基因的体外扩增——PCR 技术 设计任务一　质粒 DNA 的提取和测定 设计任务二　植物 DNA 的提取和测定

二、学习目标

1. 能力目标

① 能选择合适的信息渠道收集所需的专业信息。
② 能制定符合要求的设计方案并进行优化。
③ 根据设计要求选择合适的材料和仪器设备。
④ 能较熟练地完成生物体基因组 DNA 的提取工作，能解释其基本原理，并说明操作注意事项。
⑤ 能较熟练地利用琼脂糖凝胶电泳技术完成 DNA 的鉴定，能合理分析电泳结果，能解释其基本原理并说明操作注意事项。

⑥ 能规范且熟练地使用移液器、离心机和高压蒸汽灭菌锅。
⑦ 能规范且熟练地操作和维护分光光度计。
⑧ 能正确绘制并合理分析标准曲线，正确进行含量测定的相关计算。
⑨ 能通过文字、口述或实物展示自己的工作成果。
⑩ 能对自己和他人的工作做出恰当的评价。

2. 知识目标
① 能阐述核酸的组成特点、分类及其功能。
② 能应用核酸的理化性质解释或解决实际问题。
③ 能阐述核酸分离提取的原则、基本步骤和注意事项。
④ 能阐述遗传信息传递的中心法则。
⑤ 能说出 DNA 合成的三条途径，并能详细阐明 DNA 的复制过程及其参与因子。
⑥ 能解释电泳技术的原理及其影响因素。
⑦ 能列举电泳技术的种类。
⑧ 能阐述遗传信息传递的中心法则。
⑨ 能说出 DNA 合成的三条途径，并能详细阐明 DNA 的复制过程及其参与因子。
⑩ 能列举常见的核酸含量测定方法。
⑪ 能解释所采用核酸含量测定方法的依据和原理。

三、背景知识

（一）核酸的化学组成

1. 核酸的元素组成

组成核酸的元素有 C、H、O、N、P 等，与蛋白质比较，其组成上有两个特点：一是核酸一般不含元素 S；二是核酸中 P 元素的含量较多并且恒定，占 9%～10%。因此，核酸定量测定的经典方法是以测定 P 含量来代表核酸量。

2. 核酸的分子组成

核酸是由很多单核苷酸聚合形成的多聚核苷酸，核苷酸是核酸的基本单位。核苷酸又是由碱基、戊糖、磷酸三类分子组成，如图 5-1 所示。

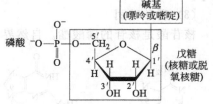

图 5-1 核苷酸的分子结构简式

（1）碱基

核苷酸中的碱基均为含氮杂环化合物，它们分别属于嘌呤衍生物和嘧啶衍生物，部分碱基的分子结构式如图 5-2 所示。核苷酸中的嘌呤碱基主要有鸟嘌呤（G）和腺嘌呤（A），嘧啶碱基主要有胞嘧啶（C）、尿嘧啶（U）和胸腺嘧啶（T）。DNA 和 RNA 中都含有 G、A、C，而 T 只存在于 DNA 中，U 只存在于 RNA 中。除了上述 5 种常见碱基外，有些核酸（如 tRNA）中还含有修饰碱基（又称稀有碱基），这些碱基大多是在上述常见嘌呤或嘧啶碱基的不同部位甲基化或进行其他化学修饰而形成的衍生物。一般这些碱基在核酸中的含量稀少，在各种类型核酸中的分布也不均一。

（2）戊糖

核酸中的戊糖为核糖（D-核糖，R）或脱氧核糖（D-2-脱氧核糖，dR），它们的分子结构式如图 5-3 所示。核糖和脱氧核糖的主要区别就在于脱氧核糖的 C2 连接一个氢原子，而

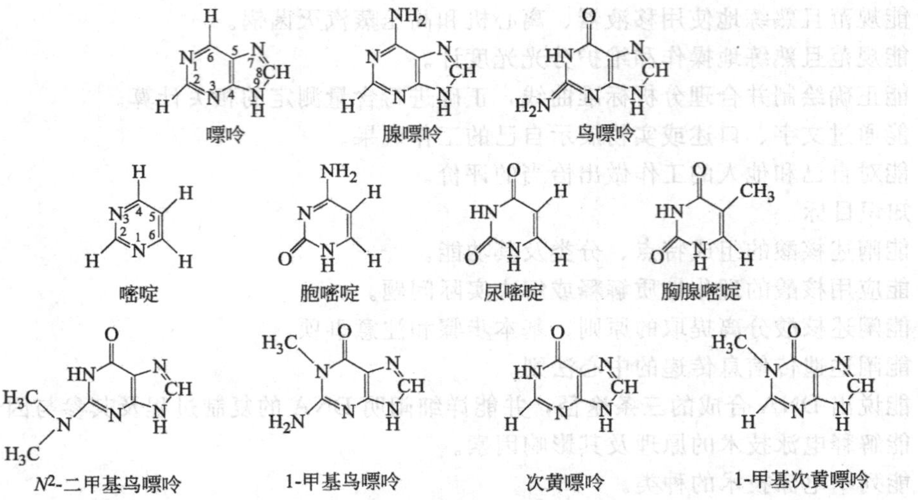

图 5-2 碱基的分子结构式

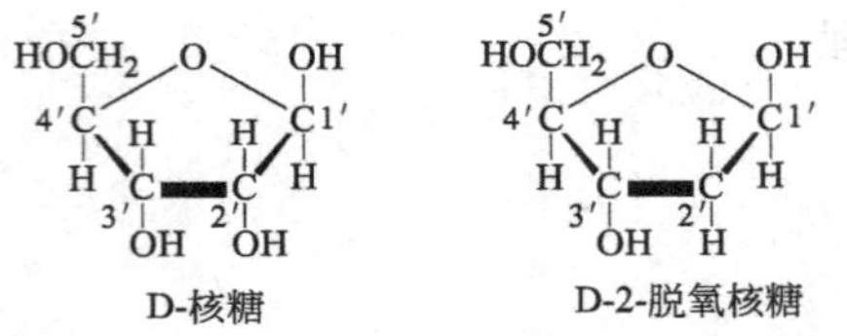

图 5-3 戊糖的分子结构式

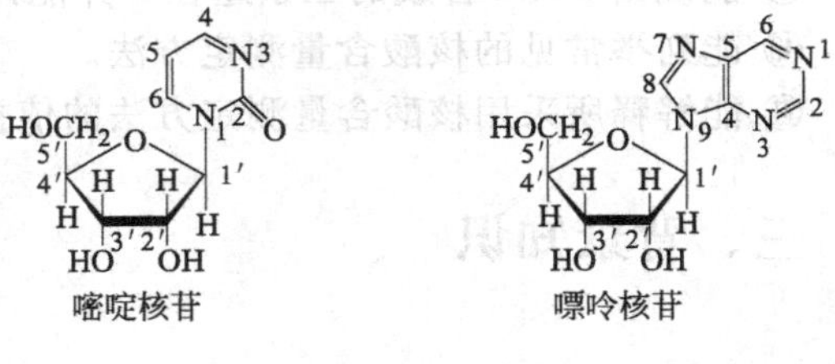

图 5-4 嘧啶核苷和嘌呤核苷的分子结构式

不是羟基。出现在核苷酸中的核糖或脱氧核糖的构型都是 β 型，即异头碳上的羟基是向上的。注意戊糖碳原子的编号方法，戊糖中碳原子的编号都带有"'"，以区别于碱基中的原子编号。

(3) 磷酸基团

核苷酸是核苷的磷酸酯。自然界中核苷酸的磷酰基通常都是连接在 5′-羟基的氧原子上，因此不作特别指定时，提到的核苷酸指的都是 5′-磷酸酯。

(4) 核苷

碱基与戊糖以糖苷键连接形成核苷，通常是戊糖的 C1′ 与嘧啶碱的 N1 或嘌呤碱的 N9 通过 β-糖苷键相连接。嘧啶核苷和嘌呤核苷的分子结构式如图 5-4 所示。核酸中主要核苷有八种：腺苷（A）、鸟苷（G）、尿苷（U）、胞苷（C）、脱氧腺苷（dA）、脱氧鸟苷（dG）、脱氧胸苷（dT）和脱氧胞苷（dC）。几种核苷的分子结构式如图 5-5 所示。核苷仍用单字母表示，与碱基的表示法相同，只是在脱氧时加 d。

(5) 核苷酸

核苷酸是核苷的磷酸酯。磷酸出羧基，戊糖出羟基。核糖上有三个自由羟基（2′、3′、

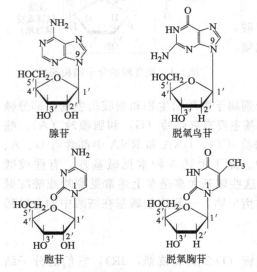

图 5-5 几种核苷的分子结构式

5′），可被磷酸酯化而形成 2′-核苷酸、3′-核苷酸和 5′-核苷酸；而脱氧核糖上只有两个自由羟基（3′、5′），只能形成 3′-脱氧核苷酸和 5′-脱氧核苷酸，如脱氧腺苷酸包括 5′-脱氧腺苷酸和 3′-脱氧腺苷酸两种，其结构式如图 5-6 所示。但在生物体内只有 5′-核苷酸或 5′-脱氧核苷酸最为稳定，因此生物体内游离的核苷酸主要是 5′-核苷酸或 5′-脱氧核苷酸（5′-常可省略不写）。核酸中主要的核苷酸有八种：腺苷酸（AMP）、鸟苷酸（GMP）、尿苷酸（UMP）、胞苷酸（CMP）、脱氧腺苷酸（dAMP）、脱氧鸟苷酸（dGMP）、脱氧胸苷酸（dTMP）和脱氧胞苷酸（dCMP）。

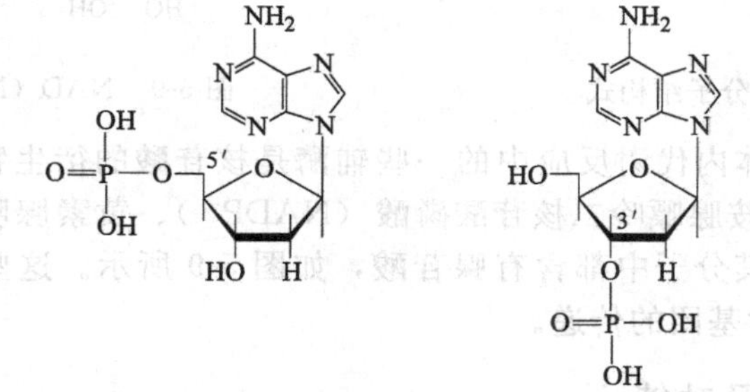

5′-脱氧腺苷酸（脱氧腺苷-5′-磷酸）　3′-脱氧腺苷酸（脱氧腺苷-3′-磷酸）

图 5-6　两种脱氧腺苷酸的结构式

（6）细胞内的游离核苷酸及其衍生物

① 核苷多磷酸　生物体内各种 5′-核苷酸和 5′-脱氧核苷酸还可以在 5′位上进一步磷酸化，形成核苷二磷酸（NDP 和 dNDP）和核苷三磷酸（NTP 和 dNTP）。其中 NTP 是合成 RNA 的原料，dNTP 是合成 DNA 的原料。以腺嘌呤核苷多磷酸为例，其结构如图 5-7 所示，它们在能量和物质代谢与调控中起重要作用。

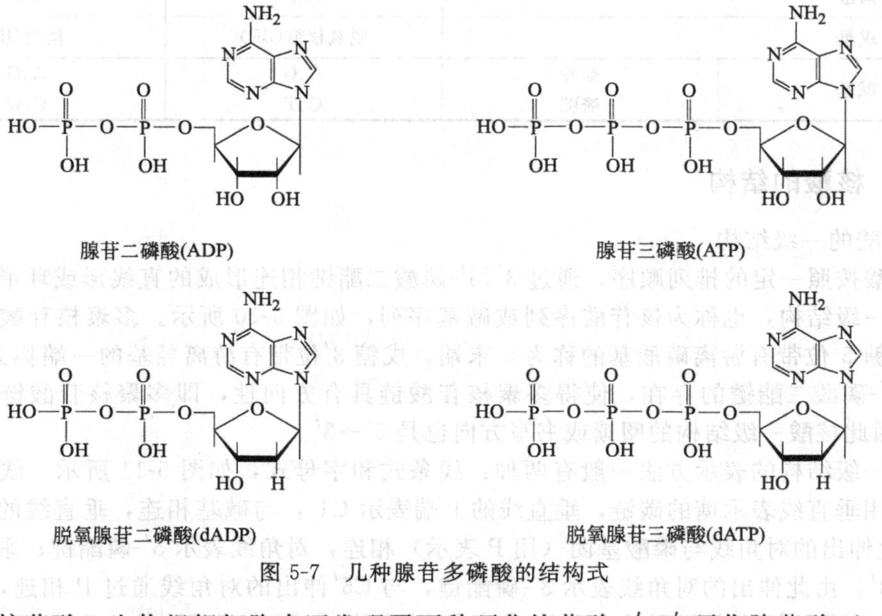

腺苷二磷酸(ADP)　　　　　　　腺苷三磷酸(ATP)

脱氧腺苷二磷酸(dADP)　　　　脱氧腺苷三磷酸(dATP)

图 5-7　几种腺苷多磷酸的结构式

② 环核苷酸　生物组织细胞中还发现了两种环化核苷酸 3′,5′-环化腺苷酸（cAMP）和 3′,5′-环化鸟苷酸（cGMP）。ATP 在腺苷酸环化酶的作用下可以生成 cAMP，其分子结构式如图 5-8 所示；同样 GTP 在鸟苷酸环化酶催化下也可生成 cGMP。cAMP 和 cGMP 在细胞

内的含量很少，但具有重要的生理活性，是一些激素作用的第二信使，在细胞信号转导过程中具有重要调控作用。

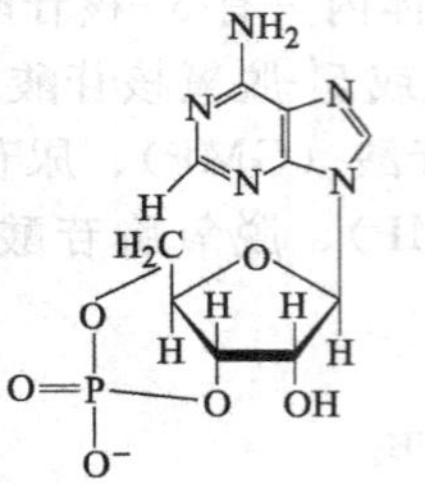

图 5-8　cAMP 的分子结构式 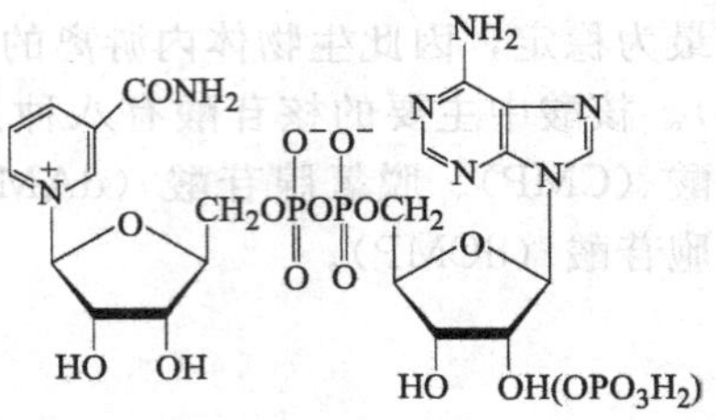　　　　图 5-9　NAD（NADP）的结构式

③ 核苷酸衍生物　体内代谢反应中的一些辅酶是核苷酸的衍生物。如烟酰胺腺嘌呤二核苷酸（NAD$^+$）、烟酰胺腺嘌呤二核苷酸磷酸（NADP$^+$）、黄素腺嘌呤二核苷酸（FAD）、辅酶 A（HSCoA）等，其分子中都含有腺苷酸，如图 5-9 所示。这些辅酶类核苷酸均参与物质代谢中氢和某些化学基团的传递。

（二）核酸的分类及功能

核酸是以核苷酸为基本组成单位的生物大分子，包括两类：脱氧核糖核酸（DNA）及核糖核酸（RNA）两大类。DNA 主要存在于细胞核或类核中，叶绿体、线粒体及质粒中也有少量分布，它们主要用于储存遗传信息。RNA 主要存在于细胞质中，参与遗传信息的传递和表达。DNA 与 RNA 在分子组成上也存在着差异，如表 5-1 所示。

表 5-1　核酸的分类及组成

项目		DNA	RNA
磷酸		磷酸	磷酸
戊糖		脱氧核糖(dR)	核糖(R)
碱基	嘌呤	A、G	A、G
	嘧啶	C、T	C、U

（三）核酸的结构

1. 核酸的一级结构

核苷酸按照一定的排列顺序，通过 3′,5′-磷酸二酯键相连形成的直线形或环形结构，称为核酸的一级结构，也称为核苷酸序列或碱基序列，如图 5-10 所示。多聚核苷酸链有两个末端，戊糖 5′位带有游离磷酸基的称为 5′末端，戊糖 3′位带有游离羟基的一端称为 3′末端。由于 3′,5′-磷酸二酯键的存在，使得多聚核苷酸链具有方向性，即多聚核苷酸链的走向为 5′→3′，因此核酸一级结构的阅读或书写方向也是 5′→3′。

核酸一级结构的表示方法一般有两种：线条式和字母式，如图 5-11 所示。线条式缩写的表示是用垂直线表示糖的碳链，垂直线的上端表示 C1′，与碱基相连，垂直线的下端表示 C5′，由此伸出的对角线与磷酸基团（用 P 表示）相连，对角线表示 5′-磷酯键；垂直线的中部表示 C3′，由此伸出的对角线表示 3′-磷酯键，与 C5′伸出的对角线通过 P 相连，表示 3′,5′-磷酸二酯键。字母式缩写的表示方式有如下几种：pApCpGpU，pA-C-G-U，pACGU，pACGUOH，其中 p 表示磷酸基团。如果要表示两条反向平行的链，必须注明每条链的走向。

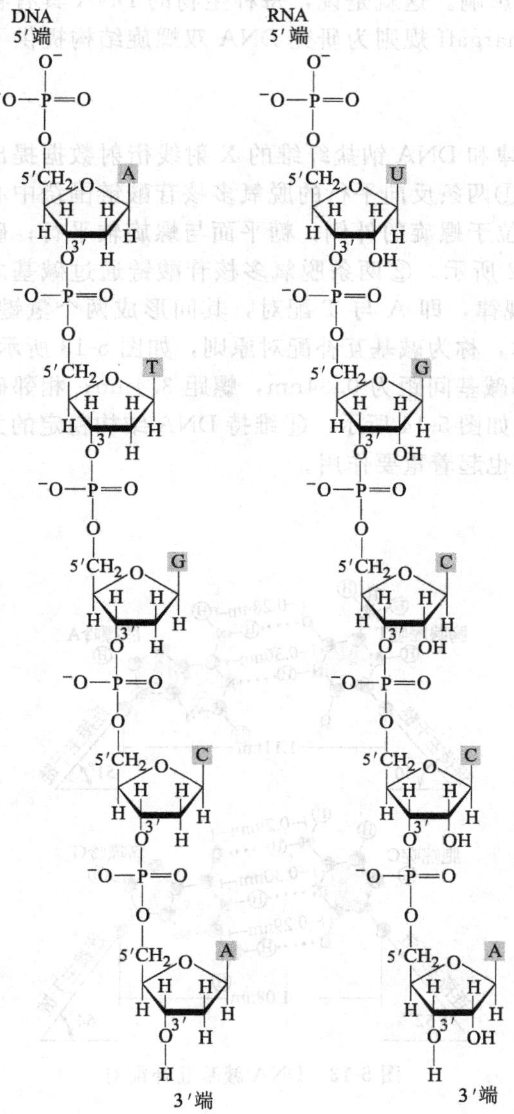

图 5-10 核苷酸序列结构 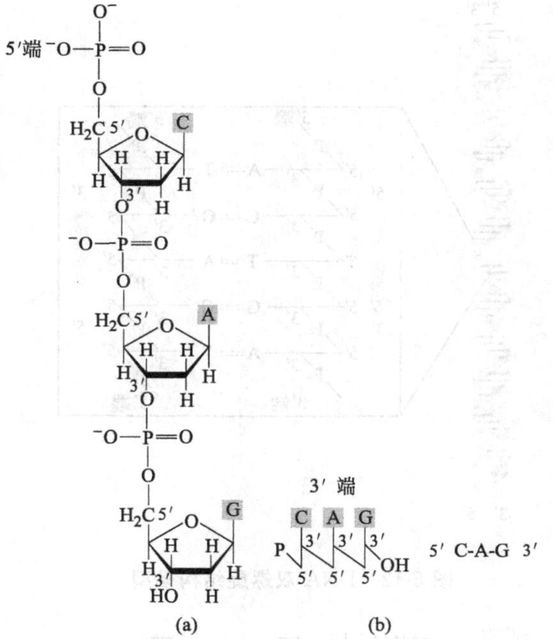　　　图 5-11 核酸一级结构表达式

2. DNA 的高级结构

(1) DNA 的碱基组成特点

20 世纪 50 年代初，Chargaff 等人用紫外分光光度法结合纸色谱等简单技术，对多种生物 DNA 做碱基定量分析，发现 DNA 的碱基组成有一定的规律，即 Chargaff 规则，其内容要点如下。①各种生物的 DNA 分子中腺嘌呤与胸腺嘧啶的物质的量相等，即 A＝T；鸟嘌呤与胞嘧啶的物质的量相等，即 G＝C，因此，嘌呤碱的总数等于嘧啶碱的总数，即 A＋G＝C＋T。②DNA 的碱基组成具有种属特异性，即不同生物种属的 DNA 具有各自特异的碱基组成，如人、牛和大肠杆菌的 DNA 碱基组成比例是不一样的。③DNA 的碱基组成没有组织器官特异性，即同一生物体的不同器官或组织 DNA 的碱基组成相似，如牛的肝、胰、脾、肾和胸腺等器官的 DNA 碱基组成十分相近而无明显差别。④生物体内的碱基组成一般

不受年龄、生长状况、营养状况和环境等条件的影响。这就是说，每种生物的 DNA 具有各自特异的碱基组成，与生物的遗传特性有关。Chargaff 规则为研究 DNA 双螺旋结构提供了重要依据。

(2) DNA 的二级结构

1953 年，Watson 和 Crick 根据 Chargaff 规律和 DNA 钠盐纤维的 X 射线衍射数据提出了 DNA 的双螺旋结构模型，其基本内容如下。①两条反向平行的脱氧多核苷酸链围绕中心轴形成右手双螺旋；糖-磷酸-糖构成螺旋主链，位于螺旋的外侧，糖平面与螺旋轴平行；碱基位于中间，碱基平面与螺旋轴垂直，如图 5-12 所示。②两条脱氧多核苷酸链通过碱基之间的氢键连接在一起。碱基之间有严格的配对规律，即 A 与 T 配对，其间形成两个氢键；G 与 C 配对，其间形成三个氢键，这种配对规律，称为碱基互补配对原则，如图 5-13 所示。③DNA 立体结构：DNA 双螺旋直径 2nm，相邻碱基间距为 0.34nm，螺距 3.4nm；相邻碱基夹角为 36°，每一螺旋中含 10 个核苷酸残基，如图 5-14 所示。④维持 DNA 结构稳定的力主要是碱基对之间的堆积力，碱基对之间的氢键也起着重要作用。

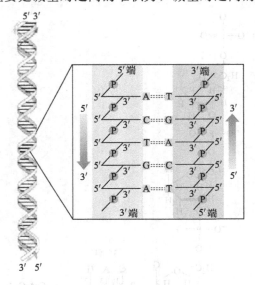

图 5-12　DNA 双螺旋结构模型

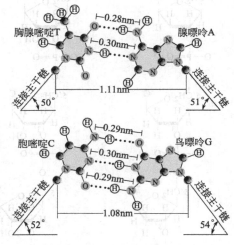

图 5-13　DNA 碱基互补配对

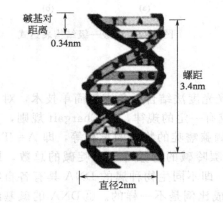

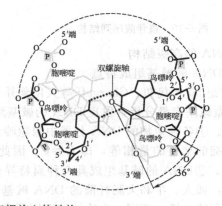

图 5-14　DNA 双螺旋立体结构

随后的大量研究证明，DNA 双螺旋是核酸二级结构的重要形式，但 DNA 双螺旋可以以几种不同类型的构象存在，可能存在着 A、B 和 Z 型的 DNA，即 DNA 二级结构的多型性，Watson 和 Crick 发现的仅仅是 B 型 DNA。细胞内的 DNA 不是以纯的 B-DNA 存在的，DNA 处于一种动态。大多数 DNA 是以一种非常类似于标准 B 构象的形式存在的，但在螺旋的一定区域内会出现短序列的 A-DNA。B-DNA 和 A-DNA 都是右手双螺旋结构，而 Z-DNA 是左手双螺旋结构，A、B 和 Z 型 DNA 的结构如图 5-15 所示。A-DNA 中的碱基相对于螺旋轴大约倾斜 20°，每一转含有 11 个碱基对，螺旋比 B-DNA 宽；Z-DNA 是左手双螺旋结构，每一转含有 12 个碱基，Z-DNA 没有明显的沟，因为碱基对只稍偏离螺旋轴。尽管可以人工合成 Z-DNA，但在生物体的基因组中很少出现这类 DNA。

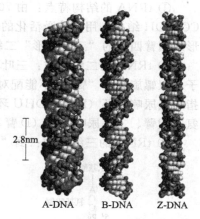

图 5-15　A、B 和 Z 型 DNA 的结构

（3）DNA 的三级结构

DNA 双螺旋进一步扭曲盘绕则形成更加复杂的结构，即为 DNA 的三级结构。绝大部分原核生物的 DNA 都是共价封闭的环状双螺旋分子，这种双螺旋分子还需再次螺旋化形成超螺旋结构，如图 5-16 所示。超螺旋是 DNA 三级结构的最常见形式。超螺旋方向与双螺旋方向相反，使螺旋变松者，叫做负超螺旋；超螺旋方向与双螺旋方向相同，使螺旋变紧者，叫做正超螺旋。

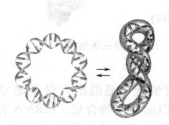

图 5-16　DNA 的超螺旋结构

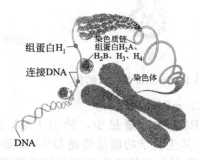

图 5-17　染色体的形成

在真核生物的染色质中 DNA 的三级结构与蛋白质的结合有关。真核细胞染色质的线形双螺旋 DNA 与组蛋白相互作用形成核小体。核小体是构成染色质的基本单位，由组蛋白八聚体（由 H_2A、H_2B、H_3、H_4 各两分子组成）和盘绕其上的一段约含 146 碱基对（bp）的 DNA 双链组成。许多核小体由 DNA 及组蛋白（H_1）连成念珠状结构，再盘绕压缩成更高层次的结构染色体，如图 5-17 所示，染色体处于高度压缩的状态。

3. RNA 的高级结构

大多数天然的 RNA 分子是以一条单链形式存在的。但在生理条件下，RNA 的多核苷酸链可以在某些部分弯曲折叠，形成局部双螺旋区、发夹式结构、茎环结构等，此即 RNA 的二级结构。在 RNA 的局部双螺旋区，腺嘌呤（A）与尿嘧啶（U）、鸟嘌呤（G）与胞嘧啶（C）之间进行配对。RNA 在二级结构的基础上进一步弯曲折叠就形成各自特有的三级结构。

（1）tRNA 的结构

tRNA 是分子量最小的 RNA，占 RNA 总量的 16%，主要生物学功能是转运活化的氨基酸，参与蛋白质的生物合成。

① tRNA 的结构特点：由 70～90 个核苷酸组成；含有较多的修饰碱基；3′末端都具有-CCA-OH 结构，用于接受活化的氨基酸，此末端称氨基酸接受末端；5′末端大多为 G 或 C；形成四臂四环的"三叶草形"二级结构；形成"倒 L 形"三级结构。

② tRNA 的二级结构：三叶草形模型，如图 5-18 所示。三叶草形结构的主要特征：分子中双螺旋区称"臂"，不能配对的部分称"环"，tRNA 一般由"四臂四环"组成；四环是指二氢尿嘧啶环（D 环、DHU 环）、反密码子环、可变环（额外环）和 TΨC 环；四臂是指氨基酸臂、二氢尿嘧啶臂（D 臂、DHU 壁）、反密码子臂和 TΨC 臂。

③ tRNA 的三级结构：倒"L"形模型，如图 5-19 所示。

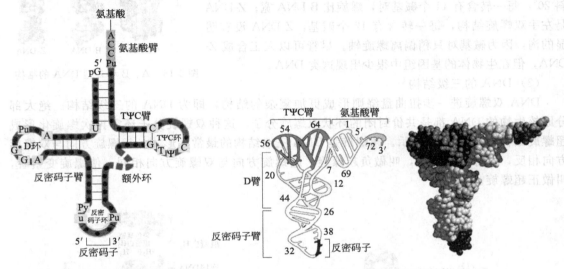

图 5-18　tRNA 的二级结构　　　　图 5-19　tRNA 的三级结构

（2）mRNA 的结构

mRNA 的含量最少，约占 RNA 总量的 2%，代谢活跃，是细胞内最不稳定的一类 RNA，其生物学功能是传递 DNA 的遗传信息，指导蛋白质的生物合成。mRNA 分子中从 5′末端到 3′末端每三个相邻的核苷酸组成的三联体代表氨基酸信息，称为密码子。细胞内 mRNA 的种类很多，分子大小不一，由几百至几千个核苷酸组成。

① 真核生物 mRNA 的结构特点：mRNA 的 3′末端有一段 30～300 个核苷酸的多聚腺苷酸（polyA）"尾巴"，此结构与 mRNA 由胞核转位胞质及维持 mRNA 的结构稳定有关，它的长度决定 mRNA 的半衰期；mRNA 的 5′末端有一个 7-甲基鸟嘌呤核苷三磷酸（m^7Gppp）的"帽子"结构，如图 5-20 所示，此结构在蛋白质的生物合成过程中可促进核蛋白体与 mRNA 的结合，加速翻译起始速度，并增强 mRNA 的稳定性，防止 mRNA 从头水解。在细胞核内合成的 mRNA 初级产物称为不均一核 RNA（hnRNA），它们在核内迅速被加工、剪接成为成熟的 mRNA 并透出核膜到细胞质。

② 原核生物 mRNA 的结构特点：原核生物的 mRNA 没有这种"帽子"、"尾巴"结构，它由先导区、插入序列、翻译区和末端序列组成，5′端先导区中有一段富含嘌呤的碱基序列，典型的为 5′-AGGAGGU-3′，位于起始密码子 AUG 前约 10 个核苷酸处，此序列称 SD 序列。

（3）rRNA 的结构

rRNA 是细胞中含量最多的 RNA，约占 RNA 总量的 82%。rRNA 与多种蛋白质结合成核糖体，作为蛋白质生物合成的场所。rRNA 的分子量较大，结构复杂，目前虽已测出不

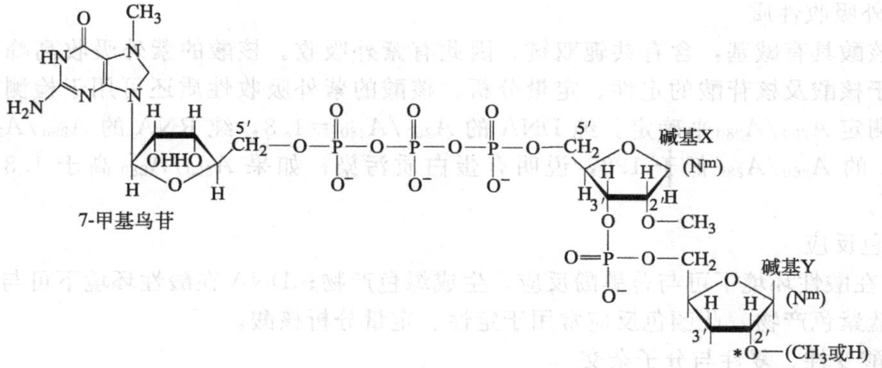

图 5-20　mRNA 的 5′帽子结构

少 rRNA 分子的一级结构，但对其高级结构的研究还欠深入。rRNA 也是单链 RNA 盘绕形成局部双螺旋的多"茎"多"环"结构，如图 5-21 所示。原核生物的 rRNA 分三类：5S rRNA、16S rRNA 和 23S rRNA；真核生物的 rRNA 分四类：5S rRNA、5.8S rRNA、18S rRNA 和 28S rRNA。S 是大分子物质在超速离心沉降中的一个物理学单位，可间接反映分子量的大小。

（四）核酸的性质

1. 一般性质

（1）性状

RNA 为白色粉末；DNA 为白色纤维状固体。

（2）溶解性

RNA 和 DNA 都是极性化合物，一般都微溶于水，不溶于有机溶剂；核酸、核苷酸、碱基在水中的溶解度依次减小。

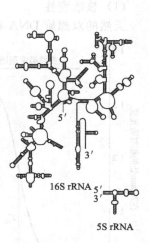

图 5-21　rRNA 的多茎多环结构

（3）黏性

核酸的水溶液黏度很大，黏度 DNA 大于 RNA，核酸变性后，黏度下降。

（4）水解性

① 碱水解　在室温及温和的碱性条件下，RNA 水解，DNA 较稳定。

② 酸水解　用温和的或稀的酸做短时处理，DNA 及 RNA 均不水解；若长时间或高温或高浓度酸处理，DNA 及 RNA 均水解。

③ 酶水解　催化核酸中磷酸二酯键水解的酶统称为核酸水解酶或核酸酶。细胞内存在着多种不同的核酸酶。根据酶作用底物的不同，核酸酶又可分为 RNA 水解酶（RNase）及 DNA 水解酶（DNase）。根据酶作用的部位，核酸酶可以分为外切核酸酶和内切核酸酶，外切核酸酶水解多核苷酸链末端的磷酸二酯键，内切核酸酶可在多核苷酸链内的不同位置水解磷酸二酯键。限制性内切核酸酶是一类重要的 DNA 内切酶，是某些细菌合成的一种特殊核酸酶，它可以在特殊的序列区降解外源 DNA，限制外源 DNA 的表达，但宿主细胞本身的 DNA 并不受限制性内切核酸酶的作用，因为宿主 DNA 内切核酸酶识别位点的某些碱基已经被甲基化了，内切核酸酶不能催化已修饰底物的水解。

2. 核酸的两性解离与等电点

核酸具有两性电离的性质，但核酸中磷酸基的酸性大于碱基的碱性，其等电点偏酸性。DNA 的等电点（pI）为 4～5，RNA 的 pI 为 2.0～2.5。

3. 紫外吸收性质

由于核酸具有碱基，含有共轭双键，因此有紫外吸收。核酸的紫外吸收高峰在 260nm 处，可用于核酸及核苷酸的定性、定量分析。核酸的紫外吸收性质还可用于检测核酸的纯度，通过测定 A_{260}/A_{280} 来确定。纯 DNA 的 $A_{260}/A_{280}=1.8$，纯 RNA 的 $A_{260}/A_{280}=2.0$。如果 DNA 的 A_{260}/A_{280} 低于 1.8，说明有蛋白质污染；如果 A_{260}/A_{280} 高于 1.8，说明有 RNA 污染。

4. 颜色反应

RNA 在酸性环境下可与苔黑酚反应，生成绿色产物；DNA 在酸性环境下可与二苯胺反应，生成蓝紫色产物。此颜色反应常用于定性、定量分析核酸。

5. 核酸变性、复性与分子杂交

(1) 核酸变性

天然的双螺旋 DNA 和具有双螺旋区的 RNA 溶液，在某些理化因素的作用下，氢键和碱基堆积力遭破坏，天然构象发生改变，变成无规则线团的状态，从而引起理化性质和生物学功能的改变，这种现象称为核酸的变性，但其一级结构并不改变。能引起 DNA 变性的理化因素有加热、pH 值改变、乙醇、尿素等。

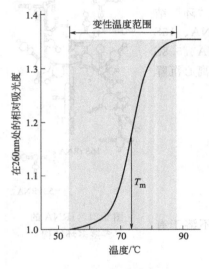

图 5-22 DNA 解链曲线

DNA 发生变性后，双螺旋被解开，有更多的碱基共轭双键暴露，对波长 260nm 的紫外光吸收增强，这种现象称为增色效应。如果在连续加热 DNA 的过程中，以温度对紫外光吸收值作图，所得的曲线称为解链曲线，如图 5-22 所示。由曲线可知，DNA 的变性是在一个相当狭窄的温度内完成的。DNA 的熔解温度（又称 DNA 的解链温度，T_m）是指 DNA 双螺旋结构失去一半时的温度，或 DNA 的紫外吸收值达到最大值一半时的温度，或 50% DNA 变性时的温度，如图 5-22 所示。DNA 的 T_m 值一般在 70～85℃。DNA 的 T_m 值大小与 DNA 分子中 G、C 的含量有关，因为 G-C 之间有三个氢键，而 A-T 之间只有两个氢键，所以 G、C 越多的 DNA，其分子结构越稳定，T_m 值较高。T_m 计算的经验公式：$(T_m-69.3)\times 2.44=(G+C)\%$。

变性 DNA 的紫外吸收增强，溶液黏度降低，生物功能全部或部分丧失。

(2) 核酸复性

变性 DNA 在适宜条件下，两条彼此分开的链经碱基互补可重新形成双螺旋结构，这一过程称为核酸的复性。退火现象指热变性的 DNA 经缓慢冷却后的复性，退火温度通常为 $T_m-25℃$。减色效应是指变性 DNA 复性，恢复双螺旋结构后，其紫外吸收降低的效应。

(3) 核酸杂交

在复性过程中，不同来源的变性单链核酸分子由于某区域碱基互补而结合成双链的过程，称为核酸杂交或分子杂交。杂交可以发生于 DNA 与 DNA 之间，也可以发生于 RNA 与 RNA 之间和 DNA 与 RNA 之间。用同位素标记一个已知序列的寡核苷酸，通过杂交反应就可确定待测核酸是否含有与之相同的序列，这种被标记的寡核苷酸叫做探针。杂交和探针技术对核酸结构和功能的研究、对遗传性疾病的诊断、对肿瘤病因学及基因工程的研究已有比较广泛的应用。

在电泳凝胶中分离的 DNA 片段转移并结合在适当的滤膜上，然后通过与 DNA 或 RNA 探针杂交来检测被转移的 DNA 片段，此实验方法叫做 DNA 印迹杂交技术（Southern blotting），此技术可用于鉴定特定的 DNA 序列。RNA 印迹杂交技术（Norhtern blotting）指将 RNA 分子从电泳凝胶转移至滤膜上，进行核酸杂交，此技术用于鉴定 RNA。DNA/RNA 印迹杂交技术的操作步骤如图 5-23 所示。

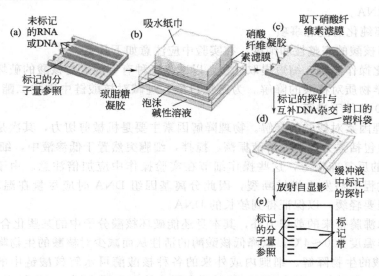

图 5-23 DNA/RNA 印迹杂交技术

（五）核酸的制备技术

1. 核酸制备的根本原则

① 去除杂质（蛋白质、多糖、脂、盐离子、酚、其他核酸分子等）。
② 保证核酸一级结构的完整性。

2. 核酸制备的基本流程

材料准备→破碎细胞及细胞膜，释放内含物→核酸的抽提→核酸的沉淀、纯化→核酸的溶解。

3. 核酸制备的基本方法

（1）DNA 的提取

① 基因组 DNA 的提取　常用十二烷基硫酸钠（SDS）法或十六烷基三甲基溴化铵（CTAB）法。SDS 在高温（55～65℃）条件下能裂解细胞，使蛋白变性，释放出核酸。CTAB 能溶解细胞膜，并结合核酸，使核酸便于分离。不同生物（植物、动物、微生物）的基因组 DNA 的提取方法有所不同，不同种类或同一种类的不同组织因其细胞结构及所含的成分不同，分离方法也有差异。在提取某种特殊组织的 DNA 时必须参照文献和经验建立相应的提取方法，以获得可用的 DNA 大分子。尤其是组织中的多糖和酶类物质对随后的酶切、PCR 等有较强的抑制作用，因此用富含这类物质的材料提取基因组 DNA 时，应考虑除去多糖和酚类物质。

② 质粒 DNA 的提取　常用碱裂解法，基原理是染色体 DNA 比质粒 DNA 分子大得多，且染色体 DNA 为线状分子，而质粒 DNA 为共价闭合环状分子；当用碱处理 DNA 溶液时，线状染色体 DNA 更容易变性，共价闭环的质粒 DNA 在回到中性 pH 时，即恢复其天然构象，变性的染色体 DNA 形成沉淀，复性的质粒 DNA 分子则溶解于液相中，最后通过离心

可将两者分离。

（2）RNA 的提取

常用异硫氰酸胍/苯酚法，其原理是细胞在变性剂异硫氰酸胍的作用下被裂解，同时核蛋白体上的蛋白变性，核酸释放，然后采用水饱和酚/氯仿分离 DNA 和 RNA，RNA 溶解于上层水相，蛋白质及 RNA 溶解于下层有机相，最后采用有机溶剂乙醇或异丙醇抽提，沉淀，得到纯净 RNA。

4. 核酸分离纯化的注意事项

为保证分离核酸的完整性和纯度，在实验中应注意如下几点。

① 尽量简化操作步骤，缩短提取过程，以减少各种有害因素对核酸的破坏。

② 减少化学物质对核酸的降解。为避免过酸、过碱对核酸链中磷酸二酯键的破坏，操作多在 pH4～10 条件下进行。

③ 减少物理因素对核酸的降解。物理降解因素主要是机械剪切力，其次是高温。

机械剪切力包括强力高速的溶液振荡、搅拌，细胞突然置于低渗液中，细胞爆炸式地破裂，DNA 样品的反复冻融等，这些操作细节在实验操作中应加倍注意。由于基因组 DNA 较长，在提取过程中易发生机械断裂，因此分离基因组 DNA 时应尽量在温和的条件下操作，如混匀过程要轻缓，以保证得到较长的 DNA。

高温，除水沸腾带来的剪切力外，其本身还能破坏核酸分子中的某些化合键，核酸提取过程中常规操作温度为 0～4℃，以降低核酸酶的活性从而减少对核酸的生物降解。

④ 防止核酸的生物降解。细胞内或外来的各种核酸酶可水解核酸链中的磷酸二酯键，直接破坏核酸的一级结构。其中 DNA 酶需要金属二价阳离子 Mg^{2+}、Ca^{2+} 的激活，因此使用金属离子螯合剂，如 EDTA 或柠檬酸盐等基本上可以抑制 DNA 酶的活性。而 RNA 酶不但分布广泛、极易污染样品，而且耐高温、耐酸碱、不易失活，所以生物降解是 RNA 提取过程中的主要危害因素，因而在提取 RNA 过程中要严格防止 RNA 酶的污染，并设法抑制其活性，这是 RNA 提取成败的关键。

可采用以下措施用于抑制 RNA 酶的活性。①如果可能，实验室应辟出专门 RNA 操作区，离心机、移液枪、试剂等均应专用。②操作过程中应自始至终佩戴手套，并经常更换。③配制溶液用的酒精、异丙醇、Tris 等应采用未开封的新品；溶液需用 0.01% 的 DEPC 水配制［将焦碳酸二乙酯（DEPC）按一定比例溶解至重蒸水中，处理过夜，高温高压灭菌，即成 DEPC 水］。④所用玻璃制品都必须在 240℃ 烘烤 4h；所用旧塑料制品都必须用 0.5mol/L 的 NaOH 处理 10min，并用 DEPC 水彻底冲洗后灭菌，也可考虑用 0.01% 的 DEPC 水浸泡过夜，然后灭菌，烘干；无法用 DEPC 处理的用具可用氯仿擦拭若干次，这样通常可以消除 RNA 酶的活性。⑤低温操作。⑥在分离过程中要加入一定的 RNA 酶抑制剂。

（六）核酸含量的测定方法

1. 紫外吸收法

核苷、核苷酸、核酸的组成成分中都有嘌呤、嘧啶碱基，这些碱基都具有共轭双键，在紫外光区的 250～280nm 处有强烈的光吸收作用，最大吸收高峰均在 260nm 波长左右，如图 5-24 所示。常利用核酸的紫外吸收性质进行核酸的定量测定。测出 260nm 处的光吸收值，可计算出核酸的含量，$A_{260nm}=1.0$ 相当于 $50\mu g/mL$ 双链 DNA、$40\mu g/mL$ 单链 DNA 或 RNA 或 $20\mu g/mL$ 寡核苷酸。当核酸变性降解时，其紫外吸收强度显著增加，称为增色效应。

蛋白质也有紫外吸收，通常蛋白质的吸收高峰在 280nm 波长处，在 260nm 处的吸收值仅为核酸的 1/10 或更低，因此从 A_{260nm}/A_{280nm} 的值可判断样品的纯度。纯 RNA 的 $A_{260nm}/A_{280nm} \geqslant 2.0$；纯 DNA 的 $A_{260nm}/A_{280nm} \geqslant 1.8$；当样品中蛋白质含量较高时，则比值下降。

pH 对核酸紫外吸收性质有影响，所以在测定时要固定溶液的 pH 值。

紫外分光光度法只用于测定浓度大于 $0.25\mu g/mL$ 的核酸溶液。

2. 定糖法

（1）RNA 的测定

RNA 分子中所含的核糖经浓硫酸或浓盐酸作用脱水生成糠醛，糠醛可与 3,5-二羟甲苯（苔黑酚或地衣酚）反应生成绿色化合物，该化合物可在 670~680nm 波长下进行比色测定。

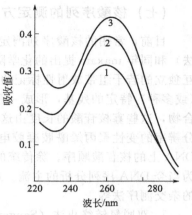

图 5-24 核酸和核苷酸的紫外吸收性质
1—双链 DNA 的紫外吸收；
2—变性 DNA 的紫外吸收；
3—核苷酸的紫外吸收

（2）DNA 的测定

DNA 在酸性条件下加热，其嘌呤碱与脱氧核糖间的糖苷键断裂，生成嘌呤碱、脱氧核糖和脱氧嘧啶核苷酸，而 2-脱氧核糖在酸性环境中加热可脱水生成 ω-羟基-γ-酮基戊醛，此物质与二苯胺试剂反应可生成蓝色物质（图 5-25），该化合物在 595nm 波长处有最大吸收。DNA 在 $40\sim 400\mu g$ 范围内，光吸收与 DNA 的浓度成正比。在反应液中加入少量乙醛，可以提高反应灵敏度。

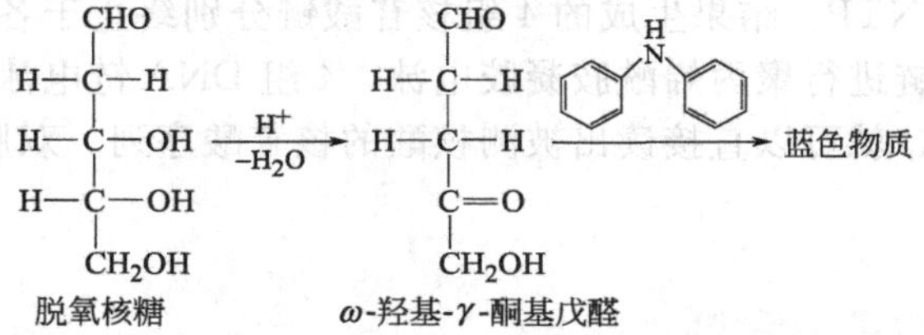

图 5-25 DNA 的呈色反应

3. 定磷法

RNA 和 DNA 中都含有磷酸，可以进行磷的测定。纯的核酸中含磷量在 9.5% 左右，因此，测出核酸中的磷含量就可计算核酸的含量。测定时先将核酸用强酸消化成无机磷酸，后者与定磷试剂中的钼酸反应生成磷钼酸，再经过还原作用，生成蓝色的复合物，最后在 650~660nm 进行比色测定。

4. 电泳法

凝胶电泳是当前核酸研究中最常用的方法，可用于鉴定核酸的纯度及大小，方法有琼脂糖凝胶电泳、聚丙烯酰胺凝胶电泳。前者常用于 DNA 的分离分析，后者用于 RNA 的分离分析。

5. 超速离心法

溶液中的核酸在引力场中可以下沉，不同类型的核酸具有不同的沉降特性。核酸的超速离心用于测定核酸的浮力密度、测定 DNA 分子中的 G 与 C 含量、测定溶液中核酸的构象。如核酸经染料-氯化铯密度梯度离心后，在离心管里沉降的速度由大到小依次为：超螺旋 DNA、闭环质粒 DNA、开环及线形 DNA，若样品中含有蛋白质，蛋白质沉降速度最小。此方法也常用于制备核酸。

（七）核酸序列的测定方法

目前，常用的核酸序列测定技术是 1977 年 Sanger 等提出的双脱氧链终止法（Sanger 法）和同年 maxam 提出的化学降解法。虽然其原理大相径庭，但这两种方法都同样生成相互独立的若干组带放射性标记的寡核苷酸，每组核苷酸都有共同的起点，却随机终止于一种（或多种）特定的残基，形成一系列以某一特定核苷酸为末端的长度各不相同的寡核苷酸混合物，这些寡核苷酸的长度由这个特定碱基在待测 DNA 片段上的位置所决定。最后通过高分辨率的变性聚丙烯酰胺凝胶电泳，经放射自显影后，从放射自显影胶片上直接读出待测 DNA 上的核苷酸顺序。除传统的双脱氧链终止法和化学降解法外，自动化测序实际上已成为当今 DNA 序列分析的主流。此外，新的测序方法亦在不断出现，如 20 世纪 90 年代提出的杂交测序法等。

1. 双脱氧链终止法（Sanger 法）

双脱氧链终止测序方法较常用，是 DNA 自动测序的原理。其测序原理是：引入了双脱氧核苷三磷酸（$2'$,$3'$-ddNTP）作为链终止剂，双脱氧核苷三磷酸结构如图 5-26 所示，$2'$,$3'$-ddNTP 脱氧核糖的 $3'$ 位缺少羟基，它可以与多核苷酸链的 $3'$-羟基形成磷酸二酯键，但却不能与下一个核苷酸缩合，导致多核苷酸链的延伸终止。如果在 DNA 的合成反应中，加入一种少量的 ddNTP，则多核苷酸链的延伸将在随机的位点终止，生成一系列长短不一的核苷酸链。在 4 组独立的 DNA 合成反应中，分别加入 4 种不同的 ddNTP，结果生成的 4 组核苷酸链分别终止于各个 A、G、C、T 的位置上。对这 4 组核苷酸链进行聚丙烯酰胺凝胶电泳，4 组 DNA 链电泳后按链的长短分离开，经放射自显影显示区带，就可以直接读出被测核酸的核苷酸序列。双脱氧链终止法测序原理如图 5-27 所示。

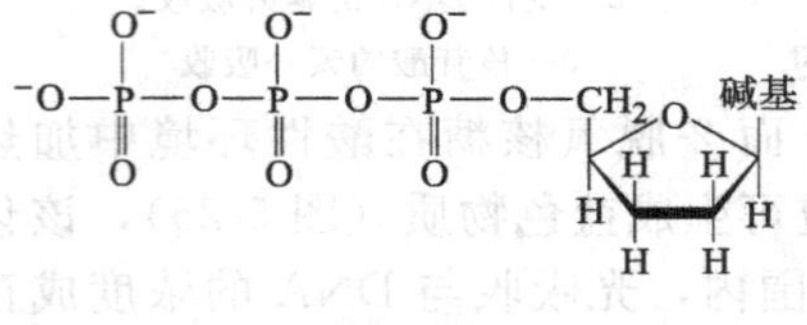

图 5-26 双脱氧核苷三磷酸（ddNTP）

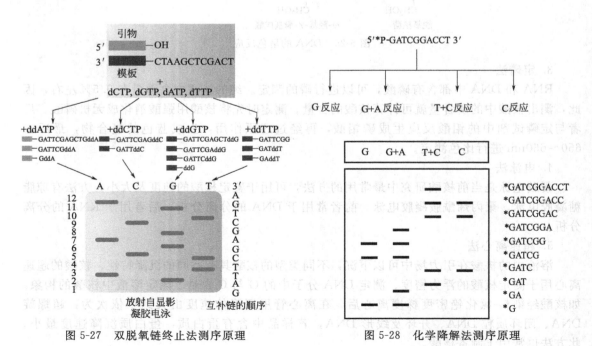

图 5-27 双脱氧链终止法测序原理

图 5-28 化学降解法测序原理

2. 化学降解法

化学降解法与包括合成反应的链终止法不同，需要对原 DNA 进行化学降解。其基本原理是，首先对待测 DNA 末端进行放射性标记，再通过多组相互独立的化学反应分别得到部分降解产物，其中每一组反应特异性地针对某一种或某一类碱基进行切割。因此，产生多组不同长度的放射性标记的 DNA 片段，每组中的每个片段都有放射性标记的共同起点，但长度取决于该组反应针对的碱基在原样品 DNA 分子上的位置。最后各组反应物通过聚丙烯酰胺凝胶电泳进行分离，通过放射自显影检测末端标记的分子，并直接读取待测 DNA 片段的核苷酸序列。测序原理如图 5-28 所示。

3. DNA 序列分析的自动化

双脱氧链终止法和化学降解法是目前公认的两种最通用、最有效的 DNA 序列分析方法，但实际操作中仍存在一些共同的问题，如放射性核素的污染、操作步骤繁琐、效率低和速度慢等缺点，特别是结果判断的读片过程实在是费时又乏味的工作。随着计算机软件技术、仪器制造和分子生物学研究的迅速发展，DNA 自动化测序技术取得了突破性进展，以其简单（自动化）、安全（非同位素）、精确（计算机控制）和快速等优点，已成为如今 DNA 序列分析的主流。

DNA 序列分析的自动化包括两个方面的内容：一是指分析反应的自动化，二是反应产物（标记 DNA 片段）分析的自动化。虽然各种 DNA 自动测序系统差别很大，但 Sanger 法所采用的 DNA 聚合酶和双脱氧核苷酸链终止的原理，仍然是现今自动化测序的最佳选择方案，即 DNA 自动化测序技术大都沿用 Sanger 的双脱氧核苷酸链终止法原理进行测序反应，主要的差别在于非放射性标记物和反应产物（标记 DNA 片段）分析系统。

以 Perkin Elmer（PE 公司）推出的 ABI 自动化测序仪为例介绍其工作原理。采用专利的 4 种荧光染料分别标记终止物 ddNTP 或引物，经 Sanger 测序反应后，反应产物 3′端（标记终止物法）或 5′端（标记引物法）带有不同的荧光标记。一个样品的 4 个测序反应产物可在同一泳道内电泳，从而降低测序泳道间迁移率差异对精确性的影响。通过电泳将各个荧光标记片段分开，同时激光检测器同步扫描，激发的荧光经光栅分光，以区分代表不同碱基信息的不同颜色的荧光，并在 CCD 摄影机上同步成像。电脑可在电泳过程中对仪器运行情况进行同步检测，结果能以电泳图谱、荧光吸收峰图或碱基排列顺序等多种方式输出。ABI 测序仪包括电泳系统、激光检测装置、电脑、打印机、DNA 序列分析软件以及 DNA 片段大小和定量分析软件。该系统采用电脑单点控制整个 DNA 测序仪，包括电泳参数设置、数据收集、数据分析及结果输出等。

四、项目实施

训练任务一 大肠杆菌基因组 DNA 的提取

【任务背景】

DNA 是遗传信息的载体和基本遗传物质，它在遗传变异、代谢调控等方面起着重要作用，是分子生物学和基因工程研究的对象，但无论是研究 DNA 的结构和功能，还是开展外源 DNA 的转化、转导的研究，首先要做的就是从生物体中提取天然状态的纯化 DNA。

假设你是一名某核酸产品生产企业的技术员，该公司采用发酵法生产核酸，你的工作职责是分离纯化菌体中 DNA，即从大肠杆菌中提取 DNA 组分。任务接手后，部门领导要求你尽快查阅 DNA 分离的相关知识及操作方法，制订工作计划和工作方案并有计划地实施，认真填写工作记录,必须要在规定的时间内提交质量合格的研究报告和所制备的纯化 DNA。

【任务思考】
1. 什么是核酸?什么是基因?什么是基因组 DNA?
2. 核酸的化学组成特点?
3. 核酸的分类及其异同点?
4. 提取基因组 DNA 时,利用的是 DNA 的哪些理化性质?
5. 基因组 DNA 提取过程中所用试剂的作用?
6. 基因组 DNA 提取过程中的注意事项有哪些?
7. 使用高压蒸汽灭菌锅时,应注意什么问题?
8. 使用离心机时,应注意什么问题?
9. 使用移液器时,应注意什么问题?
10. 本实验所用化学试剂是否安全?试分析不安全试剂的安全防范措施?
11. 为顺利开展本实验需要提前做哪些准备工作?

【实验器材】
1. 菌种

   大肠杆菌。
2. 试剂

   NaOH、Tris、HCl、EDTA-2Na·$2H_2O$、KAc、异戊醇、Tris 饱和酚、氯仿、无水乙醇、胰蛋白胨、酵母浸膏、NaCl、NaOH、蛋白酶 K、溶菌酶等。
3. 设备和材料

   高压蒸汽灭菌锅、台式高速离心机、制冰机、移液器（$10\mu L$、$200\mu L$、$1000\mu L$）及其枪头、枪头盒、离心管（1.5mL）及离心管架、水浴锅、常用玻璃仪器及滴管、pH 计等。

【实验方法】
① 细菌收集：取 1.5mL 大肠杆菌培养物置于 1.5mL 离心管中,转速 10000r/min,离心 2min,弃上清液,将管倒置于吸水纸上几分钟,使液体流尽。

② 菌体洗涤：加入 $500\mu L$ TE 缓冲液,10000r/min 离心 2min,弃上清液。

③ 加入 $500\mu L$ TE 缓冲液、$50\mu L$ 20mmol/L 溶菌酶,混匀,于 37℃保温 1h。

④ 再加入 $50\mu L$ 20mmol/L 蛋白酶 K,于 37℃保温 1h。

⑤ 加入等体积的 Tris 饱和酚/氯仿/异戊醇（25∶24∶1）,混匀,10000r/min 离心 5min,上清液转入新管中。

⑥ 加入等体积的氯仿/异戊醇（24∶1）,混匀,10000r/min 离心 5min,将上清液转入新管中。

⑦ 加入 1/5 体积的 3mol/L 醋酸钠（pH5.2）、2 倍体积的无水乙醇,轻轻旋转离心管,混匀,室温放置 10min,用于沉淀 DNA,可见絮状沉淀。

⑧ 10000r/min 离心 5min,弃上清液。

⑨ 加入 1mL 70%乙醇,振荡并离心（10000r/min,5min）,弃上清液,此步重复两次。

⑩ 室温晾干,即得基因组 DNA 制品。

⑪ 保存：将 DNA 沉淀溶解于 $100\mu L$ 的无菌 TE 缓冲液（或无菌超纯水）中,充分溶解后,置-20℃保存。

【注意事项】
1. 整个操作过程中,应尽量避免 DNA 酶的污染,所有接触样品的用具要经过高压蒸汽灭菌以破坏 DNA 酶。

2. 分离基因组 DNA 过程中，特别要注意动作温和，以减少对 DNA 的机械损伤，以保证得到较长的 DNA。

3. 由于酚的腐蚀性较强，在用酚试剂时要特别小心，注意安全，最好戴手套。

4. 用此法所得 DNA 长度为 100～150kb。

训练任务二　DNA 的鉴定——琼脂糖凝胶电泳技术

【任务背景】

DNA 是遗传信息的载体，是最重要的生物信息分子，是分子生物学和基因工程研究的重要对象。无论是研究 DNA 的结构和功能，还是开展外源 DNA 的转化、转导的研究，从生物体中提取 DNA 后，均需对其完整性和纯度做进一步的鉴定分析。

假设你是某基因工程实验室的一名实验员，你的工作职责是采用琼脂糖凝胶电泳技术对分离的 DNA 进行分析鉴定。任务接手后，部门领导要求你尽快查阅 DNA 电泳鉴定的相关知识及操作方法，制订工作计划和工作方案并有计划地实施，认真填写工作记录，必须要在规定的时间内提交质量合格的研究报告和 DNA 电泳图像。

【任务思考】

1. 什么是电泳技术？
2. 电泳的基本原理？
3. 电泳技术的常见种类？
4. 琼脂粉能否代替琼脂糖用于电泳？
5. 试分析 DNA 电泳的泳动方向和影响因素？
6. 加样缓冲液有何作用？
7. 溴化乙锭（EB）染料的作用是什么？在使用时应注意哪些问题？
8. 试对基因组 DNA（或质粒 DNA）的电泳结果有个预测？（绘图说明）
9. 试分析 DNA 条带模糊、弱甚至缺失的原因？
10. 为顺利开展本实验需要提前做哪些准备工作？

【实验器材】

1. 材料

DNA 溶液。

2. 试剂

Tris、EDTA-2Na·2H$_2$O、NaOH、硼酸、冰醋酸、琼脂糖、溴化乙锭储存液（10mg/mL EB）、加样缓冲液（loading buffer）、DNA 片段长度标记（DNA marker）等。

3. 设备和材料

天平、pH 计、高压灭菌锅、微量移液器、电泳仪、水平电泳槽、凝胶成像系统（紫外观测仪、紫外防护镜）等。

【实验方法】

① 1×TAE 的制备：如制备 50mL 1×TAE，取 1mL 50×TAE 加入 49mL 水定容至 50mL。

② 制备琼脂糖凝胶（1%）：取 0.25g 琼脂糖溶于 25mL TAE 中，在短时间里加热琼脂糖全部溶化，使溶液冷却至 60℃，加入浓度为 10mg/mL 的 EB 2μL，使 EB 的终浓度为 1μg/mL。

③ 制备胶板：将透明托盘平行放入胶床内，然后将具有所需齿数的梳子插入制胶架的定位槽中，然后将温热（60℃左右）琼脂糖倒入胶床中，凝固 30～45min。在凝胶完全凝固

之后，小心移去梳子（防止破坏加样孔）。将胶床放在电泳槽内，注意放置方向，向电泳槽中注入适量的 1×TAE 缓冲液，使其液面略高于胶面。

④ 加样：将 8μL DNA 样品与加样缓冲液在蜡面纸上混匀，全部加样于琼脂糖板的样品孔中。标准 DNA 样品加至一侧（加样时注意避免引入气泡）。记下加样顺序与点样量。

⑤ 电泳：正确连接电泳槽和电源，接通电泳仪。稳压电泳 100V，使溴酚蓝指示剂泳动到距凝胶前沿 1~2cm 处，停止电泳。

⑥ 观察结果：电泳结束后，在凝胶成像系统（或紫外观测仪）上进行观察。在 254nm 波长的紫外灯下观察，拍照，DNA 存在处显示出肉眼可辨的条带。

【注意事项】

1. 配制琼脂糖凝胶液时，切勿忘记加入 EB，否则无法观察到核酸分子，并且要在溶解胶冷却至 60℃添加。

2. 溴化乙锭有强烈的致癌作用，操作时注意防护，同时注意不要污染环境。凡是沾污了 EB 的容器或物品必须经专门处理后才能清洗或丢弃。

3. 电泳缓冲液可重复使用，但不要过多重复。电泳缓冲液过多重复使用后，离子强度降低，pH 上升，缓冲性能下降，可使 DNA 电泳产生条带模糊和不规则的 DNA 带迁移的现象。

4. 如果 DNA 样品中含盐量太高及含杂质蛋白，均可能产生条带模糊和条带缺失的现象。可用乙醇沉淀法去除多余的盐，可用酚抽提法去除蛋白质。

5. DNA 的上样量要适量。太多的 DNA 上样量可能导致 DNA 带模糊；太少的上样量则导致带弱甚至带缺失。

6. 溴化乙锭溶液的净化处理方法如下。

① 溴化乙锭浓溶液（浓度>0.5mg/mL）的净化处理：加入足量的水使 EB 的浓度降低至 0.5mg/mL 以下；加入 1 倍体积的 0.5mol/L $KMnO_4$，小心混匀，再加 1 倍体积的 2.5mol/L HCl，小心混匀，于室温放置数小时；加入 1 倍体积的 2.5mol/L NaOH，小心混匀后可丢弃该溶液。

② 溴化乙锭稀溶液（如含 0.5~1μg/mL 溴化乙锭的电泳缓冲液）的净化处理：每 100mL 溶液中加入 100mg 粉状活性炭；于室温放置 1h，不时摇动；用滤纸过滤溶液，丢弃滤液；用塑料袋封装滤纸和活性炭，作为有害物予以丢弃。

训练任务三　DNA 的含量测定——分光光度技术

【任务背景】

核酸为生物细胞内所含的重要组成部分，可分为核糖核酸（RNA）和脱氧核糖核酸（DNA）两大类。其中 DNA 对生命有独特的功能，可改善营养，帮助断奶的婴儿成长；促进胆固醇代谢；增强免疫功能及抗癌能力，防止细胞活力下降、异常、退化及老化；并能激活肝能代谢，促进肝细胞再生及肝脏修复；同时可保湿皮肤，减少紫外线对皮肤的伤害。核酸相关产品的开发与生产引起了医药和保健品生产厂家的浓厚兴趣。

假设你是一名某核酸产品生产企业质控部门的技术员，你的主要职责是采用分光光度检测技术对产品中 DNA 的纯度及浓度进行测定。部门领导要求你们尽快查阅核酸含量测定的相关知识及操作方法，制订工作计划和工作方案并有计划地实施，认真填写工作记录，在规定的时间内提交质量合格研究报告和检测结果。

【任务思考】

1. 什么是分光光度技术？

2. 根据物质吸收光谱的波长范围不同，分光光度技术的分类？
3. 什么是朗伯-比尔定律？
4. 什么是吸光度？什么是透光率？什么是光密度？
5. 分光光度计的主要结构部件包括哪些？
6. 分光光度技术的应用有哪些？
7. 使用分光光度计时需要注意哪些问题？
8. 采用分光光度检测技术对 DNA 含量进行测定，可采用哪些方法，各利用 DNA 哪些理化性质？试分析每种方法的优缺点。
9. 什么是标准曲线？如何绘制标准曲线？

方法 1 紫外吸收法

【实验器材】

1. 材料

待测 DNA 样品。

2. 试剂

氨水，过氯酸，钼酸铵等。

3. 设备和材料

分析天平、紫外分光光度计、冰箱、离心机、离心管、容量瓶、移液管、药品勺和玻璃棒、试管、试管架等。

【实验方法】

1. 核酸样品纯度的测定

在紫外分光光度计上测定核酸样品 A 与样品 B 在 260nm、280nm 波长处的光吸收值 A。并代入公式计算 DNA 纯度（A_{260}/A_{280}）。

2. 样品 DNA 含量测定

如果待测的核酸样品不含酸溶性核苷酸或可透析的低聚多核苷酸，则可将样品配制成一定浓度的溶液（20～50μg/mL）在紫外分光光度计上直接测定；当待测的核酸样品中含有酸溶性核苷酸或可透析的低聚多核苷酸，在测定时需要加钼酸铵-过氯酸沉淀剂，沉淀除去大分子核酸，测定上清液 260nm 处光吸收值作为对照。具体操作如下：取两支离心管，A 管内加入 0.5mL 样品溶液和 0.5mL 蒸馏水；B 管内加入 0.5mL 样品溶液和 0.5mL 沉淀剂（沉淀除去大分子核酸，作为对照）；混匀，在冰浴（或冰箱）中放置 30min，3000r/min 离心 10min；将 A、B 两管上清液分别稀释至吸光值在 0.1～1.0 之间，在紫外分光光度计上测定在 260nm 波长处的光吸收值 A（A_1 和 A_2）。

3. DNA 含量计算

$$\text{样品 A 中 DNA 含量}(\%) = \frac{A_1 - A_2}{0.020 \times L \times \text{样品浓度}} \times 100$$

$$\text{样品浓度} = \frac{500\text{mg}}{50\text{mL} \times \frac{1}{0.5} \times \text{稀释倍数}}$$

式中　A_1，A_2——分别为样品 DNA 溶液和对照溶液在 260nm 处的吸光值；
　　　L——比色皿的光径，cm；
　　0.020——1μg/mL DNA 钠盐的光密度。

$$\text{样品 B 中 DNA 浓度}(\text{mg/L}) = \frac{A_1 - A_2}{0.020 \times L} \times \text{稀释倍数}$$

式中　A_1，A_2——分别为样品 DNA 溶液和对照溶液在 260nm 处的吸光值；

　　　　L——比色皿的光径，cm；

　　　0.020——1mg/L DNA 钠盐的光密度。

【注意事项】

1. 核酸具有吸收紫外光线的能力，在波长为 260nm 的条件下具吸收峰值，而蛋白质在 280nm 时具有吸收峰值。根据经验数据，纯 DNA 溶液 A_{260}=1.8 时，认为已达到所要求的纯度。在样品中含有蛋白质等杂质时，会使 A_{260}/A_{280} 的值下降；在样品中含有 RNA 等杂质时，会使 A_{260}/A_{280} 的值上升。用此法测定时，只能区别核酸和蛋白质，而无法区别质粒 DNA 与染色体 DNA 及 RNA。

2. 用紫外光吸收法测定样品的核酸含量，具有简单、快速、灵敏度高的优点，并且待测核酸样品中含有的微量蛋白质和核苷酸等吸收紫外光物质，产生较小测定误差。但该法在测定样品内混杂有大量的上述吸收紫外光物质时，则会产生较大测定误差，需要设法事先除去。

3. 当样品中含有核苷酸类杂质时，需要加钼酸铵-过氯酸沉淀剂处理，沉淀除去大分子核酸，测定上清液 260nm 处光密度，以此作为对照；再从未加沉淀剂测得的样品液 260nm 光密度中扣除。

4. 注意公式中稀释倍数的计算。

5. 注意要使用石英比色皿进行测定。

方法 2　二苯胺显色法

【实验器材】

1. 材料

待测 DNA 样品。

2. 试剂

小牛胸腺的 DNA 钠盐，NaOH，二苯胺，冰醋酸，过氯酸，乙醛等。

3. 设备和材料

可见分光光度计，容量瓶，坐标纸等。

【实验方法】

1. 配制试剂

DNA 标准溶液：准确称取小牛胸腺的 DNA 钠盐，以 0.01mol/L NaOH 溶液配成 200μg/mL 的溶液。

DNA 样品溶液：准确称取干燥的固体 DNA 样品 A，以 0.01mol/L NaOH 溶液配成 100～150μg/mL 的溶液。

二苯胺试剂：称取 1g 二苯胺，溶于 100mL 的分析纯的冰醋酸中，再加入 10mL 过氯酸，混匀待用。临用前加入 1mL 的 1.6% 乙醛，配好的试剂应为无色（乙醛溶液应保存于冰箱中，一周内可使用）。

2. 制作 DNA 标准曲线

取 12 支洁净干燥试管按表 5-2 加入试剂。

按表 5-2 加完各试剂后，充分混匀，于 60℃ 水浴中保温 1h，冷却后于 595nm 波长处以 1、2 管为空白调零，测定各管光密度（OD_{595nm}）。取两管的平均值，以 DNA 的含量为横坐标、光密度为纵坐标，绘制标准曲线。

3. 样品 DNA 含量测定

表 5-2

管号	DNA 标准溶液/mL	水/mL	二苯胺试剂/mL	DNA 含量/μg	OD$_{595nm}$
1,2	0	2.0	4	0	
3,4	0.4	1.6		80	
5,6	0.8	1.2		160	
7,8	1.2	0.8		240	
9,10	1.6	0.4		320	
11,12	2.0	0		400	

取 2 支干净试管按表 5-3 加入试剂，其他操作同上。

表 5-3

管号	DNA 样品溶液/mL	水/mL	二苯胺试剂/mL	DNA 含量/μg	OD$_{595nm}$
13,14	2.0	0	4		

必要时，可对 DNA 样品溶液稀释，要将待测溶液中的 DNA 含量调整至标准曲线的可读范围内。

4．DNA 含量计算

以 DNA 样品溶液的 OD$_{595nm}$，从标准曲线上查出相对应的 DNA 含量，并求出样品中的 DNA 百分含量。按下式计算出样品 A 中 DNA 的百分含量。

$$DNA(\%) = \frac{待测液中测得的 DNA 量(\mu g)}{待测液中样品的量(\mu g)} \times 100$$

样品 B 中 DNA 的百分含量，即用所测数值乘以相应的稀释倍数。

【注意事项】

1．二苯胺试剂具有腐蚀性，且二苯胺反应产生的蓝色不易褪色，操作中应防止洒出。

2．比色时，比色皿外面一定要擦干净。

方法 3　定磷法

【实验器材】

1．材料

待测 DNA 样品。

2．试剂

磷酸二氢钾、市售硫酸、钼酸铵、抗坏血酸、市售过氯酸、市售过氧化氢等。

3．设备和材料

可见分光光度计、容量瓶、分析天平、烘箱、干燥器、台式离心机、离心管、恒温水浴锅、试管、吸量管、坐标纸等。

【实验方法】

1．配制试剂

标准磷溶液：将 KH$_2$PO$_4$ 预先置于 105℃烘箱烘至恒重，然后放在干燥器内使温度降到室温，精确称取 0.2195g（含磷 50mg），用水溶解，定容至 50mL（含磷量为 1mg/mL），作为储存液置冰箱中待用。测定时，取此溶液稀释 100 倍，使含磷量为 10μg/mL。

定磷试剂（3mol/L 硫酸∶水∶2.5% 钼酸铵∶10% 抗坏血酸＝1∶2∶1∶1，体积比）：配制时按上述顺序加试剂。溶液配制后当天使用。正常颜色呈浅黄绿色，如呈棕黄色或深绿色不能使用，抗坏血酸溶液在冰箱放置可用1个月。

沉淀剂：称取1g钼酸铵溶于14mL过氯酸中，加386mL水。

5mol/L硫酸。

DNA样品溶液A：准确称取干燥的固体DNA样品A，配成6mg/mL的溶液。

2. 标准曲线的绘制

取6支干净的试管，按表5-4加入标准磷溶液、水及定磷试剂。

表 5-4

管 号	标准磷溶液/mL	水/mL	定磷试剂/mL	无机磷量/μg
1	0	3.0	3	0
2	0.2	2.8		2
3	0.4	2.6		4
4	0.6	2.4		6
5	0.8	2.2		8
6	1.0	2.0		10

将试管内溶液立即摇匀，于45℃恒温水浴内保温25min，取出冷却至室温，于660nm处测定光吸收值。

以标准磷含量（μg）为横坐标、光吸收值为纵坐标，绘出标准曲线。

3. 测总磷量

取4个试管，1、2号管内各加0.5mL蒸馏水作为空白对照，3、4号各加0.5mL制备的DNA样品溶液；然后各加1.0~1.5mL 5mol/L硫酸。将试管置烘箱内。于140~160℃消化2h。待溶液呈黄褐色后，取出稍冷，加入1~2滴过氧化氢（勿滴于瓶壁），继续消化，直至溶液透明为止。取出，冷却后加0.5mL蒸馏水，于沸水浴中加热10min，以分解消化过程中形成的焦磷酸。然后将试管中的内容物用蒸馏水定量转移到50mL容量瓶内，定容至刻度。

取4支试管，分成2组，分别加入1mL上述消化后定容的样品和空白溶液，如前法进行定磷比色测定。测得的样品光吸收值减去空白光吸收值，并从标准曲线中查出磷的质量（μg），再乘以稀释倍数即得1mL样品中的总磷量。

4. 测无机磷量

取4支离心管，向2支离心管中各加入蒸馏水0.5mL作为空白对照，另2支离心管中各加0.5mL制备的DNA溶液；然后在4支离心管中各加0.5mL沉淀剂，摇匀，以3500r/min离心15min，随后取0.1mL上清液，加2.9mL水和3mL定磷试剂，同上法比色。由标准曲线查出无机磷的质量（μg），再乘以稀释倍数即得1mL样品中的无机磷量。

5. 计算DNA含量

DNA的含磷量为9.9%，可以根据磷含量计算出DNA量，即1μg DNA磷相当于10.1μg DNA。将测得的总磷量减去无机磷量即为DNA磷量。

训练任务四 酵母菌目标基因的体外扩增——PCR技术

【任务背景】

细胞核小亚基rDNA的序列进化相对较慢，有"化石"之称，常常被应用于生物体的进化分析。酵母的核糖体 5.8S rDNA 及两侧的转录间隔区（internal transcribed spacer，ITS）具有显著的种间差异性，PCR 扩增并分析其序列，可作为鉴别酵母菌种的分类依据。

假设你是一名某发酵产品生产企业质控部门的技术员，你的主要职责是进行优良酵母菌株的选育，在酵母筛选过程中，你需要采用分子生物学方法对酵母菌株做分类学鉴定。部门领导要求你们负责目的基因的 PCR 扩增工作，要求尽快查阅有关 PCR 技术的相关知识及操作方法，购置相关分子生物学试剂盒，制订工作计划和工作方案并有计划地实施，认真填写工作记录，在规定的时间内提交质量合格研究报告和检测结果。

【任务思考】
1. PCR 反应？
2. PCR 反应原理（反应过程）？
3. PCR 反应特点？
4. PCR 的反应体系？
5. PCR 技术的应用？
6. PCR 操作时的注意事项？
7. PCR 引物如何设计？
8. PCR 反应条件如何确定？
9. PCR 反应的异常情况及其解决对策？

【实验器材】
1. 菌种
酵母菌。
2. 试剂
酵母基因组 DNA 快速提取试剂盒（配说明书），乙醇，异丙醇，β-巯基乙醇，山梨醇，上、下游引物（各 $10\mu mol/L$）（配说明书），dNTP 混合物（10mmol/L），Taq DNA 聚合酶（$5U/\mu L$）（配说明书），DNA Marker（DNA Ladder D100）（配说明书）。
3. 仪器
离心机、水浴锅、PCR 仪、凝胶成像系统、电泳系统等。

【实验方法】
1. 酵母菌基因组 DNA 的提取
采用酵母菌基因组 DNA 提取试剂盒提取酵母菌的基因组 DNA。
2. 酵母菌株 5.8S-ITS rDNA 的 PCR 扩增
PCR 扩增所用引物为 ITS1（5′-TCCGTAGGTGAACCTGCGG-3′）和 ITS4（5′-TCCTCCGCTTATTGATATGC-3′），由上海生物工程技术服务有限公司合成。

PCR 扩增体系（$25\mu L$）的组成为模板 DNA $3\mu L$，$10\times$ PCR 反应缓冲液 $2.5\mu L$，$10\mu mol/L$ 引物各 $0.5\mu L$，10mmol/L dNTP $0.5\mu L$，Taq DNA 聚合酶 $0.5\mu L$，ddH_2O 补充体系至 $25\mu L$，离心混匀。

PCR 扩增条件为 95℃ 5min；94℃ 1min，55.5℃ 2min，72℃ 2min，30 个循环；72℃ 10min。

3. 酵母菌株 5.8S-ITS rDNA 的 PCR 产物检测
取 $5\mu L$ PCR 扩增产物点样于 1.4% 琼脂糖凝胶上，电泳缓冲液为 $1\times$ TAE（$0.5\times$ TBE），100V 电压下，电泳 40min，溴化乙锭（EB）染色后，由凝胶成像系统对电泳图谱拍照并进行分析，采用 100 bp DNA Marker 判断 PCR 扩增产物的大小。

五、拓展训练

设计任务一　质粒 DNA 的提取和测定

【任务背景】

质粒是真核细胞细胞核外或原核生物拟核区外能够进行自主复制的遗传单位，包括真核生物的细胞器（主要指线粒体和叶绿体）中和细菌细胞拟核区以外的环状 DNA 分子（部分质粒为 RNA）。在基因工程中质粒常被用作基因的载体。最常用的质粒是大肠杆菌的质粒。

假设你是某基因工程实验室的一名实验员，你的工作职责是提取大肠杆菌的质粒 DNA，为后期的基因转化操作奠定基础。任务接手后，部门领导要求你尽快查阅质粒 DNA 提纯及其鉴定的相关知识及操作方法，制订工作计划和工作方案并有计划地实施，认真填写工作记录，必须要在规定的时间内提交质量合格的研究报告和纯化的质粒 DNA 样品。

设计任务二　植物 DNA 的提取和测定

【任务背景】

随着基因工程等分子生物学技术的迅速发展及广泛应用，人们经常需要提取高分子量的植物 DNA，用于构建基因文库、基因组 Southern 分析、酶切及克隆等，这是研究基因结构和功能的重要步骤。

假设你是某基因工程实验室的一名实验员，你的工作职责是提取植物材料的基因组 DNA，为后期的基因分析操作奠定基础。任务接手后，部门领导要求你尽快查阅植物 DNA 提纯及其鉴定的相关知识及操作方法，制订工作计划和工作方案并有计划地实施，认真填写工作记录，必须要在规定的时间内提交质量合格的研究报告和纯化的质粒 DNA 样品。

糖类生化产品的制备和检测

一、项目介绍

项目相关背景	糖是动物、人和许多微生物的主要能量来源,是生命的燃料,此外,它还是生物细胞骨架成分、细胞信息传递物质等。它不仅以游离形式直接参与生命过程,而且还可以作为糖缀合物(如糖蛋白、糖脂等)参与许多重要的生命活动。无论是基本的生命过程,还是在疾病的发生和发展中都有糖的参与。 糖类生化产品的制备与检测技术在医药、保健、农业、畜牧、饲料、养殖、食品、轻工、化工、环保等领域均有广泛的应用,为自然资源高值转化、特色生物资源开发、农产品深加工、生物制品替代化学品等开辟了新的领域,具有极大的应用价值。
项目任务描述	训练任务一　食品中还原糖含量的测定 训练任务二　血糖含量的测定 设计任务　香菇多糖的提取

二、学习目标

1. 能力目标
① 能完成文献资料的查询和搜集工作。
② 能与他人分工协助并进行有效的沟通。
③ 能设计出糖类产品分离纯化与糖含量检测的方案并做出相应计划。
④ 能完成糖含量检测与糖类产品的制备工作,能解释其基本原理,并说明操作注意事项。
⑤ 能通过文字、口述或实物展示自己的学习成果。
2. 知识目标
① 能简述糖主要的生物学功能。
② 能列举糖的主要种类及其结构与性质特点。
③ 能简述糖分解的主要途径。
④ 能列举常见的糖分离纯化的方法及各自的优缺点。
⑤ 能列举常见的糖含量的测定方法及其原理和优缺点。

三、背景知识

(一) 糖的概念

糖是指多羟基醛或多醛基酮及其它们的衍生物和聚合物的总称。由于绝大多数的糖类化合物

都可以用通式 $C_n(H_2O)_n(n\geqslant 3)$ 表示，人们一直认为糖类是碳与水的化合物，因此糖类又经常被称为碳水化合物，但是后来人们发现这种称呼并不恰当。如甲醛（HCHO）、醋酸（CH_3COOH）等分子符合上述通式，但它们并不是糖类；而鼠李糖（$C_6H_{12}O_5$）是糖类，却不符合上述通式；此外，有些糖类化合物中除含有 C、H、O 元素之外，还含有 N、S、P 等元素。

（二）糖的功能

1. 提供能量

植物的淀粉和动物的糖原都是能量的储存形式。每克葡萄糖在人体内氧化产生 4kcal[❶] 能量，人体所需要 70% 左右的能量都由糖来提供。

2. 转变为生命所必需的其他物质

糖可为蛋白质、核酸、脂类的合成提供碳骨架。

3. 生物体的结构物质

糖是细胞骨架的主要组分，如纤维素、半纤维素、木质素（植物细胞壁的主要成分）、肽聚糖（细菌细胞壁的主要成分）。

4. 细胞或生物分子间的识别

一些细胞的细胞膜表面含有糖分子或寡糖链，构成细胞的"天线"，参与细胞间的通信。

（三）糖的分类

依据糖类物质能否水解和水解后的产物可分为如下几类。

(1) 单糖

单糖是指自身不能水解成更小分子的多羟基醛或多羟基酮，它是构成寡糖和多糖的基本单位。

根据碳原子数目不同，可将单糖分为丙糖、丁糖、戊糖、己糖等，又可称为三碳糖、四碳糖、五碳糖、六碳糖等。根据所含羰基位置不同，可将单糖分为醛糖和酮糖两类。单糖的这两种分类方法常结合使用，如含有五个碳原子的醛糖称为戊醛糖，含有六个碳原子的酮糖称为己酮糖。

最简单的单糖是丙醛糖（甘油醛）和丙酮糖（二羟基丙酮），它们的结构式如下所示：

$$\begin{array}{cc} \text{CHO} & \text{CH}_2\text{OH} \\ \text{H}-\text{C}-\text{OH} & \text{C}=\text{O} \\ \text{CH}_2\text{OH} & \text{CH}_2\text{OH} \\ \text{丙醛糖(甘油醛)} & \text{丙酮糖(二羟基丙酮)} \end{array}$$

自然界分布最广的是戊醛糖（核糖、脱氧核糖等）、己醛糖（葡萄糖、半乳糖等）和己酮糖（果糖等），它们的结构式如下所示：

$$\begin{array}{ccccc} \text{CHO} & \text{CHO} & \text{CHO} & \text{CHO} & \text{CH}_2\text{OH} \\ \text{H}-\text{C}-\text{OH} & \text{H}-\text{C}-\text{H} & \text{H}-\text{C}-\text{OH} & \text{H}-\text{C}-\text{OH} & \text{C}=\text{O} \\ \text{H}-\text{C}-\text{OH} & \text{H}-\text{C}-\text{OH} & \text{HO}-\text{C}-\text{H} & \text{HO}-\text{C}-\text{H} & \text{HO}-\text{C}-\text{H} \\ \text{H}-\text{C}-\text{OH} & \text{H}-\text{C}-\text{OH} & \text{H}-\text{C}-\text{OH} & \text{HO}-\text{C}-\text{H} & \text{H}-\text{C}-\text{OH} \\ \text{CH}_2\text{OH} & \text{CH}_2\text{OH} & \text{H}-\text{C}-\text{OH} & \text{H}-\text{C}-\text{OH} & \text{H}-\text{C}-\text{OH} \\ & & \text{CH}_2\text{OH} & \text{CH}_2\text{OH} & \text{CH}_2\text{OH} \\ \text{核糖} & \text{脱氧核糖} & \text{葡萄糖} & \text{半乳糖} & \text{果糖} \end{array}$$

---

❶ 1kcal=4.1840kJ。

(2) 寡糖

由 2~6 个相同或不同的单糖分子缩合而成的糖称为寡糖或低聚糖。寡糖又可分为二糖、三糖、四糖、五糖等。常见的二糖有蔗糖、麦芽糖和乳糖，常见的三糖有棉子糖和龙胆糖等。

(3) 多糖

由多个单糖分子或单糖的衍生物聚合而成的糖称为多糖。多糖又可分为同多糖和杂多糖两类。同多糖，又名均一性多糖，是指由同一种单糖聚合而成的糖，常见的有淀粉、糖原、纤维素等。杂多糖，又名不均一性多糖，是指由不同种单糖或单糖衍生物聚合而成的糖，常见的有透明质酸等。

(4) 复合糖

糖类可和非糖物质相结合形成复合糖，又名结合糖或糖缀合物，如糖脂、糖蛋白等。

(5) 糖的衍生物

如糖的还原产物——糖醇、氧化产物——糖酸、氨基取代物——糖胺等。

（四）单糖的结构和性质

单糖是组成低聚糖和多糖的基本单位，研究单糖是研究碳水化合物的基础。

1. 单糖的结构

(1) 单糖的链状结构

单糖的链状结构一般用 Fischer 投影式表示，即碳骨架竖直写，氧化程度最高的碳原子在上方。

单糖的链状结构有醛糖和酮糖之分，它们的区别在于所含羰基的位置不同，它们的结构式如下所示：

$$\begin{array}{cc} \text{CHO} & \text{H}_2\text{C-OH} \\ | & | \\ (\text{HC-OH})_n & \text{C=O} \\ | & | \\ \text{H}_2\text{COH} & (\text{HC-OH})_n \\ & | \\ & \text{H}_2\text{COH} \\ \text{醛糖} & \text{酮糖} \end{array}$$

构型是指分子中由于各原子或基团间特有的固定的空间排列方式不同而使分子呈现出不同的较固定的立体结构，如 D 型糖与 L 型糖。一般情况下，构型都比较稳定，一种构型转变为另一种构型则要求有共价键的断裂、原子（基团）间的重排和新共价键的重新形成。

单糖分子是不对称分子，因此有 D 型、L 型两种构型，判断方法以甘油醛作标准。甘油醛是最简单的单糖，它的不对称碳原子上的 H 和 OH 有两种排列方法，如图 6-1 所示，因而可形成两种对映体，羟基在不对称碳原子右边的为 D 型，羟基在不对称碳原子左边的为 L 型。D 型和 L 型单糖互为对映体。天然产物的单糖大多数是 D 型糖，因此 D-前缀常被省略。

以甘油醛的两种光学异构体作对照，其他单糖的光学异构体与之比较而规定为 D 型或 L 型。将单糖分子中离羰基最远的不对称碳原子上的—OH 的空间排布与甘油醛作比较，若与 D-甘油醛相同，即羟基在不对称碳原子右边的为 D 型糖；若与 L-甘油醛相同，即羟基在不对称碳原子左边的为 L 型糖。以葡萄糖为例说明，D-葡萄糖与 L-葡萄糖的

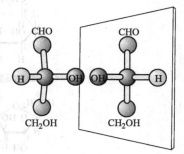

图 6-1　D-甘油醛与 L-甘油醛

结构式如下所示：

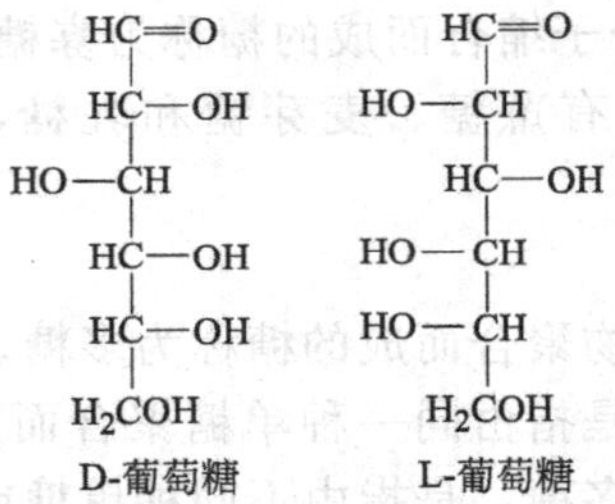

D-葡萄糖　　　L-葡萄糖

(2) 单糖的变旋现象

凡是含有手性碳的化合物都有旋光性，即可使偏振光旋转。单糖的旋光性用（＋）或 d 表示右旋，用（－）或 l 表示左旋。

值得注意的是，D-和 L-符号仅表示单糖在构型上与甘油醛的构型关系，与旋光性没有关系。构型是人为规定的，旋光性是用旋光仪测定时偏振面偏转的实际方向。

(3) 单糖的环状结构

链状结构不是单糖的唯一结构，实验证明其结构以环状为主。单糖的链状结构和环状结构实际上是同分异构体。以葡萄糖为例，在晶体状态或在水溶液中，绝大部分是环状结构，在水溶液中链状结构和环状结构是可以互变的。

单糖分子中的羟基能与醛基或酮基可逆缩合成环状的半缩醛。环化后，羰基 C 就成为不对称碳原子，羟基可能有两种不同的排列方式，形成两种非对映异构体，称为端基异构体或异头物。规定异头物的半缩醛羟基和分子末端—CH_2OH 邻近不对称碳原子的羟基在碳链同侧的称为 α-型异构体，在异侧的称为 β-型异构体。以葡萄糖为例，α-D-葡萄糖和 β-D-葡萄糖的结构式如下所示：

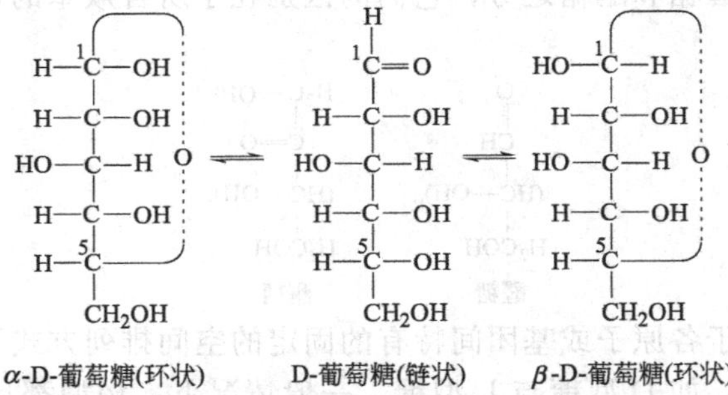

α-D-葡萄糖(环状)　　D-葡萄糖(链状)　　β-D-葡萄糖(环状)

己糖或戊糖可采取吡喃糖或呋喃糖的形式。单糖的醛基与 C5 位上的羟基反应可生成吡喃糖，醛基与 C4 位上的羟基反应生成呋喃糖。以葡萄糖和果糖为例，其吡喃糖与呋喃糖的结构式如下所示：

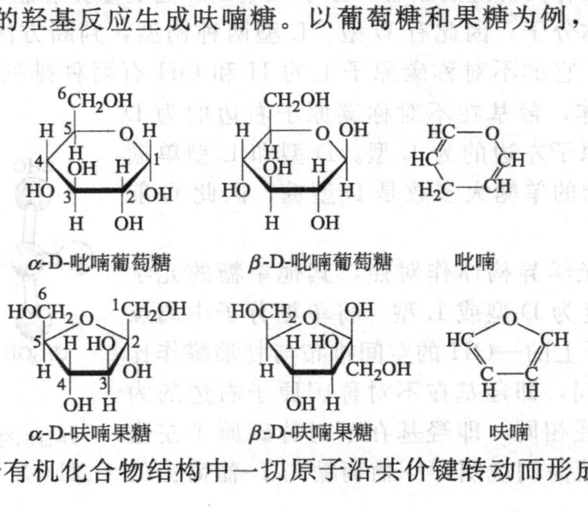

α-D-吡喃葡萄糖　　β-D-吡喃葡萄糖　　吡喃

α-D-呋喃果糖　　β-D-呋喃果糖　　呋喃

构象用来表示一个有机化合物结构中一切原子沿共价键转动而形成的不同的暂时性的易

变的空间结构形式。构象形式有无数种，不同的构象之间可以相互转变，构象的改变不涉及共价键的断裂和重新形成，也无光学活性的变化。在各种构象形式中，势能最低、最稳定的构象称为优势构象。以 β-D-吡喃葡萄糖为例，葡萄糖的吡喃环并非形成一个真正的平面，有船式和椅式两种构象，如图 6-2 所示，其中椅式构象的扭张强度最低，因而较稳定。

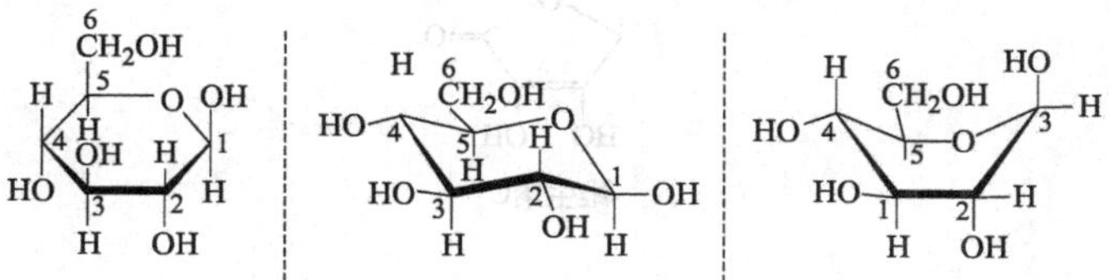

图 6-2 β-D-吡喃葡萄糖的构象

(a) Haworth投影式　(b) 一种椅式构象　(c) 一种船式构象

2. 单糖的性质

（1）旋光性

单糖分子中都有不对称碳原子，因此均有旋光性。旋光性是鉴定糖的一个重要指标。

（2）甜度

各种单糖和低聚糖都有一定的甜度，其中果糖的甜味最强；而多糖则无甜味。

（3）溶解性

单糖极易溶于水，难溶于乙醚、丙酮等有机溶剂。

（4）氧化反应

单糖都能发生氧化作用，氧化产物与试剂的种类、溶液的酸碱度等反应条件有关。

① 与弱氧化剂反应，醛基氧化，生成糖酸。弱氧化剂有溴水、费林试剂、班氏试剂等。

② 在生物体内，通过专一性酶作用，伯醇基氧化，生成醛酸。

③ 与较强氧化剂反应，醛基、伯醇基同时氧化，生成二酸，如与稀硝酸反应。

以葡萄糖氧化为例，可生成的三种氧化产物为葡萄糖酸、葡萄糖醛酸、葡萄糖二酸，它们的开链结构式如下所示：

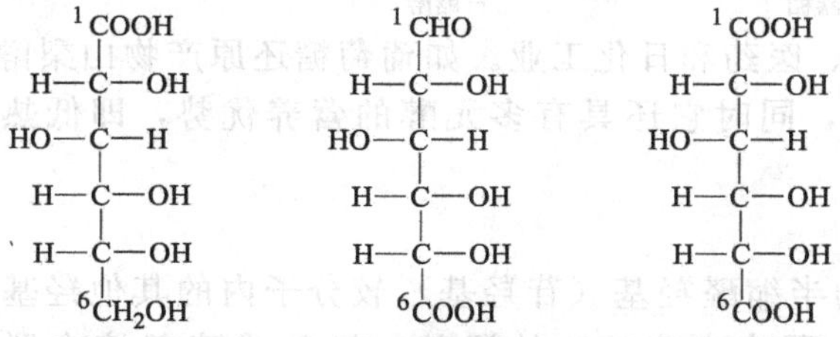

葡萄糖酸　　　葡萄糖醛酸　　　葡萄糖二酸

能被弱氧化剂氧化的糖称为还原性糖，分子中含有游离醛基或酮基的单糖和含有游离醛基的二糖都具有还原性，如葡萄糖、果糖、半乳糖、乳糖、麦芽糖等。

单糖氧化形成的羧基可以进一步与分子内的其他羟基缩合，形成环状内酯，其结构式如下所示：

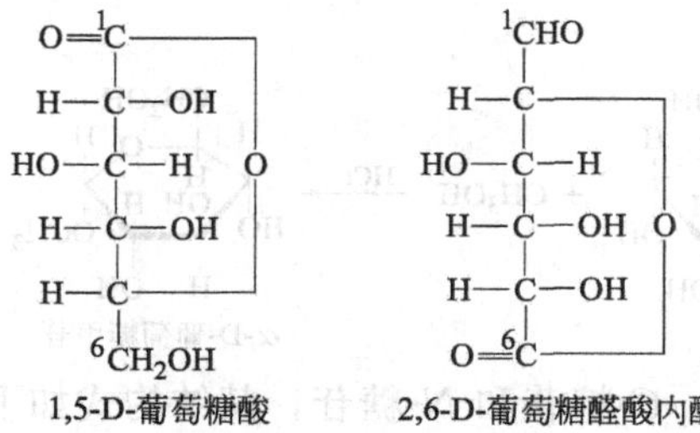

1,5-D-葡萄糖酸　　　2,6-D-葡萄糖醛酸内酯

内酯在自然界中很普遍，如维生素 C 就是 D-葡萄糖酸的内酯衍生物，其结构式如下所示：

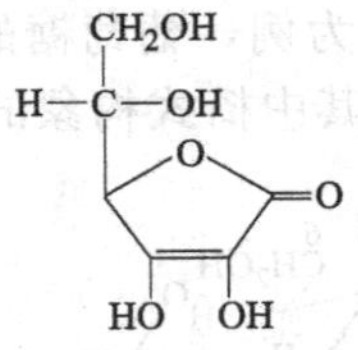

维生素C

(5) 还原反应

在催化加氢或酶的作用下，羰基可还原成羟基，糖还原生成相应的糖醇。如葡萄糖还原生成山梨醇，甘露糖还原生成甘露醇，果糖还原生成山梨醇和甘露醇的混合物（因为果糖的 C2 为手性碳原子，故可生成两种还原产物），它们的结构式如下所示：

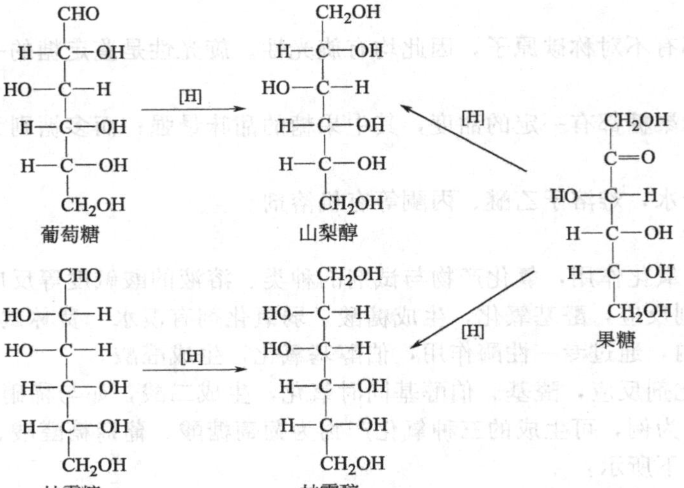

葡萄糖 [H]→ 山梨醇 ←[H] 果糖

甘露糖 [H]→ 甘露醇 ←[H]

糖醇主要用于食品、医药和日化工业。如葡萄糖还原产物山梨醇可用作甜味剂、保湿剂、赋形剂、防腐剂等，同时它还具有多元醇的营养优势，即低热值、低糖、防龋齿等功效。

(6) 成苷反应

单糖环状结构中的半缩醛羟基（苷羟基）较分子内的其他羟基活泼，苷羟基可与另一个分子（如醇、糖、嘌呤或嘧啶）的羟基、氨基或巯基缩合脱水生成含糖衍生物，这种缩醛型物质称为糖苷或配糖物。在糖苷分子中，糖的部分称为糖基，非糖部分称为配基。

单糖所形成的糖苷可分为两大类：α-糖苷和 β-糖苷，由 α 型单糖形成的糖苷称为 α-糖苷，由 β 型单糖形成的糖苷称为 β-糖苷。以 α-D-葡萄糖甲苷的形成为例，其反应方程式如下所示：

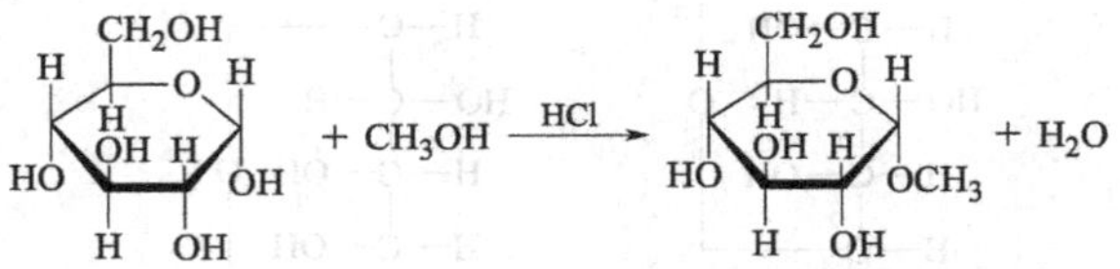

+ CH_3OH $\xrightarrow{HCl}$ + H_2O

α-D-葡萄糖甲苷

糖苷还可分为另外两大类：O-糖苷和 N-糖苷，其结构式如下所示：

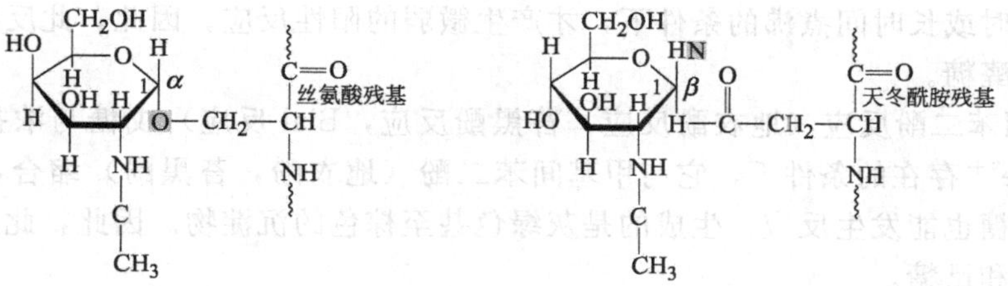

O-糖苷　　　　N-糖苷

糖苷与糖类物质的主要区别：糖是半缩醛，不稳定，有变旋；苷是缩醛，没有半缩醛羟基，较稳定，无变旋，不发生费林反应或成脎反应，且糖苷大多数有毒。糖苷在自然界的分布很广泛，主要存在于植物的根、茎、叶、花和种子里。

（7）糖脎反应

糖脎反应发生在醛糖和酮糖的链状结构上。苯肼是单糖的定性试剂，糖分子在加热情况下可与苯肼作用生成糖脎，化学反应如下所示：

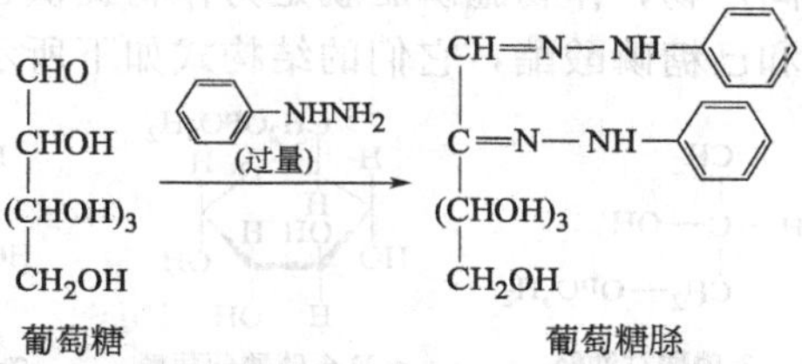

葡萄糖　　　　葡萄糖脎

糖脎易结晶，为黄色结晶，各种糖的糖脎都有特异的晶形和熔点，且在反应中生成的速度也不相同，据此可判断单糖的种类。但是，无论醛糖或酮糖，它们的反应部位都是在C1和C2上，而不涉及其他碳原子。因此，含碳原子数相同的单糖，如果只是C1和C2的构型不同，而其他碳原子的构型完全相同时，它们与过量苯肼反应都将得到相同的糖脎。如D-葡萄糖、D-甘露糖和D-果糖这三种糖与苯肼作用都生成同一种糖脎，即D-葡萄糖脎，只是在生成的速度上有些差别。

（8）颜色反应

糖类能与某些酚类化合物发生呈色反应，其反应原理是在浓酸（如浓盐酸、浓硫酸）作用下，单糖可以发生分子内脱水而形成糠醛或糠醛的衍生物，这些产物可继续同酚类化合物发生反应，生成有色的物质。以戊糖和己糖的脱水反应为例，戊糖脱水生成糠醛，己糖脱水生成 α-羟甲基糠醛，其反应过程如下所示：

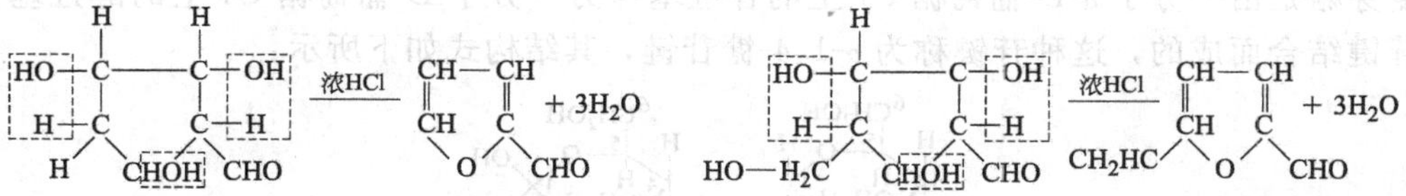

戊糖　　糖醛　　己糖　　α-羟甲基糠醛

① α-萘酚反应（Molisch 反应，莫力许反应）　在糖的水溶液中加入 α-萘酚的酒精溶液，然后沿试管壁小心地注入浓硫酸，不要振动试管，则在两层液面之间就能形成一个紫色环，因此这个反应又称紫环反应。所有的糖（包括单糖、低聚糖及多糖）都具有这种颜色反应，这是鉴别糖类物质最常用的颜色反应。除了糖类之外，各种糠醛衍生物、葡萄糖醛酸、丙酮、甲酸、乳酸等都可以呈现近似的阳性反应。因此，此反应的阴性结果证明没有糖类物质的存在；而阳性结果只能说明有糖类存在的可能。

② 间苯二酚反应（Seliwanoff 反应，西列凡诺夫反应）　酮糖在酸的作用下较醛糖更易生成羟甲基糠醛，后者可与间苯二酚作用生成鲜红色复合物，反应仅需 20～30s；而醛糖只

有在浓度较高时或长时间煮沸的条件下，才产生微弱的阳性反应。因此，此反应可用于鉴别并区分酮糖和醛糖。

③ 甲基间苯二酚反应（地衣酚反应，苔黑酚反应，Bial 反应）戊糖与浓盐酸加热形成糠醛，在有 Fe^{3+} 存在的条件下，它与甲基间苯二酚（地衣酚，苔黑酚）缩合，生成深蓝色的沉淀物。己糖也能发生反应，生成的是灰绿色甚至棕色的沉淀物。因此，此反应可用于鉴别和区别戊糖和己糖。

④ 蒽酮反应　单糖和其他糖都能与蒽酮的浓硫酸溶液作用生成蓝绿色物质，其在可见光区 620nm 波长处有最大吸收，且其光吸收值在一定范围内与糖的含量成正比关系。因此，此法可用于单糖、寡糖和多糖的含量测定，并且具有灵敏度高、简便快捷、适用于微量样品测定等优点。

(9) 成酯反应

单糖环状结构中所有的羟基都可以酯化。如糖与磷酸反应可生成糖的磷酸酯。糖的磷酸酯是糖代谢过程中重要的中间产物，作物施磷肥就是为作物提供合成磷酸酯所需的磷。生物体内广泛存在着丙糖磷酸酯和己糖磷酸酯，它们的结构式如下所示：

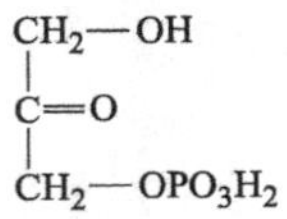

磷酸二羟丙酮 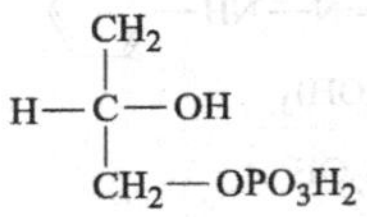　　3-磷酸甘油醛 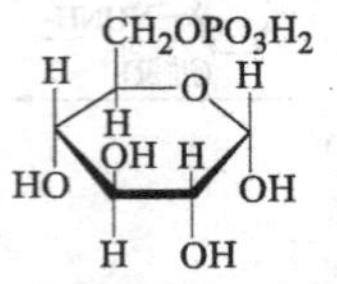　　α-D-6-磷酸葡萄糖 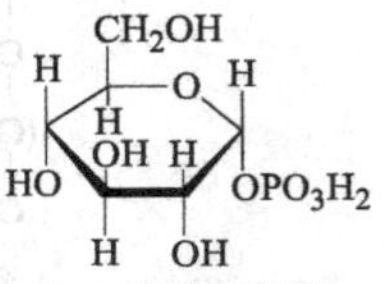　　α-D-1-磷酸葡萄糖

（五）双糖的结构与性质

双糖是低聚糖中最重要的一类，是由两分子单糖失水形成的缩合物。天然界存在的二糖可分为还原性双糖和非还原性双糖两类。

1. 还原性双糖

还原性双糖可以看作是一分子单糖的苷羟基与另一分子单糖的醇羟基失水而成的。这类双糖，有一个单糖单位形成苷，而另一单糖单位仍保留有苷羟基可以开环成链式。所以这类双糖具有单糖的一般性质：变旋现象、还原性、形成糖脎。因此这类双糖称还原性双糖。比较重要的还原性双糖有麦芽糖、乳糖、纤维二糖等。

（1）麦芽糖

麦芽糖是由一分子 α-D-葡萄糖 C1 上的苷羟基与另一分子 D-葡萄糖 C4 上的醇羟基失水通过苷键结合而成的，这种苷键称为 α-1,4-糖苷键，其结构式如下所示：

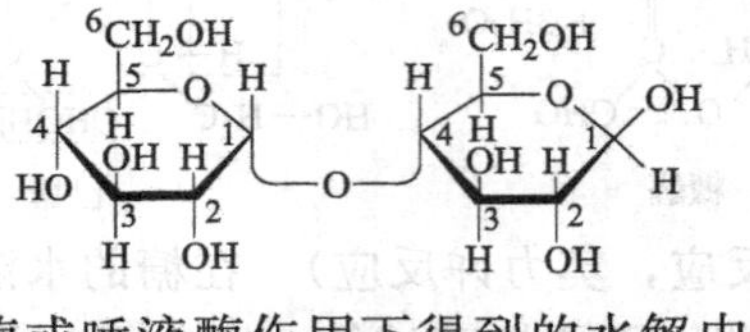

麦芽糖是直链淀粉在淀粉酶或唾液酶作用下得到的水解中间物，在自然界以游离态存在的很少。异麦芽糖是两分子葡萄糖通过 α-1,6-糖苷键连接，它是支链淀粉和糖原的水解产物。

麦芽糖的性质：①无色片状结晶，易溶于水，有变旋现象，甜度约为蔗糖的 1/3，可用作甜味剂，代替蔗糖制作糖果、糖浆等；②具有还原性，它可与银氨溶液发生银镜反应，可与碱性氢氧化铜反应生成砖红色沉淀，可使溴水褪色，可被氧化成麦芽糖酸；③可发生水解反应，在稀酸加热或 α-葡萄糖苷酶作用下可水解成 2 分子葡萄糖；④能成脎。

(2) 乳糖

乳糖是在哺乳动物乳汁中的双糖，因此而得名。在牛乳中含乳糖 4.6%～4.7%，人乳中含乳糖 6%～8%。乳糖的甜度是蔗糖的 1/5。工业中乳糖从乳清中提取，用于制造婴儿食品、糖果、人造牛奶等；在医药工业中，乳糖用于药品的甜味剂和赋形剂；此外，它还可作细菌培养基。

乳糖是由一分子 β-D-半乳糖与一分子 D-葡萄糖通过 β-1,4-糖苷键连接的双糖，其结构式如下所示：

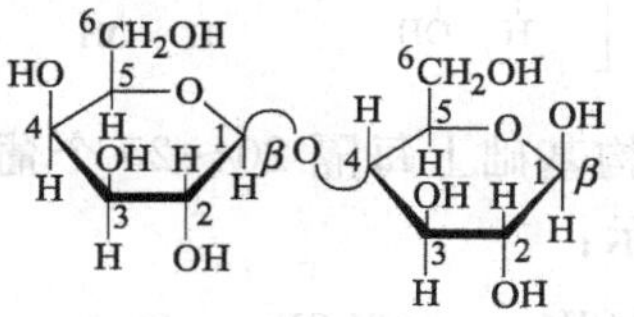

麦芽糖的性质：①白色粉末，能溶于水，有变旋现象，甜度约为蔗糖的 1/5，可用作药品的甜味剂和赋形剂，可用于制作婴儿食品、糖果、人造牛奶等；②具有还原性；③可发生水解反应，能被酸、苦杏仁酶和乳糖酶水解，产生 1 分子 D-半乳糖和 1 分子 D-葡萄糖；④能成脎。

2. 非还原性双糖

非还原性双糖是由一分子单糖的苷羟基和另一分子单糖的苷羟基失水而成。这类双糖分子中因为不存在苷羟基，所以无变旋现象，无还原性，也不能生成糖脎。比较重要的非还原性双糖有蔗糖等。

蔗糖是由一分子 α-D-葡萄糖 C1 上的苷羟基与 β-D-果糖 C2 上的苷羟基失去一分子水，通过 α,β-1,2-糖苷键连接而成的双糖，其结构式如下所示：

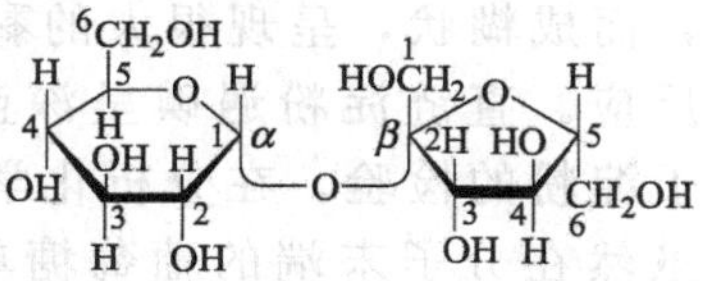

（六）多糖的结构与性质

多糖是由多个单糖分子缩合脱水而形成的。由于构成它的单糖的种类、数量以及连接方式的不同，多糖的结构极其复杂，而且数量、种类庞大。大部分的多糖类物质没有固定的分子量。多糖的大小从一定程度上可以反映细胞的代谢状态。

多糖没有甜味，在水溶液中只形成胶体，虽然具有旋光性，但无变旋现象，也无还原性。

多糖按其生理功能大致可分为两类：一类是作为能量储藏物质的，如植物中的淀粉，动物中的糖原；另一类是构成植物的结构物质，如纤维素、半纤维素和果胶质等。

多糖按其组成可分为均一性多糖和不均一性多糖两类。

1. 均一性多糖

均一性多糖，又名同多糖，是指由同一种单糖分子组成的多糖。自然界中最丰富的均一性多糖是淀粉、糖原、纤维素、几丁质。它们都是由葡萄糖组成。淀粉和糖原分别是植物和动物中葡萄糖的储存形式，纤维素和几丁质分别是植物和动物细胞中主要的结构组分。

(1) 淀粉

淀粉是植物营养物质的一种储存形式，也是植物性食物中重要的营养成分。淀粉是由许

多个 α-D-葡萄糖通过糖苷键结合成的多糖，它们可用通式 $\cdot(C_6H_{10}O_5)_n$ 表示。淀粉一般由直链淀粉和支链淀粉这两种成分组成，这两种淀粉的结构和理化性质都有差别。

直链淀粉由 100～1000 个（一般为 250～300 个）α-D-葡萄糖单位通过 α-1,4-糖苷键连接而成，其结构式如下所示：

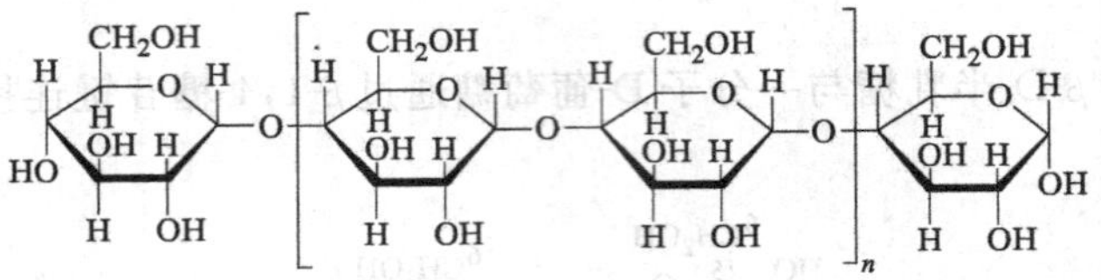

支链淀粉是在直链淀粉的结构基础上每隔 20～25 个葡萄糖残基就通过 α-1,6-糖苷键形成分支的侧链，其结构式如下所示：

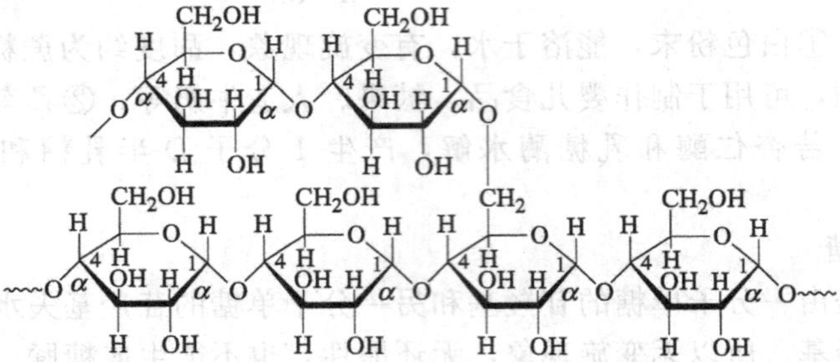

淀粉是白色粉末，直链淀粉和支链淀粉由于分子量和结构不同，所以性质亦有差异。①水溶性。直链淀粉不溶于冷水，与水共热，则易溶解，能形成溶胶，溶胶冻结则形成没有黏性的凝胶，因此，含直链淀粉的薯粉和豆粉可制成粉皮或粉丝。支链淀粉不溶于水，与水共热则膨胀，而成糊状，呈现很大的黏性。因此，含支链淀粉多的糯米煮后黏性特别大。②颜色反应。直链淀粉遇碘呈深蓝色，支链淀粉遇碘呈紫色。淀粉与碘的反应很灵敏，常用于淀粉的检验。在分析化学中，可溶性淀粉常作碘量法的指示剂。③无还原性。淀粉虽然在分子末端的葡萄糖单位上还保留游离的苷羟基，但这种苷羟基在分子中所占的比例极小，因此淀粉不显还原性，同理，其他多糖也不显还原性。

（2）糖原

糖原是动物体内的储藏物质，又称动物淀粉。糖原在动物体中可用于调节血液的含糖量，当血液中含糖量低于常态时，糖原就分解为葡萄糖，当血液中含糖量高于常态时，葡萄糖就合成糖原。

糖原也是由许多个 α-D-葡萄糖结合而成的，与支链淀粉的结构类似，只是分支程度更高，分支更多，每隔 3～4 个葡萄糖残基便有一个分支。糖原的结构更紧密，更适应其储藏功能，这是动物将其作为能量储藏形式的一个重要原因，另一个原因是它含有大量的非还原性端，可以被迅速水解。

糖原为白色粉末，能溶于水，不溶于有机溶剂，遇碘显红褐色，无还原性。糖原可被淀粉酶水解成糊精和麦芽糖，若用酸水解，最终可得 D-葡萄糖。

（3）纤维素

纤维素是植物细胞壁的主要结构成分，占植物体总重量的 1/3 左右，也是自然界最丰富的有机物。纤维素是由许多 β-D-葡萄糖通过 β-1,4-糖苷键连接而成的一条没有分支的长链，其结构式如下所示：

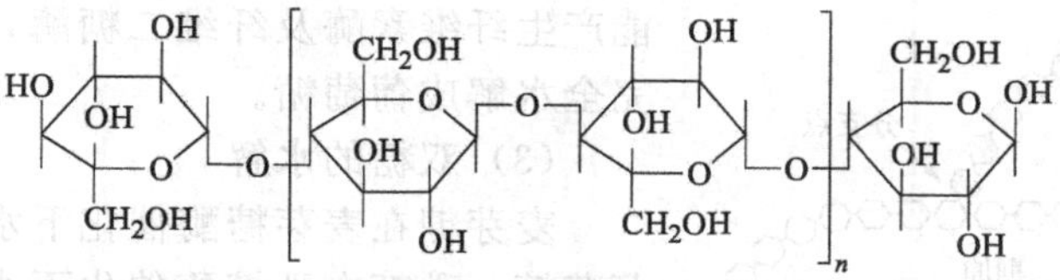

纤维素是白色纤维状固体，无甜味，性质比较稳定。纤维素不溶于水，仅能吸水膨胀，也不溶于稀酸、稀碱和一般的有机溶剂。纤维素可以发生水解，但比淀粉困难。纤维素可以被浓硫酸、浓盐酸或纤维素酶水解。水解过程中产生一系列纤维素糊精、纤维二糖，最后产物是 D-葡萄糖。

（4）几丁质

几丁质又名壳多糖、甲壳素，是一种含氮的均一性多糖，是由许多 2-乙酰氨基-β-D-葡萄糖以 β-1,4-糖苷键相连成的直链结构，其结构式如下所示：

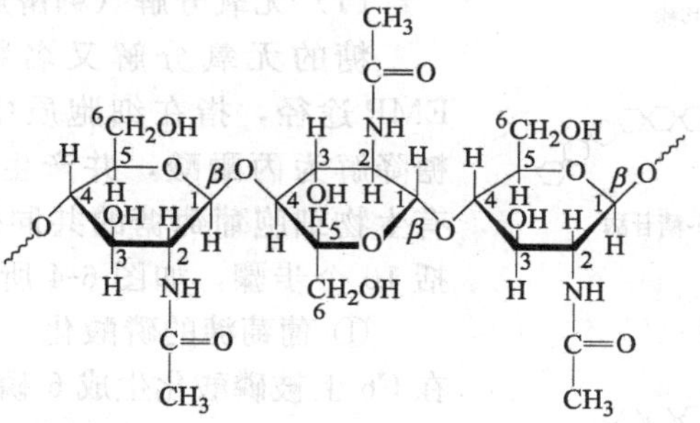

2. 不均一性多糖

不均一性多糖又名异多糖、杂多糖，是指由两种或两种以上单糖分子组成的多糖，如半纤维素、果胶质、琼脂等。不均一性多糖种类繁多。

（七）糖的生物分解代谢

1. 多糖及寡糖的酶促降解

多糖和寡糖由于分子大，不能透过细胞膜，所以在被生物体利用之前必须先水解成单糖，其水解均依靠酶的催化。

（1）淀粉（糖原）的水解

淀粉或糖原水解生成葡萄糖的过程主要由 α-淀粉酶、β-淀粉酶、γ-淀粉酶、脱支酶（R 酶）和磷酸化酶完成。

α-淀粉酶与 β-淀粉酶只能水解淀粉中的 α-1,4-糖苷键，不能水解 α-1,6-糖苷键。α-淀粉酶是一种内淀粉酶，可水解淀粉（或糖原）中任何部位的 α-1,4-糖苷键，水解产物为糊精、麦芽糖、葡萄糖的混合物，广泛分布于动物、植物、微生物体中；β-淀粉酶是一种外淀粉酶，只能作用于多糖的非还原端，水解产物为麦芽糖及糊精，主要分布于植物及微生物体中，不存在于哺乳动物中。γ-淀粉酶是一种外淀粉酶，水解淀粉中的 α-1,4-糖苷键及 α-1,6-糖苷键，作用于多糖的非还原端，水解产物为葡萄糖。脱支酶（R 酶）水解淀粉中的α-1,6-糖苷键。磷酸化酶从糖链的非还原末端水解，产物为 1-磷酸葡萄糖和少一个葡萄糖的糖原。

淀粉或糖原在细胞内的降解是经磷酸化酶的磷酸解作用生成 1-磷酸葡萄糖，如图 6-3 所示。由于磷酸化酶也只磷酸解 α-1,4-糖苷键而不作用于 α-1,6-糖苷键，故全部分解必须在寡聚 1,4→1,4 葡聚糖转移酶和脱支酶等的协同作用下才能完成。

（2）纤维素的水解

人的消化道中没有水解纤维素的酶，但不少微生物如细菌、真菌、放线菌、原生动物等能产生纤维素酶及纤维二糖酶,它们能催化纤维素完全水解成葡萄糖。

(3) 双糖的水解

麦芽糖在麦芽糖酶催化下水解生成 2 分子的 α-葡萄糖。乳糖在乳糖酶催化下水解生成 β-半乳糖和葡萄糖。蔗糖在蔗糖酶催化下水解生成 α-葡萄糖和 β-果糖。

2. 葡萄糖的分解代谢

葡萄糖在体内要经过多步化学反应来完成氧化供能,其在生物体内分解有三种途径:无氧分解、有氧分解和磷酸戊糖途径。

(1) 无氧分解(糖酵解途径)

糖的无氧分解又名糖酵解、糖的发酵分解、EMP 途径,指在细胞质中经过一系列反应将葡萄糖降解为丙酮酸,并产生能量 ATP 的过程,是所有生物细胞葡萄糖的共同代谢途径。糖酵解反应包括 10 个步骤,如图 6-4 所示。

① 葡萄糖的磷酸化 进入细胞内的葡萄糖首先在 C6 上被磷酸化生成 6-磷酸葡萄糖,磷酸根由 ATP 供给,这一过程不仅活化了葡萄糖,有利于它进一步参与合成与分解代谢,同时还能使进入细胞的葡萄糖不再逸出细胞。催化此反应的酶是己糖激酶,此酶是

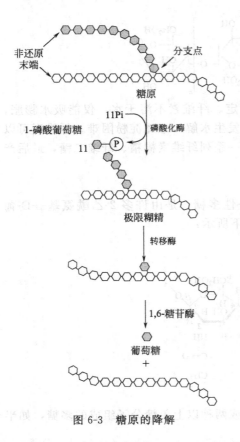

图 6-3 糖原的降解

糖氧化反应过程的限速酶,或称关键酶。己糖激酶催化的反应不可逆,反应需要消耗能量 ATP,Mg^{2+} 是反应的激活剂,6-磷酸葡萄糖对此酶无抑制作用。方程式如下所示:

② 6-磷酸葡萄糖的异构反应 由磷酸葡萄糖异构酶催化 6-磷酸葡萄糖转变为 6-磷酸果糖的过程,此反应是可逆的。方程式如下所示:

③ 6-磷酸果糖的磷酸化 此反应是 6-磷酸果糖的 C1 进一步磷酸化生成 1,6-二磷酸果糖,磷酸根由 ATP 供给,催化此反应的酶是磷酸果糖激酶-1(PFK-1)。PFK-1 催化的反应

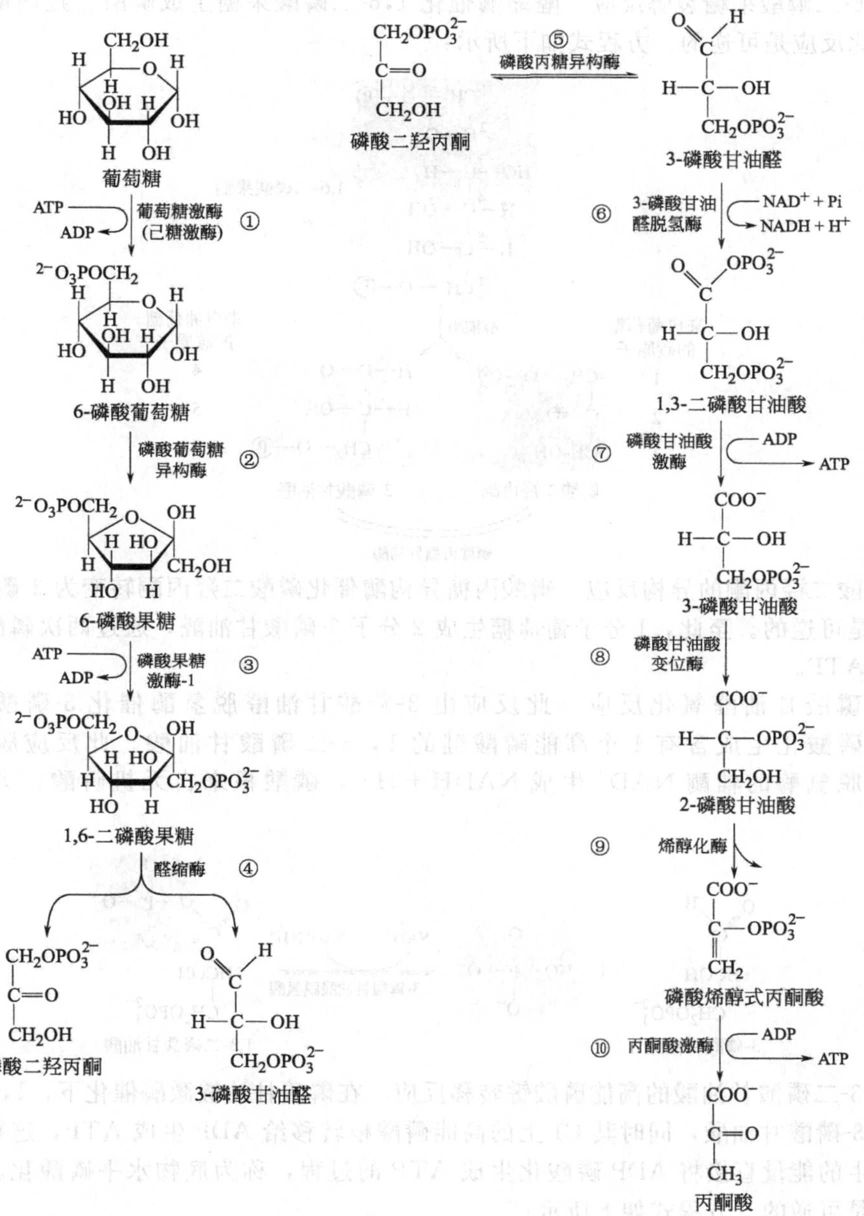

图 6-4 糖酵解反应

是不可逆反应，它是糖的有氧氧化过程中最重要的限速酶，它也是变构酶，柠檬酸、ATP 等是变构抑制剂，ADP、AMP、Pi、1,6-二磷酸果糖等是变构激活剂，胰岛素可诱导它的生成。方程式如下所示：

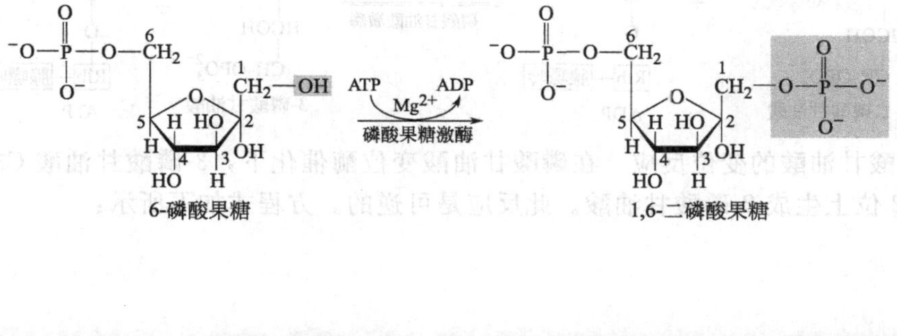

④ 1,6-二磷酸果糖裂解反应 醛缩酶催化1,6-二磷酸果糖生成磷酸二羟丙酮和3-磷酸甘油醛,此反应是可逆的。方程式如下所示:

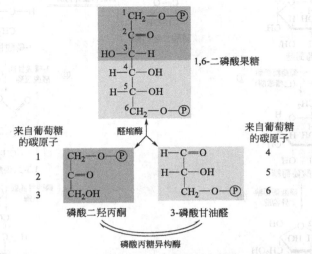

⑤ 磷酸二羟丙酮的异构反应 磷酸丙糖异构酶催化磷酸二羟丙酮转变为3-磷酸甘油醛,此反应也是可逆的。至此,1分子葡萄糖生成2分子3-磷酸甘油醛,通过两次磷酸化作用消耗2分子ATP。

⑥ 3-磷酸甘油醛氧化反应 此反应由3-磷酸甘油醛脱氢酶催化3-磷酸甘油醛氧化脱氢并磷酸化生成含有1个高能磷酸键的1,3-二磷酸甘油酸。此反应脱下的氢和电子转给脱氢酶的辅酶NAD^+生成$NADH+H^+$,磷酸根来自无机磷酸。方程式如下所示:

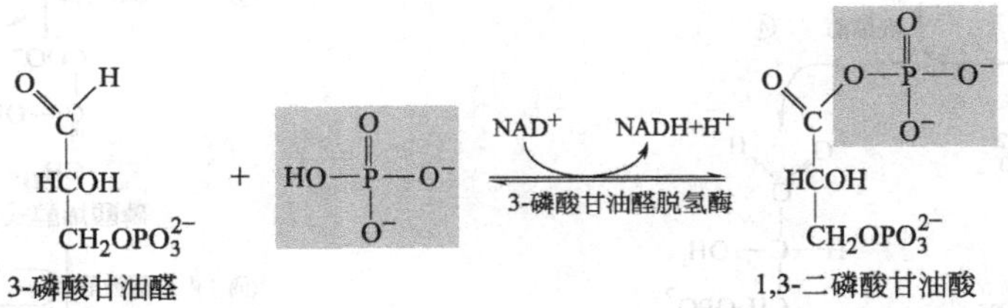

⑦ 1,3-二磷酸甘油酸的高能磷酸键转移反应 在磷酸甘油酸激酶催化下,1,3-二磷酸甘油酸生成3-磷酸甘油酸,同时其C1上的高能磷酸根转移给ADP生成ATP,这种底物氧化过程中产生的能量直接将ADP磷酸化生成ATP的过程,称为底物水平磷酸化。此激酶催化的反应是可逆的。方程式如下所示:

⑧ 3-磷酸甘油酸的变位反应 在磷酸甘油酸变位酶催化下,3-磷酸甘油酸C3位上的磷酸基转到C2位上生成2-磷酸甘油酸。此反应是可逆的。方程式如下所示:

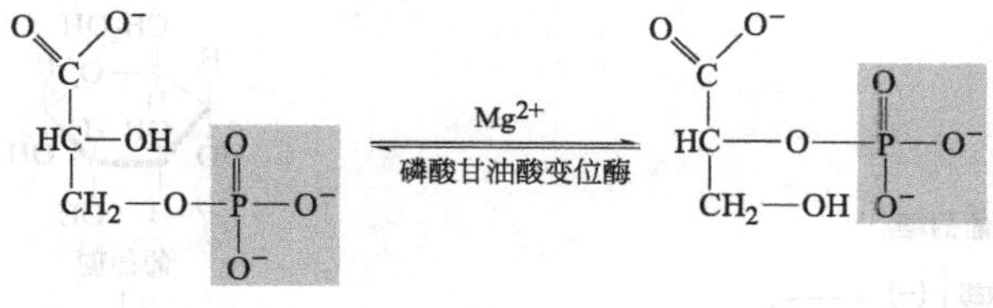

3-磷酸甘油酸 2-磷酸甘油酸

⑨ 2-磷酸甘油酸的脱水反应 由烯醇化酶催化，2-磷酸甘油酸脱水的同时，能量重新分配，生成含高能磷酸键的磷酸烯醇式丙酮酸（PEP），烯醇化酶需要 Mg^{2+} 或 Mn^{2+} 参与，此反应也是可逆的。方程式如下所示：

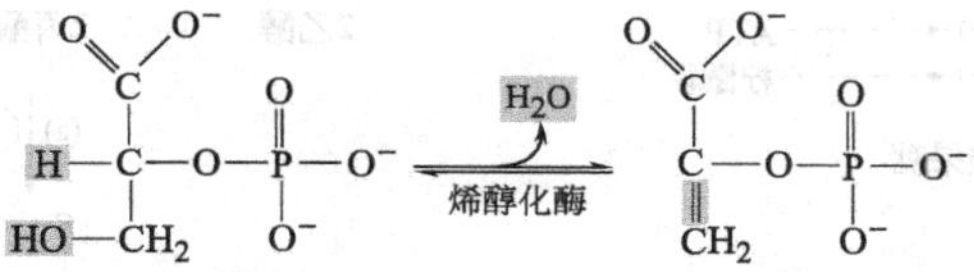

2-磷酸甘油酸 磷酸烯醇式丙酮酸

⑩ 磷酸烯醇式丙酮酸的磷酸转移 在丙酮酸激酶催化下，磷酸烯醇式丙酮酸上的高能磷酸根转移至 ADP 生成 ATP，这是又一次底物水平上的磷酸化过程。但此反应是不可逆的。方程式如下所示：

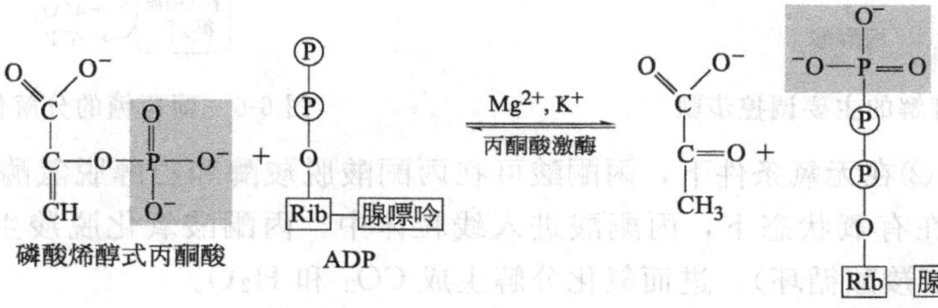

磷酸烯醇式丙酮酸 ADP 丙酮酸 ATP

至此，经过糖酵解途径，1 分子葡萄糖可氧化分解生成 2 分子丙酮酸。在此过程中，经底物水平磷酸化可产生 4 分子 ATP，如与第一阶段葡萄糖磷酸化和磷酸果糖的磷酸化消耗 2 分子 ATP 相互抵消，每分子葡萄糖降解至丙酮酸净产生 2 分子 ATP；如从糖原开始，因开始阶段仅消耗 1 分子 ATP，所以每个葡萄糖单位可净生成 3 分子 ATP。

糖酵解反应的总方程式如下所示：

$$\text{葡萄糖}+2ADP+2Pi+2NAD^{+} \longrightarrow 2\,\text{丙酮酸}+2ATP+2(NADH+H^{+})+2H_2O$$

糖酵解反应的特点：①糖酵解在有氧及厌氧的条件下均可发生，是所有生物体进行葡萄糖分解代谢的必经阶段；②反应过程中只有 1 次脱氢反应，氢受体为 NAD^{+}；③1 分子葡萄糖经糖酵解可生成 2 分子丙酮酸，净生成 2 分子 ATP；④糖酵解在细胞质中进行；⑤糖酵解反应进程由 3 个限速酶（己糖激酶、磷酸果糖激酶-1、丙酮酸激酶）调控，限速酶的调控步骤如图 6-5 所示。

糖酵解的生物学意义：①糖代谢的主要途径之一，为机体的其他代谢提供原料及能量；②当机体处于缺氧的情况下，如剧烈运动、人初到高原等情况，能量主要通过糖酵解获得，应付急需；③糖酵解是某些组织或细胞的主要获能方式，如视网膜、睾丸、肾髓质和红细胞等，即使在有氧条件下，仍需从糖酵解获得能量；④产物丙酮酸是有氧分解与无氧分解的交叉点，是有氧代谢的基础。

糖酵解产物丙酮酸的去向主要有三条，如图 6-6 所示。①在无氧条件下丙酮酸可在乳酸脱氢酶催化下还原成乳酸，此反应多发生在厌氧微生物（如乳酸杆菌）或高等生物供氧不足

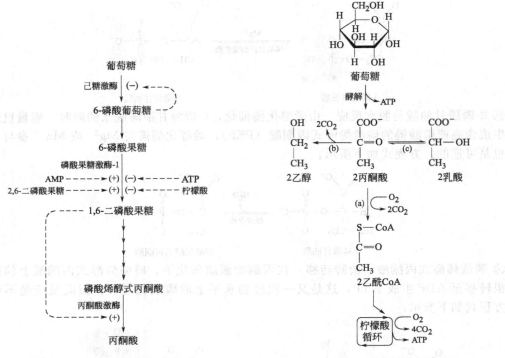

图 6-5　糖酵解的主要调控步骤　　　　图 6-6　葡萄糖的分解代谢

时（如剧烈运动）。②在无氧条件下，丙酮酸可在丙酮酸脱羧酶和乙醇脱氢酶作用下，转化为乙醇和 CO_2。③在有氧状态下，丙酮酸进入线粒体中，丙酮酸氧化脱羧生成乙酰 CoA，进入柠檬酸循环（三羧酸循环），进而氧化分解生成 CO_2 和 H_2O。

(2) 有氧分解

葡萄糖有氧分解的反应过程可分为三个阶段：①葡萄糖分解成丙酮酸，即糖酵解反应；②丙酮酸进入线粒体，氧化脱羧生成乙酰 CoA；③三羧酸循环。

无论是原核生物还是真核生物，丙酮酸都氧化脱羧转化为乙酰 CoA 和 CO_2，此反应由丙酮酸脱氢酶系催化，总反应方程式如下所示：

$$\text{丙酮酸} \xrightarrow[\text{丙酮酸脱氢酶系}(E_1+E_2+E_3)]{\text{CoASH　NAD}^+ \text{　TPP, 硫辛酸　NADH}\\ \text{FAD, Mg}^{2+}} \text{乙酰CoA} + CO_2$$

三羧酸循环又名 TCA 循环、柠檬酸循环、Krebs 循环，是指在有氧条件下，糖酵解产生的丙酮酸氧化脱羧形成乙酰 CoA，乙酰 CoA 再经一系列氧化脱羧，最终生成 CO_2 和 H_2O 并产生能量的过程。三羧酸循环发生在线粒体的基质中。

三羧酸循环过程包括 8 个步骤，如图 6-7 所示。

① 草酰乙酸和乙酰 CoA 合成柠檬酸　由草酰乙酸和乙酰 CoA 合成柠檬酸是三羧酸循环的重要调节点，该反应由柠檬酸合成酶催化，此酶是一个变构酶，ATP 是柠檬酸合成酶的变构抑制剂，此外，α-酮戊二酸、NADH、长链脂酰 CoA 也能变构抑制其活性，AMP 可对抗 ATP 的抑制而起激活作用。方程式如下所示：

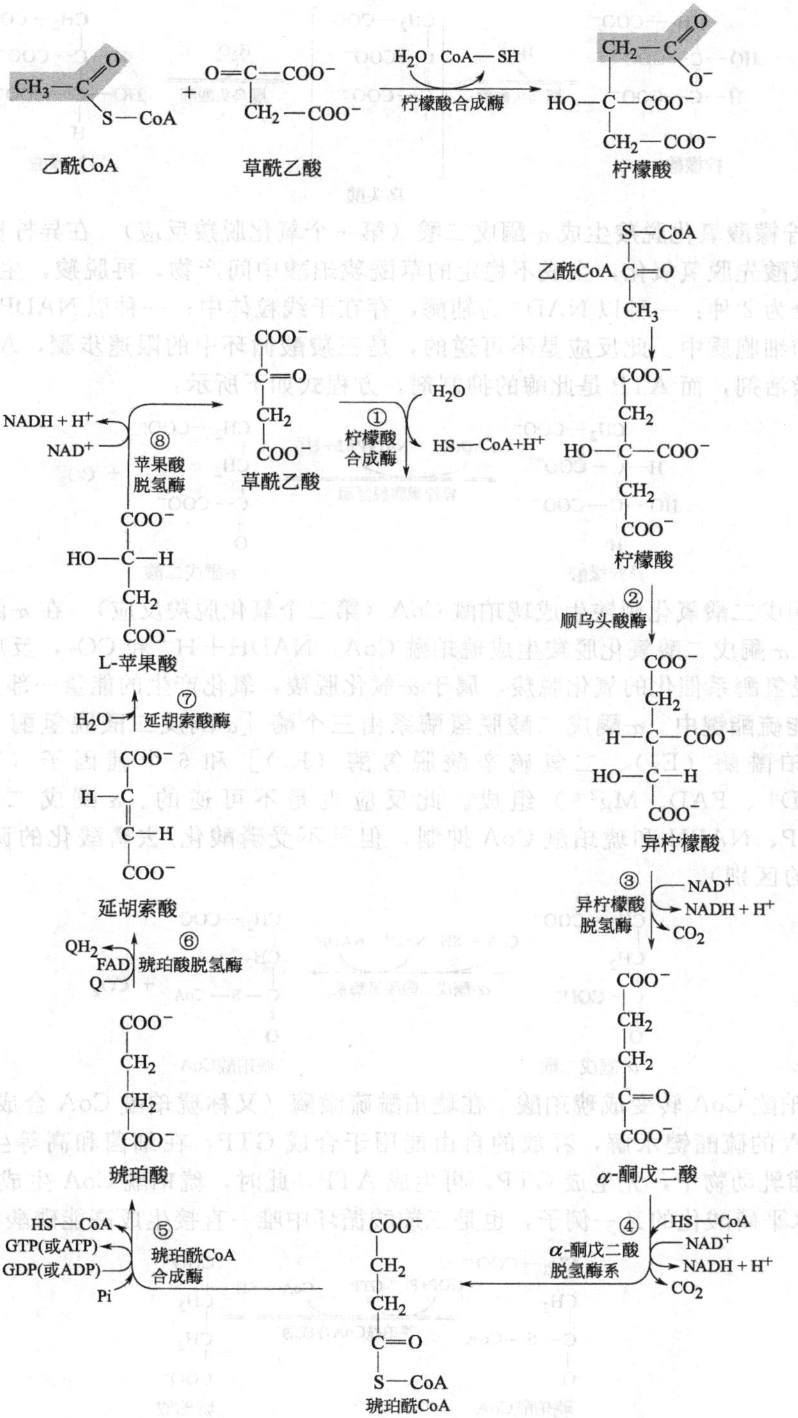

图 6-7 三羧酸循环

② 柠檬酸和异柠檬酸的互变 柠檬酸的叔醇基不易氧化，转变成异柠檬酸而使叔醇变成仲醇，就易于氧化，此反应由顺乌头酸酶催化，为可逆反应。方程式如下所示：

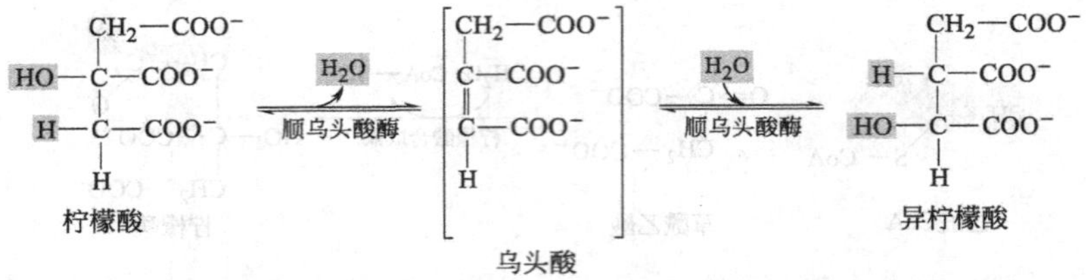

③ 异柠檬酸氧化脱羧生成 α-酮戊二酸（第一个氧化脱羧反应）　在异柠檬酸脱氢酶作用下，异柠檬酸先脱氢氧化，生成不稳定的草酰琥珀酸中间产物，再脱羧，生成 α-酮戊二酸。此脱氢酶分为 2 种：一种以 NAD^+ 为辅酶，存在于线粒体中；一种以 $NADP^+$ 为辅酶，存在于线粒体和细胞质中。此反应是不可逆的，是三羧酸循环中的限速步骤，ADP 是异柠檬酸脱氢酶的激活剂，而 ATP 是此酶的抑制剂。方程式如下所示：

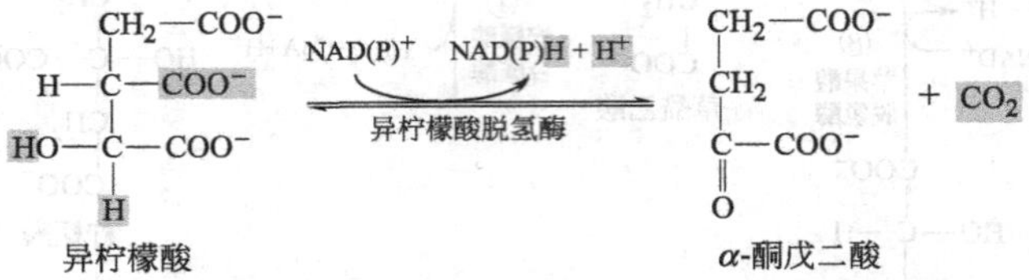

④ α-酮戊二酸氧化脱羧生成琥珀酰 CoA（第二个氧化脱羧反应）　在 α-酮戊二酸脱氢酶系作用下，α-酮戊二酸氧化脱羧生成琥珀酰 CoA、$NADH+H^+$ 和 CO_2，反应过程完全类似于丙酮酸脱氢酶系催化的氧化脱羧，属于 α-氧化脱羧，氧化产生的能量一部分储存于琥珀酰 CoA 的高能硫酯键中。α-酮戊二酸脱氢酶系由三个酶［α-酮戊二酸脱氢酶（E_1）、二氧硫辛酰转琥珀酰酶（E_2）、二氢硫辛酸脱氢酶（E_3）］和 6 个辅因子（TPP、硫辛酸、CoA、NAD^+、FAD、Mg^{2+}）组成。此反应也是不可逆的。α-酮戊二酸脱氢酶系受 ATP、GTP、NAPH 和琥珀酰 CoA 抑制，但其不受磷酸化/去磷酸化的调控（与丙酮酸脱氢酶系的区别）。

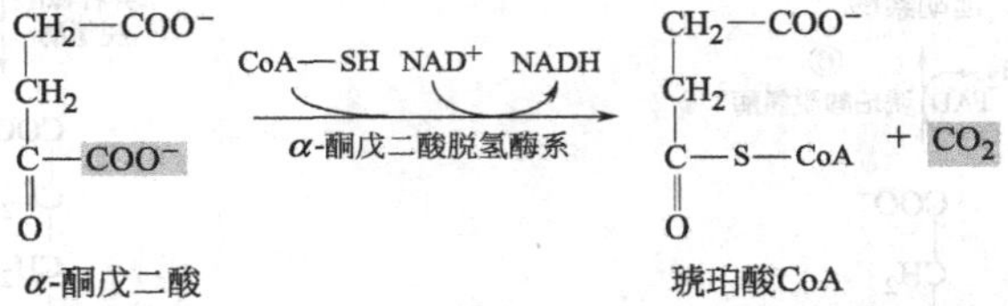

⑤ 琥珀酰 CoA 转变成琥珀酸　在琥珀酰硫激酶（又称琥珀酰 CoA 合成酶）的作用下，琥珀酰 CoA 的硫酯键水解，释放的自由能用于合成 GTP，在细菌和高等生物可直接生成 ATP，在哺乳动物中，先生成 GTP，再生成 ATP，此时，琥珀酰 CoA 生成琥珀酸和 CoA。这是底物水平磷酸化的又一例子，也是三羧酸循环中唯一直接生成高能磷酸键的反应。

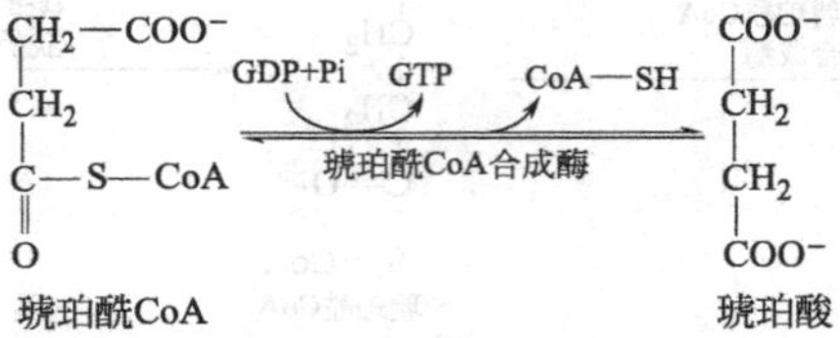

⑥ 琥珀酸脱氢生成延胡索酸　琥珀酸脱氢酶催化琥珀酸氧化成为延胡索酸。该酶结合在线粒体内膜上，是三羧酸循环中唯一与内膜结合的酶，而三羧酸循环的其他酶则都是存在线粒体基质中，此酶含有铁硫中心和共价结合的 FAD（电子受体），来自琥珀酸的电子通过 FAD 和铁硫中心，然后进入电子传递链到 O_2，只能生成 2 分子 ATP。丙二酸是琥珀酸的类似物，是琥珀酸脱氢酶强有力的竞争性抑制物，所以可以阻断三羧酸循环。NADH 氧化产

生 3 个 ATP 分子，而 FADH$_2$ 氧化只能产生 2 个 ATP 分子，这正是 FAD 在氧化还原反应中作为辅酶或辅基所起的特殊作用。

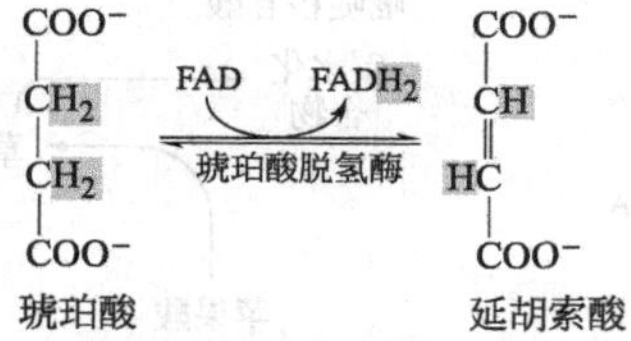

$$\text{琥珀酸} \xrightarrow[\text{琥珀酸脱氢酶}]{\text{FAD} \quad \text{FADH}_2} \text{延胡索酸}$$

⑦ 延胡索酸与水生成苹果酸　延胡索酸酶仅对延胡索酸的反式双键起作用，而对顺丁烯二酸（马来酸）则无催化作用，因而是高度立体特异性的。催化的是可逆反应。

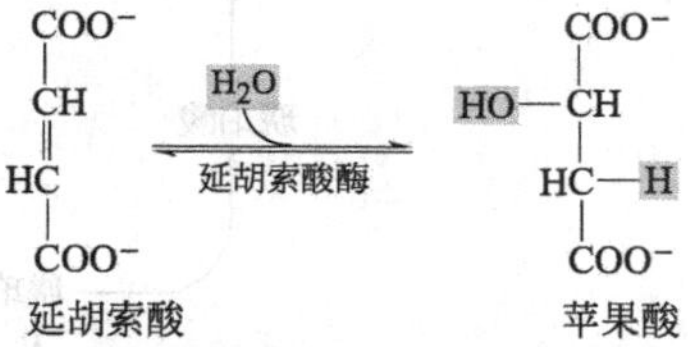

$$\text{延胡索酸} \xrightleftharpoons[\text{延胡索酸酶}]{\text{H}_2\text{O}} \text{苹果酸}$$

⑧ 苹果酸脱氢生成草酰乙酸　在苹果酸脱氢酶作用下，苹果酸脱氢氧化生成草酰乙酸，NAD$^+$ 是脱氢酶的辅酶，接受氢成为 NADH+H$^+$。在细胞内草酰乙酸不断地被用于柠檬酸合成，故这一可逆反应向生成草酰乙酸的方向进行。

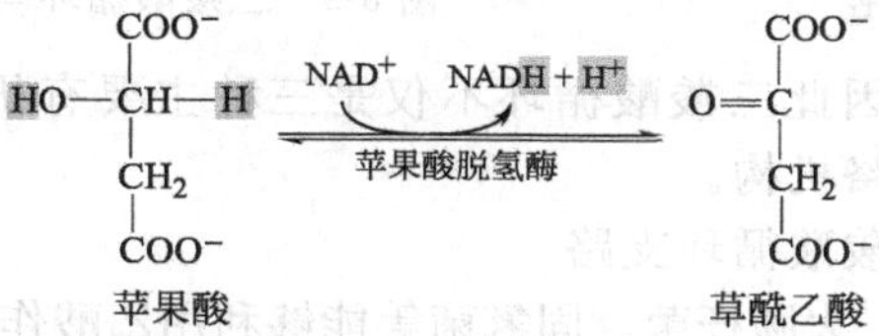

$$\text{苹果酸} \xrightleftharpoons[\text{苹果酸脱氢酶}]{\text{NAD}^+ \quad \text{NADH}+\text{H}^+} \text{草酰乙酸}$$

三羧酸循环总的反应方程式如下所示：

乙酰 CoA+3NAD$^+$+FAD+GDP+Pi+2H$_2$O $\longrightarrow$
2CO$_2$+CoA+3(NADH+H$^+$)+FADH$_2$+GTP

三羧酸循环的特点：①2 个碳原子以乙酰 CoA 形式进入循环，以 CO$_2$ 形式离开，反应过程中有两次氧化脱羧反应；②反应过程中有四次脱氢反应，三次氢受体为 NAD$^+$，一次氢受体为 FAD；③由乙酰 CoA 开始，三羧酸循环每循环一次生成 12 个 ATP，由丙酮酸开始则生成 15 个 ATP；④三羧酸循环在线粒体基质中进行；⑤三羧酸循环反应不可逆；⑥三羧酸循环的调控如图 6-8 所示，三个限速酶是柠檬酸合成酶、异柠檬酸脱氢酶（最主要）、α-酮戊二酸脱氢酶系；⑦三羧酸循环必须在有氧条件下进行。

三羧酸循环的意义如下。①供给生物体能量的主要来源。1 分子葡萄糖经无氧分解净生成 2 分子 ATP，而有氧分解可净生成 36 个 ATP 或 38 个 ATP，在一般生理条件下，许多组织细胞都从糖的有氧氧化获得能量。糖的有氧氧化不但释能效率高，而且逐步释能，并逐步储存于 ATP 分子中，因此能的利用率也很高。②三羧酸循环是三大营养物质最终的代谢途径，即是蛋白质、脂肪、糖三大生物分子彻底氧化分解的共同代谢途径。三羧酸循环的起始物乙酰辅酶 A，不但是糖氧化分解产物，它也可来自脂肪的甘油、脂肪酸和来自蛋白质的某些氨基酸代谢，因此三羧酸循环实际上是三种主要有机物在体内氧化供能的共同通路，估计人体内 2/3 的有机物是通过三羧酸循环而被分解的。③三羧酸循环是三大物质代谢联系的桥梁，如图 6-9 所示。三羧酸循环是体内三种主要有机物互变的联络机构，因糖和甘油在体内代谢可生成 α-酮戊二酸及草酰乙酸等三羧酸循环的中间产物，这些中间产物可以转变成为某些氨基酸；而有些氨基酸又可通过不同途径变成 α-酮戊二酸和草酰乙酸，再经糖异生的

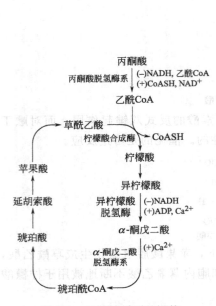
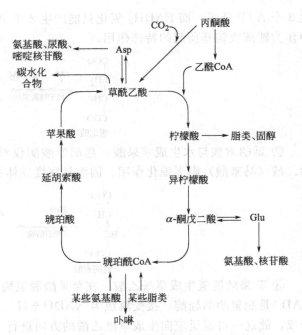

图 6-8 三羧酸循环的调控　　　　图 6-9 三羧酸循环与其他物质代谢间的联系

途径生成糖或转变成甘油,因此三羧酸循环不仅是三种主要有机物分解代谢的最终共同途径,而且也是它们互变的联络机构。

(3) 乙醛酸循环——三羧酸循环支路

许多微生物如醋酸杆菌、大肠杆菌、固氮菌等能够利用乙酸作为唯一碳源,并能利用它建造自己的机体。从这些微生物中分离出两种特异的酶,即苹果酸合成酶与异柠檬酸裂解酶。这些微生物因具有乙酰辅酶 A 合成酶,能利用乙酸作为唯一碳源,使乙酸生成乙酰辅酶 A 而进入乙醛酸循环。乙酰辅酶 A 与乙醛酸在苹果酸合成酶的催化下可合成苹果酸,异柠檬酸在异柠檬酸裂解酶催化下可裂解为琥珀酸与乙醛酸。乙醛酸循环的全过程如图 6-10 所示。

乙醛酸循环是由 2 分子乙酰 CoA 生成 1 分子琥珀酸,总的反应方程式如下所示:

$$2 \text{乙酰 CoA} + NAD^+ \longrightarrow \text{琥珀酸} + 2\text{CoA} + NADH + H^+$$

乙醛酸循环中生成的四碳二羧酸(如琥珀酸、苹果酸)仍可返回三羧酸循环,所以乙醛酸循环可看作是三羧酸循环的支路。乙醛酸循环与三羧酸循环的关系如图 6-11 所示。

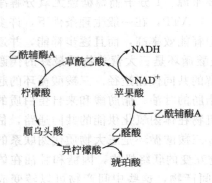
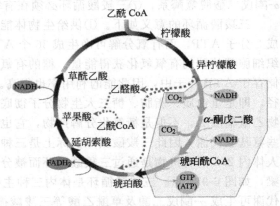

图 6-10 乙醛酸循环　　　　图 6-11 乙醛酸循环与三羧酸循环的关系

乙醛酸循环和三羧酸循环中存在着某些相同的酶类和中间产物，但它们是两条不同的代谢途径。乙醛酸循环是在乙醛酸体中进行的，是与脂肪转化为糖密切相关的反应过程；而三羧酸循环是在线粒体中完成的，是与糖的彻底氧化分解密切相关的反应过程。

乙醛酸循环的生物学意义：①可以以二碳物为起始物合成三羧酸循环中的二羧酸与三羧酸，只需少量四碳二羧酸作"引物"，便可无限制地转变成四碳物和六碳物，作为三羧酸循环上化合物的补充；②由于丙酮酸的氧化脱羧生成乙酰辅酶A是不可逆反应，在一般生理情况下，依靠脂肪大量合成糖是较困难的，但在植物和微生物体内则发现脂肪转变为糖可通过乙醛酸循环途径进行，两个乙酰辅酶A合成一个苹果酸，氧化变成草酰乙酸后，脱羧生成丙酮酸可合成糖，目前在动物组织中尚未发现乙醛酸循环。

（4）磷酸戊糖途径

磷酸戊糖途径又称戊糖支路、磷酸葡萄糖氧化途径、磷酸己糖途径、HMS途径及PPP途径，此途径是由6-磷酸葡萄糖起始生成具有重要生理功能的NADPH和5-磷酸核糖，全过程中无ATP生成，因此此过程不是机体产能的方式。此反应主要发生在肝脏、脂肪组织、哺乳期的乳腺、肾上腺皮质、性腺、骨髓和红细胞等的细胞质中。

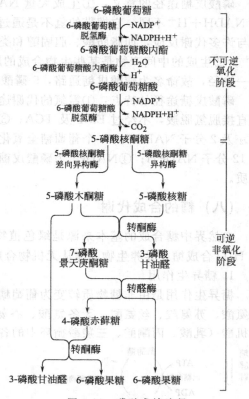

图6-12 磷酸戊糖途径

磷酸戊糖途径可分为不可逆氧化阶段和可逆非氧化阶段，如图6-12所示。

① 不可逆氧化阶段　葡萄糖脱氢脱羧形成五碳糖。在氧化阶段，3分子6-磷酸葡萄糖在6-磷酸葡萄糖脱氢酶和6-磷酸葡萄糖酸内酯酶、6-磷酸葡萄糖酸脱氢酶催化下，氧化脱羧生成6分子$NADPH+H^+$、3分子CO_2和3分子5-磷酸核酮糖。

② 可逆非氧化阶段　在非氧化阶段，5-磷酸核酮糖在转酮酶和转醛酶的催化下使部分碳链进行相互转换，经三碳、四碳、七碳和磷酸酯等，最终生成2分子6-磷酸果糖和1分子3-磷酸甘油醛，它们可转变为6-磷酸葡萄糖继续进行磷酸戊糖途径，也可以进入糖有氧氧化或糖酵解途径。在此阶段6分子五碳糖可重新合成5分子六碳糖，如图6-13所示。

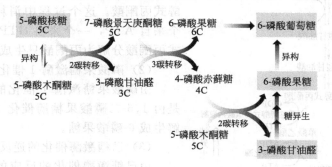

图6-13 磷酸戊糖途径的非氧化阶段

磷酸戊糖途径的意义：①生成大量 NADPH，为生物合成提供还原力，$NADPH+H^+$ 与 $NADH+H^+$ 不同，它携带的氢不是通过呼吸链氧化磷酸化生成 ATP，而是作为供氢体参与许多代谢反应，如脂肪酸、胆固醇和类固醇激素的生物合成，都需要大量的 $NADPH+H^+$；②生成的中间产物是某些生物合成的原料，此途径是葡萄糖在体内生成 5-磷酸核糖的唯一途径，故命名为磷酸戊糖通路，5-磷酸核糖是合成核苷酸辅酶及核酸的主要原料。

磷酸戊糖途径的特点：①需氧的代谢途径；②磷酸戊糖途径是糖的直接氧化途径，葡萄糖直接脱氢脱羧，不经过 EMP 及 TCA；③1 分子葡萄糖每经一个磷酸戊糖循环放出 1 分子 CO_2 及 2 分子 NADPH，一个葡萄糖全氧化成 CO_2，需要经过 6 个循环，即生成 6 分子 CO_2 及 12 分子 NADPH；④$NADP^+$ 为磷酸戊糖途径的氢受体；⑤磷酸戊糖途径的反应部位是细胞质。

（八）糖的合成代谢

自然界中糖合成的基本来源是绿色植物及光能细菌进行的光合作用，即由无机物 CO_2 及 H_2O 合成糖，异养生物不能从无机物合成糖，必须从食物中获得。

1. 糖异生作用

糖异生作用是由非糖物质转变为葡萄糖的过程。非糖物质主要有生糖氨基酸（甘氨酸、丙氨酸、苏氨酸、丝氨酸、天冬氨酸、谷氨酸、半胱氨酸、脯氨酸、精氨酸、组氨酸等）、有机酸（乳酸、丙酮酸、三羧酸循环中的各种羧酸等）和甘油等。不同物质转变为糖的速度不同。

糖异生作用的发生部位主要在肝脏，部分反应发生在肾脏。糖异生基本上是糖酵解的逆过程，糖酵解通路中大多数的酶促反应是可逆的，但是由己糖激酶、磷酸果糖激酶-1 和丙酮酸激酶三个限速酶催化的三个反应过程都是单向反应，这些反应的逆过程需要吸收能量，若实现糖异生反应，需由另外不同的酶来催化逆行过程。糖异生与糖酵解的比较如图 6-14 所示。

（1）丙酮酸激酶催化的逆反应

在糖酵解中由丙酮酸激酶催化的逆反应是由两步反应来完成的：先由丙酮酸羧化酶催化，将丙酮酸转变为草酰乙酸，然后再由磷酸烯醇式丙酮酸羧激酶催化，由草酰乙酸生成磷酸烯醇式丙酮酸。这个过程中消耗两个高能键（一个来自 ATP，一个来自 GTP），而由磷酸烯醇式丙酮酸分解为丙酮酸只生成 1 个 ATP。

（2）磷酸果糖激酶-1 催化的逆反应

由磷酸果糖激酶-1 催化的反应的逆行过程是由 1,6-二磷酸果糖酶催化 1,6-二磷酸果糖水解生成 6-磷酸果糖。

（3）己糖激酶催化的逆反应

由己糖激酶催化的反应的逆行过程是由 6-磷酸葡萄糖酶催化 6-磷酸葡萄糖水解生成葡

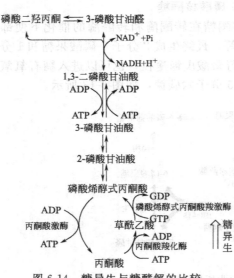

图 6-14 糖异生与糖酵解的比较

萄糖。

除上述几步反应以外，糖异生反应就是糖酵解途径的逆反应过程。

糖异生总反应方程式如下所示：

2 丙酮酸＋4ATP＋2GTP＋2NADH＋2H$^+$＋6H$_2$O —→ 葡萄糖＋2NAD$^+$＋4ADP＋2GDP＋6Pi＋6H$^+$

糖异生反应的生理意义：①可保证血糖浓度的相对恒定；②与乳酸的作用密切关系，在激烈运动时，肌肉糖酵解生成大量乳酸，乳酸经血液运到肝脏，可再合成肝糖原和葡萄糖，因而使不能直接产生葡萄糖的肌糖原间接变成血糖，并且有利于回收乳酸分子中的能量，更新肌糖原，防止乳酸酸中毒的发生；③协助氨基酸代谢，氨基酸成糖反应是氨基酸代谢的主要途径；④调节酸碱平衡，长期饥饿可造成代谢性酸中毒，血液 pH 降低，促进肾小管中磷酸烯醇式丙酮酸羧激酶的合成，从而使糖异生作用加强，此外当肾中 α-酮戊二酸因糖异生而减少时，可促进谷氨酰胺脱氢生成谷氨酸以及谷氨酸的脱氨反应，肾小管将 NH$_3$ 分泌入管腔，与原尿中的 H$^+$ 中和，有利于排氢保钠，对防止酸中毒有重要作用。

2. 蔗糖的合成

蔗糖在高等植物中的合成主要有两条途径，如图 6-15 所示。

图 6-15 蔗糖的合成途径

（1）蔗糖合成酶催化

利用尿苷二磷酸葡萄糖（UDPG）作为葡萄糖供体，在蔗糖合成酶的催化下，UDPG 与果糖作用合成蔗糖。UDPG 的结构式如下所示：

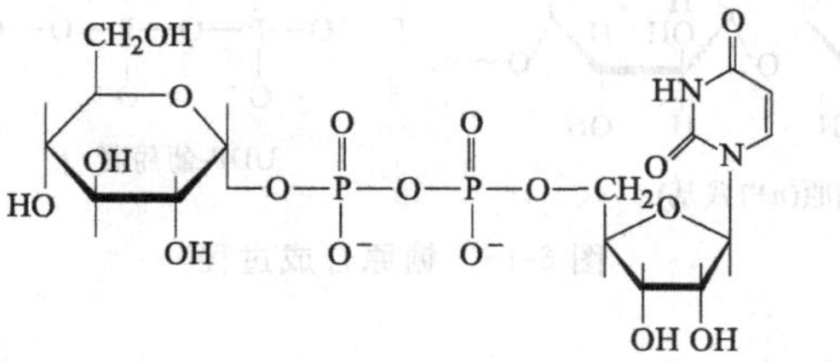

（2）磷酸蔗糖合成酶催化

利用 UDPG 作为葡萄糖供体，在磷酸蔗糖合成酶催化下，与 6-磷酸果糖作用，生成磷酸蔗糖，再经磷酸酯酶作用，脱去磷酸，生成蔗糖。因为磷酸蔗糖合成酶的活性较大，且磷酸蔗糖的磷酸酯酶存在量大，所以一般认为此途径是植物合成蔗糖的主要途径。

3. 淀粉的合成

淀粉的合成与分解通过两个不同的催化系统。

（1）直链淀粉的合成

催化 α-1,4-糖苷键形成的酶类主要是 UDPG 转葡萄糖苷酶和腺苷二磷酸葡萄糖（ADPG）转葡萄糖苷酶。在有"引物"存在的条件下，UDPG 可转移葡萄糖至引物上。引物的功能是作为 α-葡萄糖的受体，引物分子可以是麦芽糖、麦芽三糖、麦芽四糖，甚至是一个淀粉分子。

近年来认为高等植物合成淀粉的主要途径是通过 ADPG 转葡萄糖苷酶。

（2）支链淀粉的合成

在植物中有 Q 酶，能催化 α-1,4-糖苷键转换为 α-1,6-糖苷键，使直链的淀粉转化为支链的淀粉。直链淀粉在 Q 酶作用下先分裂成较小的片段，而后将片段移到 C6 上，并以其 C1 与 C6 形成 α-1,6-糖苷键的支链。

4. 糖原的合成

糖原是动物体内葡萄糖的储存形式，摄入的糖类物质大部分变成脂肪后储存，只有一小部分合成糖原储存下来。肝脏和肌肉中都可以合成糖原。由葡萄糖（包括少量果糖和半乳糖）合成糖原的过程称为糖原合成，反应在细胞质中进行，需要消耗 ATP 和 UTP。糖原结构与支链淀粉相似，其合成也类似于支链淀粉的合成。糖原合成过程见图 6-16 所示。

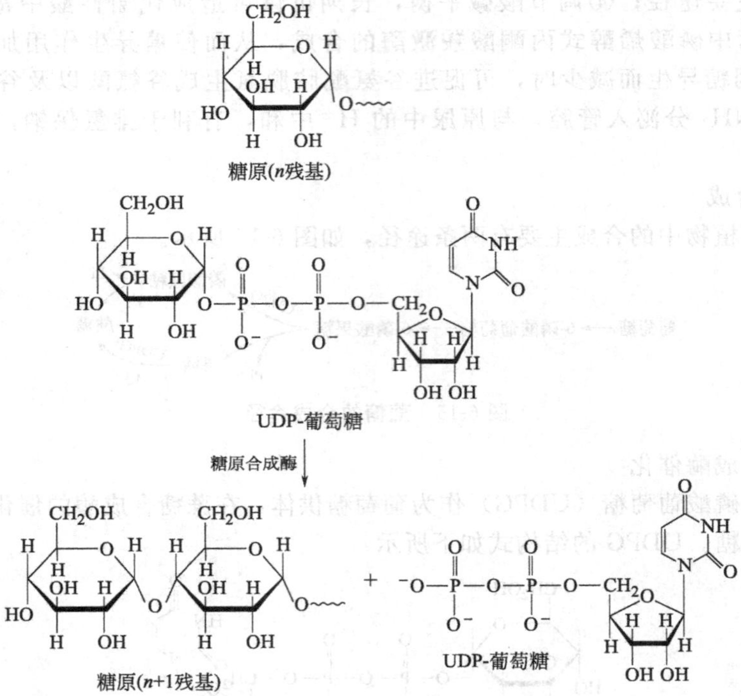

图 6-16 糖原合成过程

（九）糖含量测定方法

糖含量测定方法有物理法、化学法、色谱法和酶法等。物理法包括相对密度法、折射法和旋光法等，这些方法比较简便。对一些特定的样品或生产过程中进行监控，采用物理法较为方便。化学法是一种广泛采用的常规分析法，它包括滴定法和比色法。化学法测得的多为糖的总量，不能确定糖的种类及每种糖的含量。利用色谱法可以对样品中的各种糖类进行分离定量。目前利用气相色谱和高效液相色谱分离和定量样品中的各种糖类已得到广泛应用。近年来发展起来的离子交换色谱具有灵敏度高、选择性好等优点，已成为一种卓有成效的糖的色谱分析法。用酶法测定糖类也有一定的应用，如 β-半乳糖脱氢酶测定半乳糖、乳糖，葡萄糖氧化酶测定葡萄糖等。

1. 比色法

比色法是利用还原糖与某种试剂可生成特殊的有色物质，且还原糖的含量与有色物质的生成量成正比关系。

单糖、寡糖、多糖及其衍生物在浓酸（如浓盐酸、浓硫酸）作用下可水解、脱水生成糖醛类化合物，这些产物可继续同酚类化合物发生反应，生成有色的物质，最后采用比色法进行定量。如蒽酮法，糖类脱水生成的糠醛或羟甲基糠醛可与蒽酮（$C_{14}H_{10}O$）脱水缩合，生成蓝绿色的糠醛衍生物，此物质在 620nm 处有特征吸收，在 150μg/mL 范围内，其颜色的深浅与可溶性糖含量成正比，此法几乎可测定所有的糖，且灵敏度较高，其反应方程式如下所示：

$$\text{己糖} \xrightarrow[H^+]{-3H_2O} \text{羟甲基糠醛} \xrightarrow[-H_2O]{\text{蒽酮}} \text{糠醛衍生物(蓝绿色)}$$

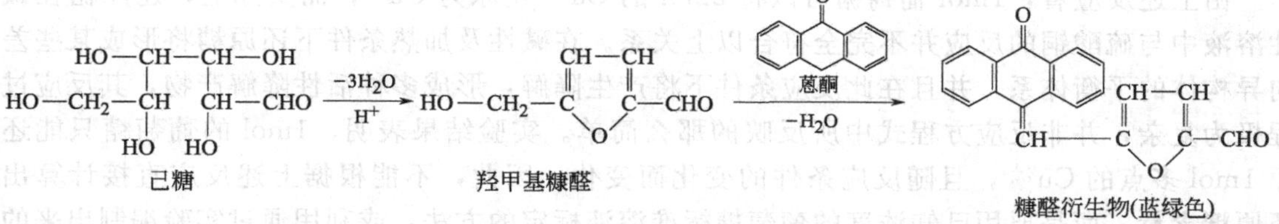

另外一种应用较多的糖定量方法是 3,5-二硝基水杨酸比色法。其作用原理是多糖的水解产物还原糖与 3,5-二硝基水杨酸共热后，3,5-二硝基水杨酸可被还原成 3-氨基-5-硝基水杨酸（棕红色氨基化合物），此化合物在 540nm 处有特征吸收，在一定范围内，还原糖的量与棕红色物质的深浅程度呈线性关系，其反应方程式如下所示：

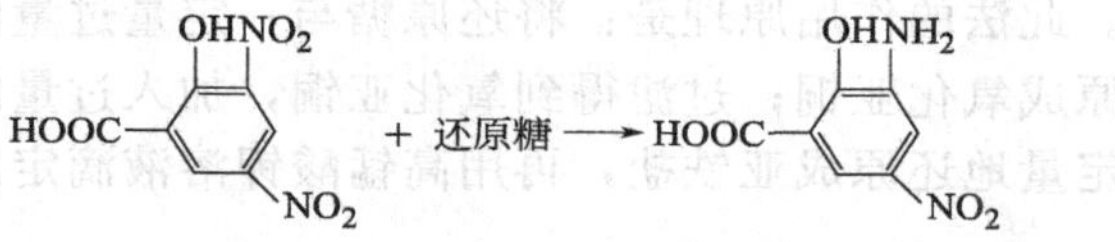

$$\text{3,5-二硝基水杨酸} + \text{还原糖} \longrightarrow \text{3-氨基-5-硝基水杨酸(棕红色)}$$

2. 滴定法

常用的糖含量测定的滴定方法是氧化还原滴定法，如费林滴定法、高锰酸钾滴定法、间接碘量法等，此方法是以还原糖的测定为基础，即利用单糖和部分双糖的还原性进行测定。而有些双糖和所有多糖并不具有还原性，可通过某种方法水解生成具有还原性的单糖后，再进行测定，然后再换算成样品中相应糖类的含量。

（1）费林滴定法

费林滴定法是目前最常用的测定还原糖的方法，是食品中测定还原糖含量的国家标准分析方法。此法具有试剂用量少、操作简单、快速、滴定终点明显等特点。此法的作用原理是：一定量的费林试剂 A 液、B 液（即碱性酒石酸铜甲液、乙液）等体积混合后，生成天蓝色的氢氧化铜沉淀，这种沉淀很快与酒石酸钾钠反应，生成深蓝色的酒石酸钾钠铜的配合物。在加热条件下，以次甲基蓝作为指示剂，用样液直接滴定经标定的碱性酒石酸铜溶液，还原糖将二价铜还原为氧化亚铜。待二价铜全部被还原后，稍过量的还原糖将次甲基蓝还原，溶液由蓝色变为无色，即为终点。根据最终所消耗的样液的体积，即可计算出还原糖的含量。有关反应方程式如下：

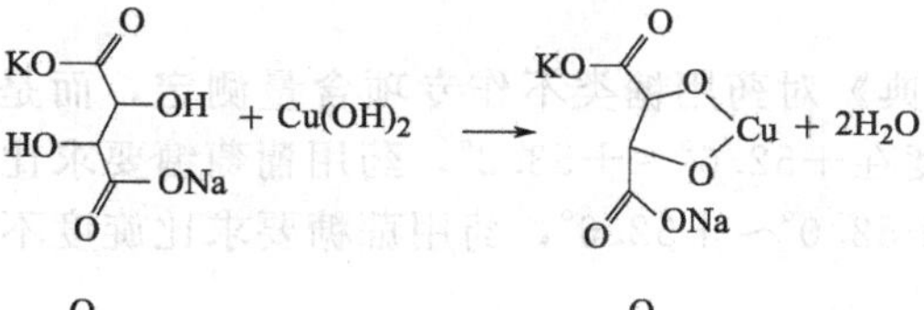

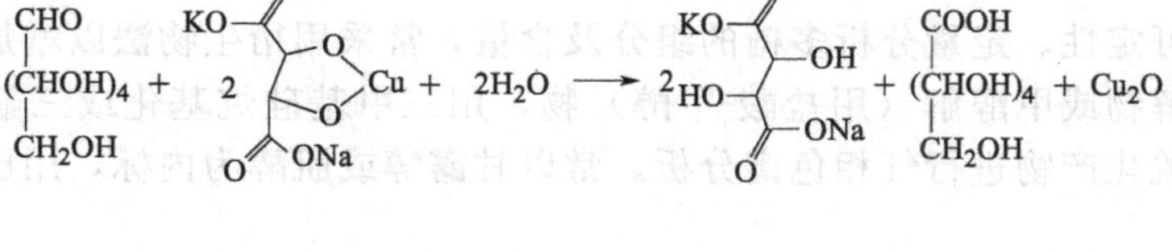

蓝色　　　　　　　　　　　　　　　　　无色

由上述反应看，1mol 葡萄糖可以将 2mol 的 Cu^{2+} 还原为 Cu^+，而实际上，还原糖在碱性溶液中与硫酸铜的反应并不完全符合以上关系。在碱性及加热条件下还原糖将形成某些差向异构体的平衡体系，并且在此反应条件下将产生降解，形成多种活性降解产物，其反应过程极为复杂，并非反应方程式中所反映的那么简单。实验结果表明，1mol 的葡萄糖只能还原 1mol 多点的 Cu^{2+}，且随反应条件的变化而变化。因此，不能根据上述反应直接计算出还原糖含量，而是要用已知浓度的葡萄糖标准溶液标定的方法，或利用通过实验编制出来的还原糖检索表来计算。

(2) 高锰酸钾滴定法

高锰酸钾滴定法也是食品中测定还原糖含量的国家标准分析方法。它的主要特点是准确度高、重现性好，这两方面都优于费林滴定法，操作步骤不多，但操作复杂、费时，需查特制的还原糖质量换算表。此法的作用原理是：将还原糖与一定量过量的碱性酒石酸铜溶液反应，还原糖使二价铜还原成氧化亚铜；过滤得到氧化亚铜，加入过量的酸性硫酸铁溶液将其氧化溶解，而三价铁被定量地还原成亚铁盐，再用高锰酸钾溶液滴定所生成的亚铁盐。反应方程式如下：

$$Cu_2O + Fe_2(SO_4)_3 + H_2SO_4 \longrightarrow 2CuSO_4 + 2FeSO_4 + H_2O$$

$$10FeSO_4 + 2KMnO_4 + 8H_2SO_4 \longrightarrow 5Fe_2(SO_4)_3 + K_2SO_4 + 2MnSO_4 + 8H_2O$$

由以上反应可见，5mol Cu_2O 相当于 2mol 的 $KMnO_4$，故根据高锰酸钾标准溶液的消耗量可计算出氧化亚铜的量，从还原糖质量换算表中查出与氧化亚铜量相当的还原糖的量，即可计算出样品中还原糖的含量。

(3) 间接碘量法

间接碘量法的作用原理是：样品与过量的费林试剂 A 液、B 液共沸，其中所含的还原糖将二价铜离子还原成氧化亚铜；剩余的二价铜离子在酸性条件下与碘离子反应生成定量的碘；以硫代硫酸钠标准溶液滴定生成的碘，从而计算出样品中总糖或还原糖的含量。反应式如下所示：

$$Cu^{2+} + CH_2OH(CHOH)_4CHO \longrightarrow CH_2OH(CHOH)_4COOH + Cu_2O\downarrow$$

$$2Cu^{2+} + 4I^- \longrightarrow 2CuI\downarrow + I_2$$

$$I_2 + 2S_2O_3^{2-} \longrightarrow 2I^- + S_4O_6^{2-}$$

3. 旋光度法

葡萄糖、乳糖和蔗糖分子结构中含有若干个手性碳原子，具有旋光性，其比旋度能反映出这些糖类的纯度。

《中华人民共和国药典》对药用糖类不作专项含量测定，而是规定比旋度的范围。如药用无水葡萄糖要求比旋度在 $+52.6°\sim +53.2°$，药用葡萄糖要求比旋度在 $+52.5°\sim +53.0°$，药用乳糖要求比旋度在 $+52.0°\sim +52.6°$，药用蔗糖要求比旋度不得少于 $+66.0°$。

4. 气相色谱法

气相色谱法可定性、定量分析多糖的组分及含量，常采用衍生物法以增加其挥发性。一般是将多糖酸水解物或甲醇解（用盐酸-甲醇）物，用三甲基硅烷基化或三氟乙酰化转化为硅烷化产物或二酰化产物进行气相色谱分析。常以甘露醇或肌醇为内标，用已知的各种单糖作标准。

5. 高效液相色谱法

高效液相色谱法利用样品中各种组分在液-固两相分配系数的不同，令样品通过液相色谱柱，而将样品中的不同的糖组分分离，在示差折光检测器中进行检测，用外标法定量。高效液相色谱法因具有快速、方便、分辨率高、重现性好、不破坏样品等优点，特别适用于热敏糖类的测定。

（十）糖分子量的测定方法

常用的糖分子量测定方法是高效液相色谱法、凝胶过滤法、黏度法、超速离心法等。如对于黏度大的多糖，可采用黏度计测定其特性黏度，从而推算平均相对分子质量；或用超速离心法，根据沉降系数和扩散系数，也可推算糖的平均相对分子质量。

利用不同方法测定糖分子量可以从不同角度对糖分子量进行确证，同时也是对糖纯度的考察。在测定过程中要注意标准品的选择，尽量使用与被测糖结构相似的标准品，因为不同结构的标准品虽然其绝对分子量相同但在一定条件下所表现的分子量会有所不同。糖分子量的测定没有一种绝对的方法，其分子量只代表相似链长的平均配比而不是确切的分子大小，往往用不同的方法会得到不同的分子量。

四、项目实施

训练任务一　食品中还原糖含量的测定

【任务背景】

糖是生物界最重要的有机化合物之一，广泛分布于动、植物和微生物细胞中，它是人类获得能量的重要来源，食品中以糖作为甜味剂来注入和调节风味。

假设你是一名某食品生产企业质检部门的技术员，你所在的工作小组接到一项任务：对某一食品进行还原糖量的测定，以确认产品质量。任务接手后，部门领导要求你们尽快查阅还原糖含量测定的相关知识及操作方法，制订工作计划和工作方案并有计划地实施，认真填写工作记录，按时提交质量合格的检测报告，最后他将对所在小组的每一位成员进行考核。

【任务思考】

1. 什么是糖？什么是还原糖？
2. 糖主要有哪些分类？各有何特点？
3. 单糖具有哪些性质特点？哪些性质可用于糖含量的测定？
4. 糖含量测定的方法有哪些？试述其原理和优缺点？
5. 说明还原糖测定的原理。为什么说还原糖的测定是糖类定量的基础？
6. 用费林试剂法测定还原糖，为什么样液要进行预测定？怎样提高测定结果的准确度？

方法1　直接滴定法

【实验器材】

1. 材料

某一食品。

2. 仪器

酸式滴定管，电炉等。

3. 试剂

碱性酒石酸铜甲液（费林试剂 A 液）：称取 $CuSO_4 \cdot 5H_2O$ 15g 及亚甲基蓝 0.05g，加水溶解，定容至 1000mL，摇匀。

碱性酒石酸铜乙液（费林试剂 B 液）：称取 50g 酒石酸钾钠、75g 氢氧化钠、4g 亚铁氰化钾溶解后，定容至 1000mL，摇匀，储存于橡胶塞玻璃瓶内。

乙酸锌溶液：称取 21.9g 乙酸锌，加 3mL 冰醋酸，加水溶解并稀释至 100mL。

亚铁氰化钾溶液：称取 10.6g 亚铁氰化钾，加水溶解并稀释至 100mL。

0.1％标准葡萄糖溶液：取分析纯葡萄糖，在 100℃下烘干至恒重，准确称取 1.000g 无水葡萄糖，加水溶解后加入 5mL 盐酸，并用水稀释至 1000mL。此溶液每毫升相当于 1.0mg 葡萄糖。

【实验方法】

1. 试样处理

（1）一般食品

称取粉碎后的固体样品 2.5～5g 或混匀后的液体试样 5～25g，精确至 0.001g，置于 250mL 容量瓶中，加 50mL 水，慢慢加入 5mL 蛋白质澄清剂乙酸锌及 5mL 亚铁氰化钾溶液，加水至刻度，混匀，沉淀，静置 30min，用干燥滤纸过滤，弃去初滤液，取续滤液备用。

（2）酒精性饮料

称取约 100g 混匀后的试样，精确至 0.01g，置于蒸发皿中，用氢氧化钠（40g/L）溶液中和至中性，在水浴上蒸发至原体积的 1/4 后，移入 250mL 容量瓶中，以下按（1）中自"慢慢加入 5mL 蛋白质澄清剂乙酸锌"起依法操作。

（3）淀粉含量较高的食品

称取 10～20g 粉碎后或混匀后的试样，精确至 0.01g，置于 250mL 容量瓶中，加 200mL 水，在 45℃水浴中加热 1h，并时时振摇。冷却后加水稀释至刻度，混匀，静置，沉淀。吸取 200mL 上清液于另一 250mL 容量瓶中，以下按（1）中自"慢慢加入 5mL 蛋白质澄清剂乙酸锌"起依法操作。

（4）碳酸类饮料

称取约 100g 混匀后的试液，精确至 0.01g，试样置于蒸发皿中，在水浴上微热搅拌除去二氧化碳后，定量移入 250mL 容量瓶中，并用水洗涤蒸发皿，洗液并入容量瓶中，再加水至刻度，混匀后，备用。

2. 标定碱性酒石酸铜溶液

吸取碱性酒石酸铜甲液、乙液各 5.0mL，置于 150mL 锥形瓶中，加水 10mL，加入玻璃珠 2 粒，从滴定管滴加约 9mL 标准葡萄糖溶液，控制在 2min 内加热至沸腾，沸腾后立即以每 2s 1 滴的速度继续滴加标准葡萄糖溶液，直至溶液蓝色刚好褪去为终点，记录消耗葡萄糖标准溶液的总体积。平行操作 3 份，取其平均值，计算每 10mL 碱性酒石酸铜溶液（甲液、乙液各 5mL）相当于葡萄糖的质量（mg）。

3. 试样溶液的预测

吸取碱性酒石酸铜甲液、乙液各 5.0mL，置于 150mL 锥形瓶中，加水 10mL，加入玻璃珠 2 粒，控制在 2min 内加热至沸腾，趁沸以先快后慢的速度，从滴定管中滴加试样溶液，并保持沸腾状态，待溶液颜色变浅时，以每 2s 1 滴的速度滴定，直至蓝色刚好褪去为终点，记下样液消耗的体积。

4. 试样溶液的测定

吸取碱性酒石酸铜甲液、乙液各 5.0mL，置于 150mL 锥形瓶中，加水 10mL，加入玻璃珠2粒，从滴定管滴加比预测体积少1mL的试样溶液至锥形瓶中，使其在2min内加热至沸腾，沸腾后以每2s 1滴的速度滴定，直至蓝色刚好褪去为终点，记录样液消耗的体积。同法平行操作3份，得出平均消耗体积。

5. 记录（表6-1）

表6-1

步骤	预备滴定/mL	正式滴定/mL		
		预加	续滴定	正式滴定消耗的体积
碱性酒石酸铜试剂的标定				V_1
样液的测定				V_2

6. 计算

$$X = \frac{A}{m \times \dfrac{V}{250} \times 1000} \times 100$$

式中 X——试样中还原糖的含量（以还原糖计），g/100g；
      A——费林试剂相当于葡萄糖的质量，mg；
      m——试样质量，g；
      V——测定时平均消耗试样溶液体积，mL；
      250——试样液的总体积，mL。

计算结果表示到小数点后一位。

【注意事项】

1. 碱性酒石酸铜甲液、乙液应分别配制储存，用时才混合。

2. 碱性酒石酸铜的氧化能力较强，可将醛糖和酮糖都氧化，所以测得的是总还原糖量。

3. 本法对糖进行定量的基础是碱性酒石酸铜溶液中 Cu^{2+} 的量，所以，样品处理时不能采用硫酸铜-氢氧化钠作为澄清剂，以免样液中误入 Cu^{2+}，得出错误的结果。

4. 在碱性酒石酸铜乙液中加入亚铁氰化钾，是为了使所生成的 Cu_2O 的红色沉淀与之形成可溶性的无色配合物，使终点便于观察。

$$Cu_2O\downarrow + K_4Fe(CN)_6 + H_2O \longrightarrow K_2Cu_2Fe(CN)_6 + 2KOH$$

5. 次甲基蓝也是一种氧化剂，但在测定条件下其氧化能力比 Cu^{2+} 弱，故还原糖先与 Cu^{2+} 反应，待 Cu^{2+} 完全反应后，稍过量的还原糖才会与次甲基蓝发生反应，使溶液蓝色消失，指示到达终点。

6. 整个滴定过程必须在沸腾条件下进行，其目的是为了加快反应速率和防止空气进入，避免氧化亚铜和还原型的次甲基蓝被空气氧化从而增加耗糖量。

7. 测定中还原糖液浓度、滴定速度、热源强度及煮沸时间等都对测定精密度有很大的影响。还原糖液浓度要求在0.1%左右，与标准葡萄糖溶液的浓度相近；继续滴定至终点的体积应控制在0.5～1mL以内，以保证在1min内完成继续滴定的工作；热源一般采用800W电炉，热源强度和煮沸时间应严格按照操作中的规定执行，否则，加热及煮沸时间不同，水蒸气蒸发量不同，反应液的碱度也不同，从而影响反应速率、反应程度及最终测定的结果。

8. 预测定与正式测定的操作条件应一致。

9. 平行实验中消耗样液量之差应不超过0.1mL。

方法 2 高锰酸钾法

【实验器材】

1. 材料

某一食品。

2. 仪器

滴定管、水浴锅、坩埚、真空泵等。

3. 试剂

碱性酒石酸铜甲液、乙液（费林试剂 A 液、B 液）：同"方法 1 费林试剂法"。

0.1mol/L 高锰酸钾标准溶液。

1mol/L 氢氧化钠溶液：称取 4g 氢氧化钠，加水溶解并稀释至 100mL。

50g/L 硫酸铁溶液：称取 50g 硫酸铁，加入 200mL 水溶解后，慢慢加入 100mL 硫酸，冷后加水稀释至 1000mL。

3mol/L 盐酸：量取 30mL 盐酸，加水稀释至 120mL。

【实验方法】

1. 试样处理

（1）一般食品

称取粉碎后的固体样品 2.5～5g 或混匀后的液体试样 25～50g，精确至 0.001g，置于 250mL 容量瓶中，加 50mL 水，混匀。加入 10mL 碱性酒石酸铜甲液及 4mL 氢氧化钠溶液（40g/L），加水至刻度，混匀，静置 30min，用干燥滤纸过滤，弃去初滤液，取续滤液备用。

（2）酒精性饮料

称取约 100g 混匀后的试样，精确至 0.01g，置于蒸发皿中，用氢氧化钠（40g/L）溶液中和至中性，在水浴上蒸发至原体积的 1/4 后，移入 250mL 容量瓶中，加 50mL 水，混匀。以下按（1）中自"加入 10mL 碱性酒石酸铜甲液"起依法操作。

（3）淀粉含量较高的食品

称取 10～20g 粉碎后或混匀后的试样，精确至 0.01g，置于 250mL 容量瓶中，加 200mL 水，在 45℃ 水浴中加热 1h，并时时振摇。冷却后加水稀释至刻度，混匀，静置，沉淀。吸取 200mL 上清液于另一 250mL 容量瓶中，以下按（1）中自"加入 10mL 碱性酒石酸铜甲液"起依法操作。

（4）碳酸类饮料

称取约 100g 混匀后的试液，精确至 0.01g，试样置于蒸发皿中，在水浴上微热搅拌除去二氧化碳后，定量移入 250mL 容量瓶中，并用水洗涤蒸发皿，洗液并入容量瓶中，再加水至刻度，混匀后，备用。

2. 测定

吸取 50.00mL 处理后的试样溶液，于 400mL 烧杯内，加入碱性酒石酸铜甲液、乙液各 25mL，于烧杯中混匀，于烧杯上盖上一表面皿，加热，使之在 4min 内沸腾，再准确煮沸 2min，趁热用 G4 垂融坩埚或用铺好石棉的古氏坩埚抽滤，并用 60℃ 的热水洗涤烧杯及沉淀，至洗出液不呈碱性为止。将 G4 垂融坩埚或古氏坩埚放回原 400mL 烧杯中，加 25mL 硫酸铁溶液及 25mL 水，用玻棒搅拌，使氧化亚铜全部溶解，用高锰酸钾标准溶液滴定至微红色为终点。另取 50mL 水代替样液，按上述方法做空白试验。

3. 结果计算

根据滴定时所消耗的高锰酸钾标准溶液的体积，计算样品中与还原糖的质量相当的氧化亚铜的质量：

$$X = (V - V_0) \times c \times 71.54$$

式中　X——试样中与还原糖的质量相当的氧化亚铜的质量，mg；
　　　V——测定样液所消耗高锰酸钾标准溶液的体积，mL；
　　　V_0——试剂空白所消耗高锰酸钾标准溶液的体积，mL；
　　　c——$\frac{1}{5}KMnO_4$ 标准溶液的浓度，mol/L；
　　　71.54——1mL 高锰酸钾标准溶液$\left[c\left(\frac{1}{5}KMnO_4\right)=1.000mol/L\right]$相当于氧化亚铜的质量，mg/mmol。

【注意事项】

1. 操作过程必须严格按规定执行，加入碱性酒石酸铜甲液、乙液后，务必控制在4min内加热至沸，沸腾时间2min也要准确，否则会引起较大的误差。

2. 该法所用的碱性酒石酸铜溶液是过量的，即保证把所有的还原糖全部氧化后，还有过剩的Cu^{2+}存在。所以，经煮沸后的反应液应显蓝色。如不显蓝色，说明样液含糖浓度过高，应调整样液浓度，或减少样液取用体积，重新操作，而不能增加碱性酒石酸铜甲液、乙液的用量。

3. 样品中的还原糖既有单糖也有麦芽糖或乳糖等双糖时，还原糖的测定结果会偏低，这主要是因为双糖的分子中仅含有一个还原基所致。

4. 在抽滤和洗涤时，要防止氧化亚铜沉淀暴露在空气中，应使沉淀始终在液面下，避免其氧化。

训练任务二　血糖含量的测定

【任务背景】

糖分是身体必不可少的营养之一。人们摄入谷物、蔬果等，经过消化系统转化为单糖（如葡萄糖等）进入血液，运送到全身细胞，作为能量的来源。血液中的糖称为血糖，绝大多数情况下都是葡萄糖。体内各组织细胞活动所需的能量大部分来自葡萄糖，所以血糖必须保持一定的水平才能维持体内各器官和组织的需要。血糖测定是检查有无糖代谢紊乱的最基本和最重要的指标。

假设你是一名某医院的检测人员，你所在的工作小组接到一项任务：对某一血样进行血糖含量的测定。任务接手后，部门领导要求你们尽快学习血糖含量测定的相关知识及操作方法，制订工作计划和工作方案并有计划地实施，认真填写工作记录，按时提交质量合格的检测报告，最后他将对所在小组的每一位成员进行考核。

【任务思考】

1. 什么是血糖？动物血糖浓度有何特点？测定血糖浓度有何临床意义？
2. 测定血糖的常用方法有哪些？试分析各种检测方法的实验原理及其优缺点？

方法1　福林-吴宪氏法

【实验器材】

1. 材料

动物血液。

2. 仪器

分光光度计、试管、容量瓶、水浴锅、表面皿等。

3. 试剂

碱性铜试剂：称取无水 Na_2CO_3 40g，溶于 100mL 蒸馏水中，溶后加酒石酸 7.5g，若不易溶解可稍加热，冷却后移入 1000mL 的容量瓶中。另取纯结晶 $CuSO_4$ 4.5g 溶于 200mL 蒸馏水中，溶后再将此溶液倾入上述容量瓶内，加蒸馏水至 1000mL，放置备用。

磷钼酸试剂：取纯钼酸 70g，溶于 10% NaOH 400mL 中，其中再加 Na_2WO_4 10g，加蒸馏水至总体积约为 800mL，加热煮沸 30～40min，以除去钼酸中可能存在的 NH_3，冷却后加 85% H_3PO_4 25mL，加蒸馏水至 1000mL，摇匀，放入棕色瓶保存。

标准葡萄糖液：①储存液（10mg/mL），准确称取纯葡萄糖 1.0g，用 0.25%苯甲酸液溶解，倾入 100mL 的容量瓶中，最后加 0.25%苯甲液至刻度，摇匀，放置冰箱中保存。②应用液（0.025mg/mL），准确取上述储存液 0.5mL 移入 200mL 容量瓶中，加 0.25%苯甲酸溶液至刻度。

0.25%苯甲酸液：称取苯甲酸 2.5g，加入煮沸的蒸馏水 1000mL 中，使成饱和溶液，冷却后，取上清液备用。

10% Na_2WO_4。

$\frac{1}{3}$ mol/L H_2SO_4。

【实验方法】

1. 无蛋白血滤液的制备

取试管一支，准确加入已加抗凝剂的全血 0.1mL，加蒸馏水 3.5mL，摇匀，血液变成红色透明时加 10%钨酸钠 0.2mL，摇匀，再加 0.33mol/L 硫酸 0.2mL，随加随摇，加完放置 5～15min，至沉淀由鲜红变为暗棕色，滤纸过滤，收集滤液备用。

2. 血糖的测定

取试管 3 支，编号，按表 6-2 操作。

表 6-2

试剂/mL	标准管	测定管	空白管
标准葡萄糖液	2.0	—	—
无蛋白血滤液	—	2.0	—
蒸馏水	—	—	2.0
碱性铜试剂	2.0	2.0	2.0

充分摇匀，置沸水浴中准确煮沸 8min，取出切勿摇动，置于冷水浴冷却，然后于各管分别加入磷钼酸试剂 2.0mL，混匀，放置 3min，再于各管加蒸馏水 3.0mL 并混匀，在 420nm 波长处比色，记录各管吸光度。

3. 计算

按下式计算：

$$m = \frac{A_1}{A_0} \times 0.025 \times 2 \times \frac{4}{2} \times \frac{100}{0.1}$$

式中　m——100mL 血中所含的葡萄糖质量，mg；
　　　A_1——样品溶液吸光度；
　　　A_0——标准溶液吸光度。

【注意事项】

1. 本法所测得的血糖并不完全是真正的血糖，因滤液中尚有其他还原性物质的干扰（占10%～20%），因此测得的血糖含量较实际葡萄糖含量稍高。

2. 血糖测定应在采血后立即进行，以免血糖被分解。但若做成无蛋白滤液，滤液可在冰箱储存。

3. 一定要等水沸后，再放入血糖管。血糖管可用橡皮筋扎成束，直立水中，使受热一致。加热时间要准确，时间过久呈色较深，时间不足颜色较浅，均影响结果的准确性。冷却时，切不可摇动血糖管，以防还原的氧化亚铜被空气中的氧所氧化，降低实际结果。

4. 加入磷钼酸试剂后所显颜色不稳定，故比色要迅速进行。用红色滤光板（或在600nm波长处）时颜色变化表现比较明显，用蓝色滤光板（或在420nm波长处）时一般在15min内稳定不变，所以虽然反应生成物为蓝色，比色时仍采用蓝色滤光板（或420nm波长处）。

5. 所取血液的量必须准确。如果由吸管中放出血液的速度太快，会有大量血液粘在吸管内壁，容量不准，所以一般放出1mL血液所用的时间不应少于1min。

6. 若测定管颜色明显深于标准管，以至无法比色时，可用1/4磷钼酸成倍稀释，比色结果乘以稀释倍数即可。若测定管颜色明显浅于标准管时，可用磷钼酸稀释样品时，只稀释至12.5刻度处即可，比色后计算结果除以2即可。

方法2　改良的邻甲苯胺硼酸法

【实验器材】

1. 材料

动物血液。

2. 仪器

分光光度计、试管、容量瓶、水浴锅、表面皿等。

3. 试剂

饱和硼酸溶液：称取硼酸6g溶于100mL蒸馏水中，放置一夜过滤即可应用。

邻甲苯胺硼酸试剂：1.5g硫脲在883.2mL冰醋酸中溶解后，加邻甲苯胺76.8mL混合，再加饱和硼酸溶液40mL。充分混匀后放入褐色试剂瓶内储存备用，一般可储存几个月。

标准葡萄糖储存液（10mg/mL）：用0.25%安息香酸溶液或3%三氯醋酸配制。

标准葡萄糖应用液（1mg/mL）：用0.25%安息香酸溶液或3%三氯醋酸将储存液稀释10倍。

【实验方法】

1. 血糖的测定

取试管3支，编号，按表6-3操作。

表 6-3

试剂/mL	空白管	样品管	标准管
蒸馏水	0.1	—	—
血液	—	0.1	—
标准葡萄糖液	—	—	0.1
邻甲苯胺硼酸试剂	5.0	5.0	5.0

混匀后同时将 3 支试管置于 100℃ 水浴中，加热 5~6min 后，取出用冷水冷却，在 30min 内用分光光度计在 620nm 波长处比色，记录各管吸光度。

2. 计算

按下式计算：

$$m = \frac{A_1}{A_0} \times 0.1 \times \frac{100}{0.1}$$

式中　m——100mL 血中所含的葡萄糖质量，mg；
　　　A_1——样品溶液吸光度；
　　　A_0——标准溶液吸光度。

【注意事项】

如血中葡萄糖含量过高，颜色太深，可于样品管中加倍加入邻甲苯胺-硼酸试剂（O-TB 试剂），加热冷却后比色，并将最后的计算结果乘 2，即得每 100 毫升血浆中葡萄糖的含量。

五、拓展训练

设计任务　香菇多糖的提取

【任务背景】

香菇自古以来不仅是一种美味的菜肴，它还是一种能健脾益气、扶正祛邪、调和阴阳的良药。香菇多糖是香菇中的主要生物活性物质，是理想的免疫促进剂，具有提高人体免疫力、抗癌、抗病毒、降低转氨酶、使乙型肝炎表面抗原由阳性转为阴性以及降低胆固醇等作用。香菇多糖可以加工成各种剂型的食品、保健品、医药品等。

假设你是一名某保健品生产企业研发部门的技术员，你所在的工作小组接到一项任务：对香菇中多糖成分进行分离纯化。任务接手后，部门领导要求你们尽快查阅多糖产品制备的相关知识及操作方法，制订工作计划和工作方案并有计划地实施，认真填写工作记录，按时提交质量合格的研究报告，最后他将对所在小组的每一位成员进行考核。

脂类生化产品的制备和检测

一、项目介绍

项目相关背景	脂类物质是机体代谢所需原料的储存和运输形式，生物机体表面的脂类还有防止机械损伤、防止热量散发等保护作用，有的脂类作为细胞的表面物质，与细胞识别、种特异性和组织免疫等有密切关系。 脂类生化产品主要有不饱和脂肪酸类、磷脂类等。
项目任务描述	训练任务　花生中脂含量的测定 设计任务　蛋黄中卵磷脂（或胆固醇）的提取

二、学习目标

1. 能力目标
① 能完成文献资料的查询和搜集工作。
② 能与他人分工协助并进行有效的沟通。
③ 能设计出脂含量测定的方案并做出相应计划。
④ 能完成样品中含脂量的测定工作，能解释其基本原理，并说明操作注意事项。
⑤ 能设计出卵磷脂或胆固醇分离纯化与鉴定的方案并做出相应计划。
⑥ 能完成卵磷脂或胆固醇的制备工作，能解释其基本原理，并说明操作注意事项。
⑦ 能通过文字、口述或实物展示自己的学习成果。
2. 知识目标
① 能总结和说明脂类的组成特点。
② 能概述脂类的主要性质并提供相应的应用实例。
③ 能列举脂类的常见分类。
④ 能列举常见的卵磷脂或胆固醇制备方法及各自的优缺点。
⑤ 能说明你所采用实验方法的依据和原理。

三、背景知识

（一）脂类的概念

不溶于水而能被乙醚、氯仿、苯等非极性有机溶剂抽提出的化合物，统称脂类。脂类包括油脂（甘油三酯）和类脂（磷脂、蜡、萜类、甾类）。

（二）脂类的生物学功能

① 生物膜的结构组分，如甘油磷脂、鞘磷脂、胆固醇、糖脂等。
② 能量储存形式，如甘油三酯等。
③ 激素、维生素和色素的前体，如萜类、固醇类等。
④ 生长因子。
⑤ 抗氧化剂。
⑥ 化学信号。
⑦ 参与信号识别和免疫，如糖脂等。
⑧ 动物的脂肪组织有保温、防机械压力等保护功能，植物的蜡质可以防止水分的蒸发。

（三）脂类的分类

依据脂类的化学结构和分子组成特点，可分为以下五类。
① 单纯脂：单纯脂是指脂肪酸与醇类形成的酯，如油酯（甘油三酯）、蜡（高级醇的脂肪酸酯）等。
② 复合脂：复合脂是指分子中除含有醇类、脂肪酸外，还含有其他物质，如甘油磷脂、鞘磷脂等。
③ 萜类和甾类及其衍生物：都是异戊二烯的衍生物，不含脂肪酸。
④ 衍生脂：衍生脂是指上述脂类的水解产物，包括脂肪酸及其衍生物、甘油、鞘氨醇等。
⑤ 结合脂：结合脂是指脂类物质与其他物质（糖、蛋白质等）结合而形成的化合物，如糖脂、脂蛋白等。

（四）油脂

1. 脂肪的组成

油脂是油和脂肪的总称，通常把在常温下呈液态的称为油，呈固态的称为脂肪。油脂不论来自动物体或植物体，也不论在常温下是液态或是固态，其水解产物均含有高级脂肪酸和甘油。油脂是 1 分子甘油和 3 分子高级脂肪酸脱水缩合而成的酯，也称甘油三酯、三脂酰甘油、三酸甘油酯。油脂的结构通式如下所示：

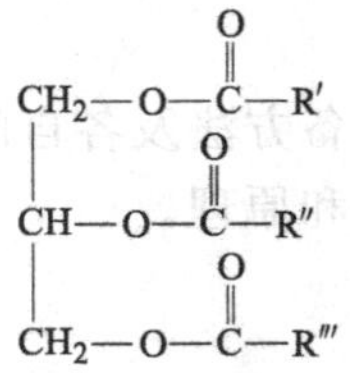

$$\begin{array}{l} CH_2-O-\overset{\displaystyle O}{\underset{\displaystyle \|}{C}}-R' \\ CH-O-\overset{\displaystyle O}{\underset{\displaystyle \|}{C}}-R'' \\ CH_2-O-\overset{\displaystyle O}{\underset{\displaystyle \|}{C}}-R''' \end{array}$$

脂肪大多是由 2 种或 3 种不同的高级脂肪酸参与组成的，称为混合甘油酯；若由同一种脂肪酸组成的三元酯，则称为简单甘油酯。

2. 脂肪酸

脂肪酸是具有长碳氢链和一个羧基末端的有机化合物的总称，结构式如下所示：

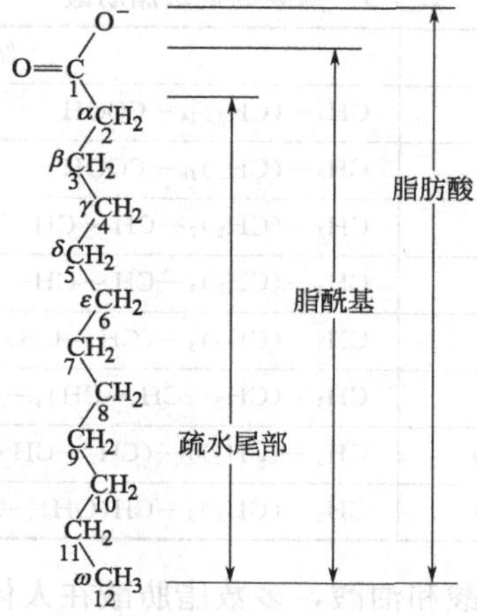

组成油脂的高级脂肪酸种类很多，目前已经发现在油脂中的脂肪酸约 50 多种，它们通常都是长碳链结构，一般含有 14~20 个碳原子，而且碳原子数绝大多数都是偶数，最常见的是 16 或 18 个碳原子。

油脂中的脂肪酸一般有两大类：一类为饱和脂肪酸（不含 C═C 键），另一类为不饱和脂肪酸（含有 C═C 键）。高等动物和低温生活的动物，不饱和脂肪酸的含量往往高于饱和脂肪酸。不饱和脂肪酸的熔点比链长相等的饱和脂肪酸低。油脂中的饱和脂肪酸最普遍的是软脂酸（又名十六烷酸或棕榈酸）和硬脂酸（又名十八烷酸），不饱和脂肪酸最普遍的是油酸。硬脂酸和油酸的结构式如下所示：

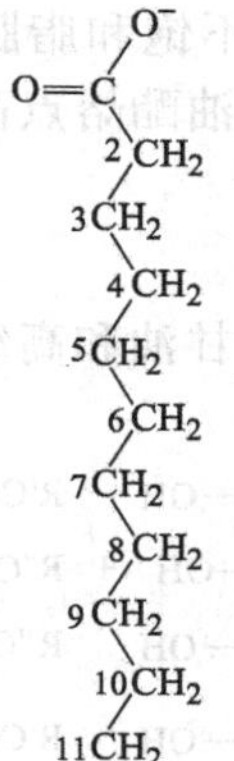

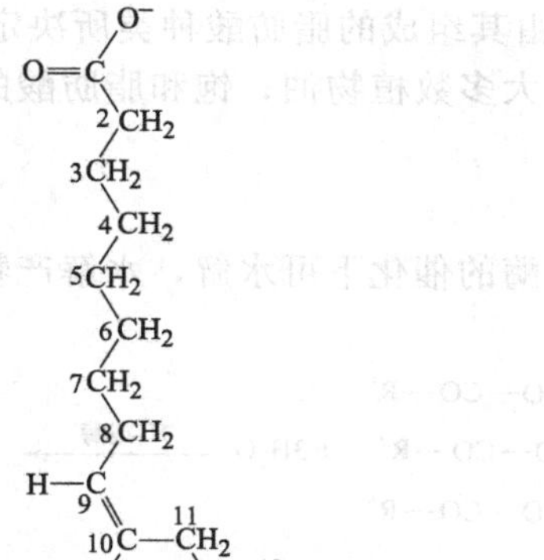

不饱和高级脂肪酸含有 1 个或多个 C═C 键，这些双键多数是位于碳链中间 C9 位置，如油酸，因此在命名这些高级烯酸时，常用"Δ"表示双键，这些双键的位置则写在"Δ"的右上角，如油酸的系统名为"Δ^9-十八碳烯酸"。油脂中重要高级脂肪酸的系统名和结构式如表 7-1 所示。

表 7-1 重要的高级脂肪酸

名　称	系　统　名	结　构　式
软脂酸	十六碳酸	$CH_3-(CH_2)_{14}-COOH$
硬脂酸	十八碳酸	$CH_3-(CH_2)_{16}-COOH$
油酸	Δ^9-十八碳烯酸	$CH_3-(CH_2)_7-CH=CH-(CH_2)_7-COOH$
亚油酸	$\Delta^{9,12}$-十八碳二烯酸	$CH_3-(CH_2)_4-CH=CH-CH_2-CH=CH-(CH_2)_7-COOH$
桐油酸	$\Delta^{9,11,13}$-十八碳三烯酸	$CH_3-(CH_2)_3-(CH=CH)_3-(CH_2)_7-COOH$
亚麻酸	$\Delta^{9,12,15}$-十八碳三烯酸	$CH_3-(CH_2-CH=CH)_3-(CH_2)_7-COOH$
花生四烯酸	$\Delta^{5,8,11,14}$-二十碳四烯酸	$CH_3-(CH_2)_3-(CH_2-CH=CH)_4-(CH_2)_3-COOH$
蓖麻醇酸	12-羟基 Δ^9-十八碳烯酸	$CH_3-(CH_2)_5-CH(OH)-CH_2-CH=CH-(CH_2)_7-COOH$

人体中的脂肪酸主要是软脂酸和油酸，多数脂肪酸在人体中能自行合成。而亚油酸、亚麻酸、花生四烯酸等在人体内不能合成，只能从食物中摄取，故称其为人体必需脂肪酸。亚油酸和亚麻酸必须从植物中获取，花生四烯酸可由亚油酸在体内转化合成。

自然界中的脂肪酸主要以酯或酰胺的形式存在于各类脂类中，以游离形式存在的极少。

3. 油脂的理化性质

纯净的油脂是无色、无味、无臭的物质，许多天然油脂常含有某些脂溶性色素和杂质，呈现一定的颜色或具有某种气味。油脂是极性很小的化合物，难溶于水，而易溶于有机溶剂。因此可利用这些有机溶剂从动植物组织中提取油脂。

(1) 熔点

由于油脂一般为混合物，所以没有固定的熔点和沸点，仅有熔点范围，如花生油的熔点为 $0\sim 10℃$。油脂的熔点由其组成的脂肪酸种类所决定。不饱和脂肪酸的甘油酯熔点低，室温下为液态，称为油，如大多数植物油；饱和脂肪酸的甘油酯熔点高，室温下为固态，称为脂，如动物脂肪。

(2) 水解反应

油脂在酸、碱或脂肪酶的催化下可水解，水解产物为甘油和高级脂肪酸，反应方程式如下所示：

$$\begin{matrix} CH_2-O-CO-R' \\ CH-O-CO-R'' \\ CH_2-O-CO-R''' \end{matrix} + 3H_2O \xrightarrow{H^+ 或酶} \begin{matrix} CH_2-OH \\ CH-OH \\ CH_2-OH \end{matrix} + \begin{matrix} R'COOH \\ R''COOH \\ R'''COOH \end{matrix}$$

$$\begin{matrix} CH_2-O-CO-R' \\ CH-O-CO-R'' \\ CH_2-O-CO-R''' \end{matrix} + 3H_2O \xrightarrow[\Delta]{NaOH} \begin{matrix} CH_2-OH \\ CH-OH \\ CH_2-OH \end{matrix} + \begin{matrix} R'COONa \\ R''COONa \\ R'''COONa \end{matrix}$$

(3) 皂化反应及皂化值

油脂酸水解是可逆的，而碱水解不可逆。当用碱水解油脂时，产物之一为高级脂肪酸盐类，即肥皂。因此将油脂在碱性溶液中的水解反应称为皂化反应。完全皂化 1g 油脂所需 KOH 的质量 (mg)，称皂化值，此值可用于评估油脂的质量。

天然油脂都有一定的皂化值范围，不纯的油脂因含有不能被皂化的杂质，故其皂化值偏低。根据皂化值的大小，依据下式可以计算油脂的平均分子量：

$$平均分子量 = \frac{3 \times 56 \times 1000}{皂化值}$$

式中　56——氢氧化钾的摩尔质量；

3——氢氧化钾与油脂反应的物质的量比值。

从计算式可以看出,油脂的皂化值越小,则其平均分子量越大。

（4）酸败及酸值

油脂储存过久或保存不当,受光照、潮湿、高温或空气中的氧作用,逐渐变质并产生一种难闻的气味,这种变化称为油脂的酸败。油脂酸败的化学本质是由于油脂水解释放出的脂肪酸氧化成具有臭味的醛、酮或羧酸的缘故。一般来说,油脂的不饱和程度越大,其酸败速度越快。

油脂的酸值是指中和 1g 油脂中的游离脂肪酸所需氢氧化钾的质量（mg）。一般来说,酸值低的油脂品质好,因为油脂酸败后游离的脂肪酸会增多,酸值会随之升高。通常酸值大于 6mgKOH/g 的油脂不宜食用。

（5）卤化和碘值

油脂中的不饱和键可与卤素发生加成作用,生成卤代脂肪酸,这一作用称为卤化作用。在油脂分析中常利用油脂中的 C=C 键与碘的加成反应来测定油脂的不饱和程度。一般把 100g 油脂与碘起反应时所能吸收碘的质量（g）,称为碘值。碘值越大,油脂的不饱和程度越大。

（五）类脂

类脂是一类天然有机物,大多数不溶于水而溶于烃类有机溶剂。常见的类脂化合物有蜡、磷脂等。

1. 磷脂

磷脂是含有磷酸酯的类脂物质,它广泛存在于动植物体内,尤其在动物的脑和神经组织中以及蛋黄中含量较多。磷脂具有重要的生理作用,它是生物膜的重要组分,常用作乳化剂或表面活性剂。依据组成和结构的不同,磷脂可分为两类：甘油磷脂和鞘磷脂。

（1）甘油磷脂

已知的磷脂多为甘油磷脂。甘油磷脂是由甘油、脂肪酸、磷酸和一分子氨基醇（如胆碱、胆胺、丝氨酸、肌醇等）组成。常见的甘油磷脂有卵磷脂、脑磷脂等。

① 卵磷脂（磷脂酰胆碱）卵磷脂是动植物中分布最广泛的一种磷脂,在动物的脑、精液、肾上腺、红细胞、蛋卵黄中含量较多。卵磷脂的功能是控制肝脂代谢,防止脂肪肝的形成。卵磷脂结构式如下所示：

$$\begin{array}{l} \gamma\,CH_2-O-\overset{O}{\underset{\|}{C}}-R' \\ \beta\,CH-O-\overset{O}{\underset{\|}{C}}-R'' \\ \alpha\,CH_2-O-\underset{\underset{OH}{|}}{P}-O-CH_2-CH_2N^+(CH_3)_3OH^- \end{array}$$

② 脑磷脂（磷脂酰胆胺）脑磷脂功能是参与血液凝结,其结构式如下所示：

$$\begin{array}{l} \gamma\,CH_2-O-\overset{O}{\underset{\|}{C}}-R' \\ \beta\,CH-O-\overset{O}{\underset{\|}{C}}-R'' \\ \alpha\,CH_2-O-\underset{\underset{OH}{|}}{P}-O-CH_2CH_2NH_2 \end{array}$$

(2) 鞘氨醇磷脂

鞘氨醇磷脂又名鞘磷脂、神经醇磷脂，是由鞘氨醇（神经醇）、高级脂肪酸、磷酸及胆碱共同组成的脂质。鞘氨醇和鞘氨醇磷脂的结构式如下所示：

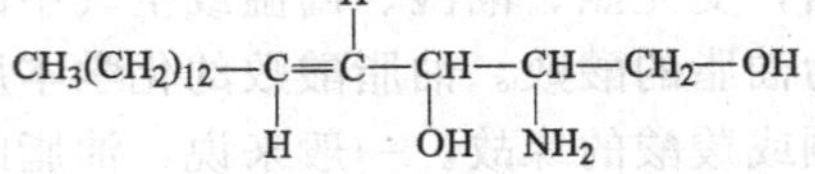

$$CH_3(CH_2)_{12}-C=C-CH-CH-CH_2-OH$$

鞘氨醇

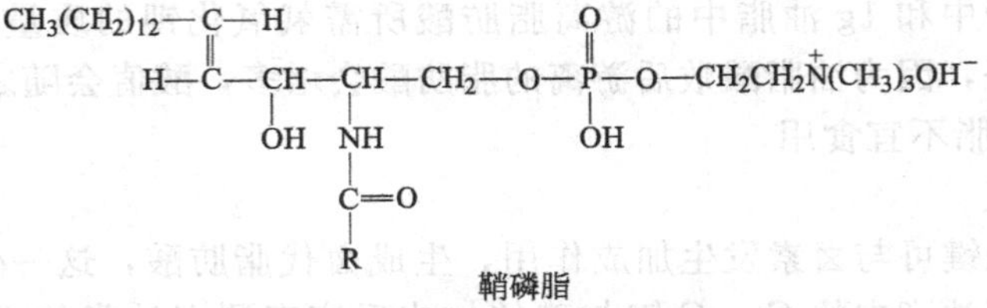

鞘磷脂

鞘磷脂结构与甘油磷脂相似，因此性质与甘油磷脂基本相同。

2. 类固醇

类固醇的特点是不含脂肪酸，其基本骨架结构是环戊烷多氢菲，是含有环戊烷多氢菲母核的一类醇、酸及其衍生物。环戊烷多氢菲的结构式如下所示：

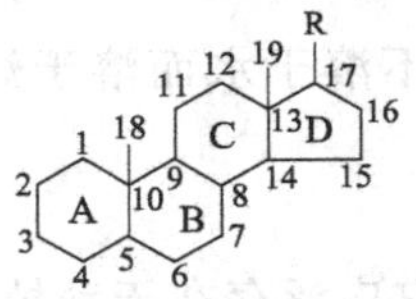

环戊烷多氢菲

类固醇包括固醇、固醇衍生物两大类。固醇类物质包括动物固醇、植物固醇和真菌固醇三种。

胆固醇是动物固醇类的重要代表，它以游离或酯的形态存在于一切动物组织中，其结构式如下所示：

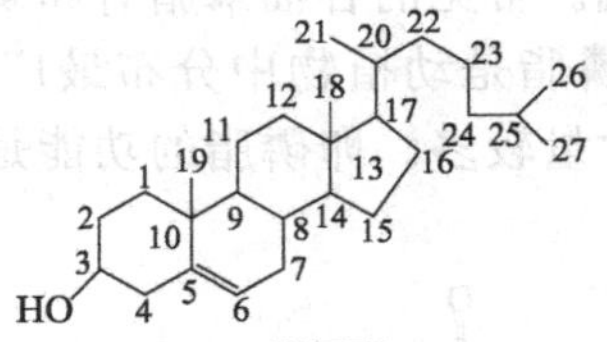

胆固醇

胆固醇存在于动物的血液、脂肪、脑髓以及神经组织中。胆固醇为褐色蜡状固体，不溶于水，易溶于有机溶剂。由于胆固醇分子含有仲醇基，故可与脂肪酸（棕榈酸、硬脂酸、油酸）形成酯，又因胆固醇分子含有双键，所以能与氢或碘加成。将胆固醇溶于氯仿，然后加乙酸酐和浓硫酸，最后溶液呈绿色，其颜色的深浅和胆固醇的浓度成正比，此颜色反应常用作胆固醇的定性和定量测定。不仅胆固醇有此反应，所有其他不饱和固醇均有此反应。胆固醇是合成胆汁酸、类固醇激素、维生素 D 等生理活性物质的前体物质，它也是生物膜的重要成分，人体中若胆固醇代谢发生障碍，血液中的胆固醇就会增加，这是引起动脉硬化的原因之一。

植物固醇以豆固醇、麦固醇含量最多，它们分别存在于大豆、麦芽中，不能被动物吸收和利用。存在于酵母和麦角菌中的麦角固醇属于真菌固醇，它经紫外光照射可转化成维生素 D_3。固醇衍生物有胆汁酸和类固醇激素等。

（六）脂肪的分解代谢

1. 脂肪的酶促降解

脂肪的降解是指脂肪在脂肪酶催化下的水解。生物组织中有三种脂肪酶，即脂肪酶、甘油二酯脂肪酶和甘油单酯脂肪酶，它们可逐步将脂肪水解成甘油二酯、甘油单酯、甘油和脂肪酸。脂肪水解的反应方程式如下所示：

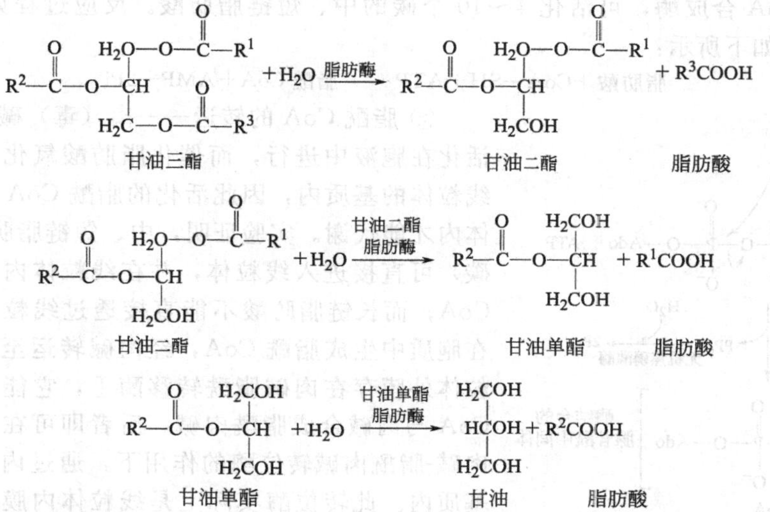

甘油三酯 $+ H_2O \xrightarrow{\text{脂肪酶}}$ 甘油二酯 $+ R^3COOH$ (脂肪酸)

甘油二酯 $+ H_2O \xrightarrow{\text{甘油二酯脂肪酶}}$ 甘油单酯 $+ R^1COOH$ (脂肪酸)

甘油单酯 $+ H_2O \xrightarrow{\text{甘油单酯脂肪酶}}$ 甘油 $+ R^2COOH$ (脂肪酸)

2. 甘油的分解代谢

在脂肪细胞中没有甘油激酶，无法利用脂肪水解产生的甘油。甘油进入血液，转运至肝脏后才能被甘油激酶磷酸化为3-磷酸甘油，再经3-磷酸甘油脱氢酶氧化成磷酸二羟丙酮，进入糖酵解途径或糖异生途径。甘油的分解代谢如图7-1所示。

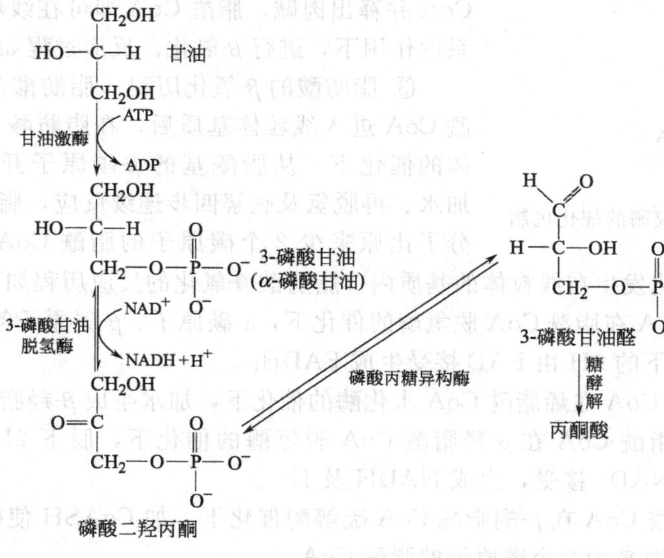

图 7-1　甘油的分解代谢

3. 脂肪酸的分解代谢

脂肪酸是人及哺乳动物的主要能源物质。在 O_2 供给充足的条件下，脂肪酸可在体内分

解成 CO_2 及 H_2O，并释出大量能量，以 ATP 形式供机体利用。除脑组织外，大多数组织均能氧化脂肪酸，但以肝及肌肉最活跃。

脂肪酸氧化分解的主要方式是 β-氧化，此外也存在其他氧化途径。

(1) 脂肪酸的 β-氧化

① 脂肪酸活化，生成脂酰 CoA　此反应发生在胞液中的内质网或线粒体的外膜上。细胞中有两种活化脂肪酸的酶：内质网脂酰 CoA 合成酶，可活化 12 个 C 以上的长链脂肪酸；线粒体脂酰 CoA 合成酶，可活化 4～10 个碳的中、短链脂肪酸。反应过程如图 7-2 所示。反应总方程式如下所示：

$$\text{脂肪酸} + \text{CoA—SH} + \text{ATP} \longrightarrow \text{脂酰 CoA} + \text{AMP} + 2\text{Pi}$$

② 脂酰 CoA 的转运——肉（毒）碱穿梭　脂肪酸的活化在胞液中进行，而催化脂肪酸氧化的酶系存在于线粒体的基质内，因此活化的脂酰 CoA 必须进入线粒体内才能代谢。实验证明，中、短链脂肪酸（4～10 个碳）可直接进入线粒体，并在线粒体内活化生成脂酰 CoA；而长链脂肪酸不能直接透过线粒体内膜，要先在胞质中生成脂酰 CoA，经肉碱转运至线粒体内。线粒体外膜存在肉碱脂酰转移酶 I，它能催化长链脂酰 CoA 与肉碱合成脂酰肉碱，后者即可在线粒体内膜的肉碱-脂酰肉碱转位酶的作用下，通过内膜进入线粒体基质内。此转位酶实际上是线粒体内膜转运肉碱及脂酰肉碱的载体。它在转运 1 分子脂酰肉碱进入线粒体基质内的同时，将 1 分子肉碱转运出线粒体内膜外膜间腔。进入线粒体内的脂酰肉碱，则在位于线粒体内膜内侧面的肉碱脂酰转移酶 II 的作用下，转变为脂酰 CoA 并释出肉碱。脂酰 CoA 即可在线粒体基质中酶体系的作用下，进行 β-氧化。反应过程如图 7-3 所示。

③ 脂肪酸的 β-氧化历程　脂肪酸的 β-氧化是指脂酰 CoA 进入线粒体基质后，在脂肪酸 β-氧化多酶复合体的催化下，从脂酰基的 β-碳原子开始，进行脱氢、加水、再脱氢及硫解四步连续反应，脂酰基断裂生成 1 分子比原来少 2 个碳原子的脂酰 CoA 及 1 分子乙酰 CoA。脂肪酸的 β-氧化发生在线粒体的基质内。脂肪酸 β-氧化的反应历程如下。

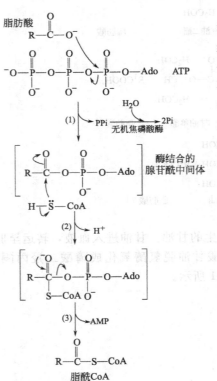

图 7-2　脂酰 CoA 合成酶的催化机制

a. 脱氢：脂酰 CoA 在脂酰 CoA 脱氢酶的催化下，α-碳原子、β-碳原子各脱下一氢原子，生成烯脂酰 CoA，脱下的 2H 由 FAD 接受生成 $FADH_2$。

b. 加水：烯脂酰 CoA 在烯脂酰 CoA 水化酶的催化下，加水生成 β-羟脂酰 CoA。

c. 再脱氢：β-羟脂酰 CoA 在 β-羟脂酰 CoA 脱氢酶的催化下，脱下 2H 生成 β-酮脂酰 CoA，脱下的 2H 由 NAD^+ 接受，生成 NADH 及 H^+。

d. 硫解：β-酮脂酰 CoA 在 β-酮脂酰 CoA 硫解酶催化下，加 CoASH 使碳链断裂，生成 1 分子乙酰 CoA 和比原来少 2 个碳原子的脂酰 CoA。

以上生成的比原来少 2 个碳原子的脂酰 CoA，可再进行脱氢、加水、再脱氢及硫解反应。如此反复进行，直至最后生成丁酰 CoA，后者再进行一次 β-氧化，即完成脂肪酸的 β-氧化。反应过程如图 7-4 所示。

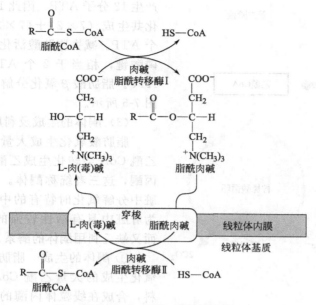

图 7-3 肉(毒)碱穿梭系统

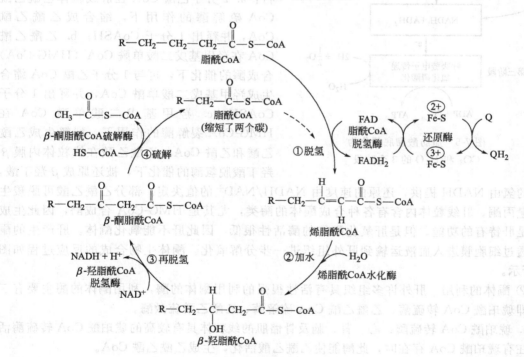

图 7-4 脂肪酸 β-氧化

脂肪酸经 β-氧化后生成大量的乙酰 CoA。乙酰 CoA 大部分进入三羧酸循环彻底氧化，少部分在线粒体中缩合生成酮体，通过血液运送至肝外组织氧化利用。

(2) 脂肪酸 β-氧化分解的能量生成

脂肪酸氧化是体内能量的重要来源。以软脂酸为例，进行 7 次 β-氧化，生成 7 分子 $FADH_2$、7 分子 $NADH+H^+$ 及 8 分子乙酰 CoA。每分子 $FADH_2$ 通过呼吸链氧化产生 2 分子 ATP，每分子 $NADH+H^+$ 氧化产生 3 分子 ATP，每分子乙酰 CoA 通过三羧酸循环氧化

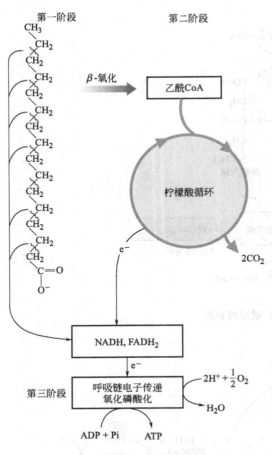

图 7-5 脂肪酸彻底氧化为 CO_2 和 H_2O 的 3 个阶段

产生 12 分子 ATP。因此 1 分子软脂酸彻底氧化共生成 $(7×2)+(7×3)+(8×12)=131$ 个 ATP。减去脂肪酸活化时耗去的 2 个高能磷酸键，相当于 2 个 ATP，净生成 129 个 ATP。脂肪酸 $β$-氧化分解的能量生成过程如图 7-5 所示。

(3) 酮体的生成及利用

脂肪酸氧化生成大量的乙酰 CoA，部分乙酰 CoA 会转化生成乙酰乙酸、$β$-羟丁酸及丙酮，这三者统称酮体。酮体是脂肪酸在肝脏中分解氧化时特有的中间代谢物，这是因为肝脏中具有活性较强的合成酮体的酶系，而又缺乏利用酮体的酶系。

① 酮体的生成 脂肪酸在线粒体中经 $β$-氧化生成的大量乙酰 CoA 是合成酮体的原料，合成在线粒体内酶的催化下，分三步进行：a. 2 分子乙酰 CoA 在肝线粒体乙酰乙酰 CoA 硫解酶的作用下，缩合成乙酰乙酰 CoA，并释出 1 分子 CoASH；b. 乙酰乙酰 CoA 在羟甲基戊二酸单酰 CoA（HMG-CoA）合成酶的催化下，再与 1 分子乙酰 CoA 缩合生成羟甲基戊二酸单酰 CoA，并释出 1 分子 CoASH；c. 羟甲基戊二酸单酰 CoA 在 HMG-CoA 裂解酶的作用下，裂解生成乙酰乙酸和乙酰 CoA。乙酰乙酸在线粒体内膜 $β$-羟丁酸脱氢酶的催化下，被还原成 $β$-羟丁酸，所需的氢由 NADH 提供，还原的速度由 NADH/NAD^+ 的值决定。部分乙酰乙酸可脱羧生成少量丙酮。肝线粒体内含有各种合成酮体的酶类，尤其是 HMG-CoA 合成酶，因此生成酮体是肝特有的功能。但是肝氧化酮体的酶活性很低，因此肝不能氧化酮体。肝产生的酮体，透过细胞膜进入血液运输到肝外组织进一步分解氧化。酮体生物合成的反应过程如图 7-6 所示。

② 酮体的利用 肝外许多组织具有活性很强的利用酮体的酶，利用酮体的酶主要有三种，即琥珀酰 CoA 转硫酶、乙酰乙酰 CoA 硫解酶、乙酰乙酰硫激酶。

a. 琥珀酰 CoA 转硫酶：心、肾、脑及骨骼肌的线粒体具有较高的琥珀酰 CoA 转硫酶活性。在有琥珀酰 CoA 存在时，此酶能使乙酰乙酸活化，生成乙酰乙酰 CoA。

b. 乙酰乙酰 CoA 硫解酶：心、肾、脑及骨骼肌线粒体中还有乙酰乙酰 CoA 硫解酶，使乙酰乙酰 CoA 硫解，生成 2 分子乙酰 CoA，后者即可进入三羧酸循环彻底氧化。

c. 乙酰乙酰硫激酶：肾、心和脑的线粒体中尚有乙酰乙酰硫激酶，可直接活化乙酰乙酸生成乙酰乙酰 CoA，后者在乙酰乙酰 CoA 硫解酶的作用下硫解为 2 分子乙酰 CoA。

$β$-羟丁酸在 $β$-羟丁酸脱氢酶的催化下，脱氢生成乙酰乙酸；然后再转变成乙酰 CoA 而被氧化。部分丙酮可在一系列酶作用下转变为丙酮酸或乳酸，进而异生成糖。这是脂肪酸的碳原子转变成糖的一个途径。总之，肝是生成酮体的器官，但不能利用酮体；肝外组织不能生成酮体，却可以利用酮体。

③ 酮体生成的生理学意义　酮体是脂肪酸在肝脏内正常的中间代谢产物，是肝脏输出能源的一种形式。酮体溶于水，分子小，能通过血脑屏障及肌肉毛细血管壁，是肌肉尤其是脑组织的重要能源。脑组织不能氧化脂肪酸，却能利用酮体。长期饥饿、糖供应不足时，酮体可以代替葡萄糖，成为脑组织及肌肉的主要能源。

(4) 奇数碳脂肪酸的 β-氧化

奇数碳脂肪酸经反复的 β-氧化，最后可得到丙酰 CoA，丙酰 CoA 有如下两条代谢途径。

① 丙酰 CoA 转化成琥珀酰 CoA，如图 7-7 所示，进入 TCA。动物体内存在这条途径，因此在动物肝脏中奇数碳脂肪酸最终能够异生为糖。

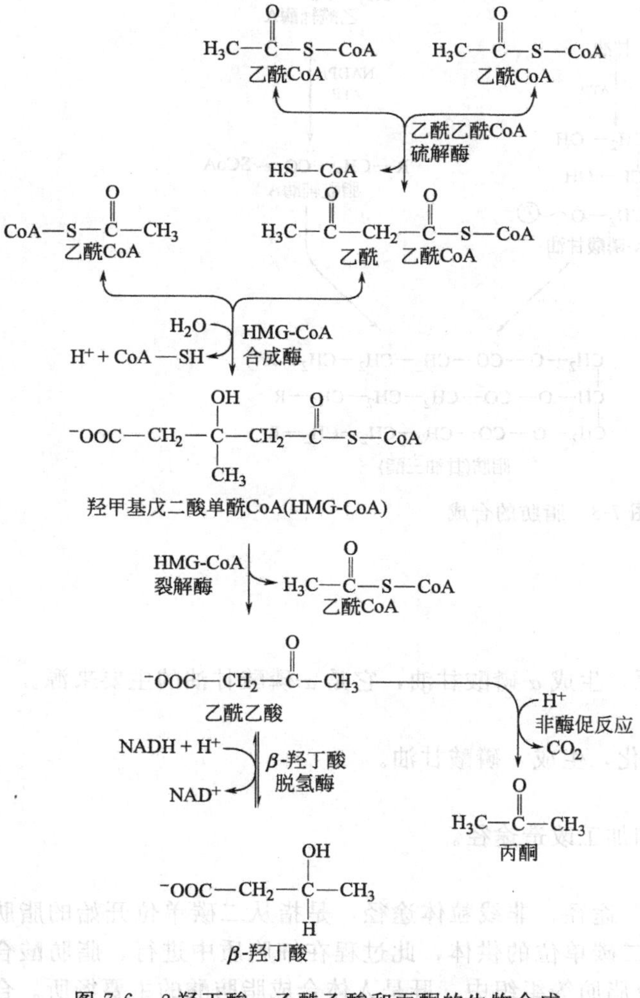

图 7-6　β-羟丁酸、乙酰乙酸和丙酮的生物合成 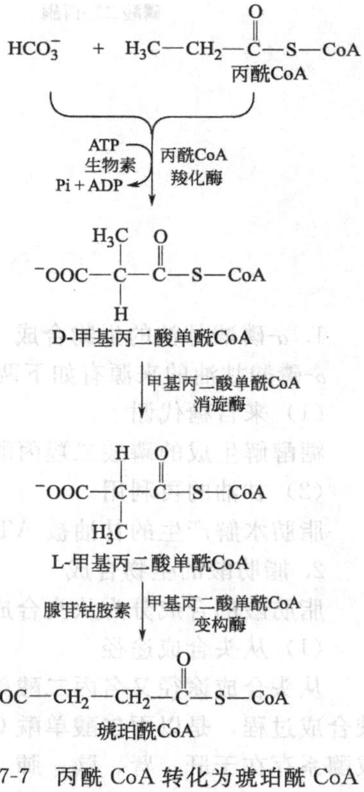　　　图 7-7　丙酰 CoA 转化为琥珀酰 CoA

② 丙酰 CoA 转化成乙酰 CoA，进入 TCA。这条途径在植物、微生物中较普遍。

(5) 脂肪酸的其他氧化分解方式

① α-氧化（不需活化，直接氧化游离脂肪酸）　存在于植物种子、叶，动物的脑、肝细胞中，每次氧化从脂肪酸的羧基端失去一个 C 原子。如 $RCH_2COOH \longrightarrow RCOOH+CO_2$。$\alpha$-氧化对于降解支链脂肪酸、奇数碳脂肪酸、过分长链脂肪酸（如脑中 C_{22}、C_{24}）有重要

作用。

② ω-氧化（ω端的甲基羟基化，氧化成醛，再氧化成酸） 动物体内的脂肪酸多数是12个C以上的羧酸，它们进行 β-氧化；但少数的12个C以下的脂肪酸可通过 ω-氧化途径，产生二羧酸，如11个碳的脂肪酸可产生11个C、9个C和7个C的二羧酸。ω-氧化涉及末端甲基的羟基化，生成一级醇，并继而氧化成醛，再转化成羧酸。ω-氧化在脂肪烃的生物降解中有重要作用。如泄漏的石油可被细菌 ω-氧化，把烃转变成脂肪酸，然后经 β-氧化降解。

（七）脂肪的合成代谢

合成脂肪的直接原料是 α-磷酸甘油及脂酰CoA，如图7-8所示。

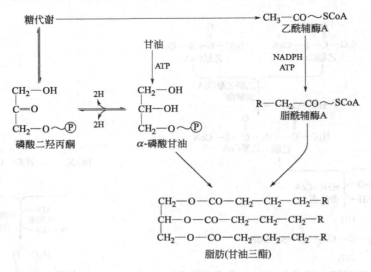

图 7-8 脂肪的合成

1. α-磷酸甘油的生物合成
α-磷酸甘油的来源有如下两处。
（1）来自糖代谢
糖酵解生成的磷酸二羟丙酮被还原，生成 α-磷酸甘油，它是 α-磷酸甘油的主要来源。
（2）甘油的再利用
脂肪水解产生的甘油被ATP磷酸化，生成 α-磷酸甘油。
2. 脂肪酸的生物合成
脂肪酸的合成分为从头合成途径和加工改造途径。
（1）从头合成途径

从头合成途径又名丙二酸单酰CoA途径、非线粒体途径，是指从二碳单位开始的脂肪酸合成过程，是以丙二酸单酰CoA为二碳单位的供体，此过程在细胞质中进行。脂肪酸合成酶系存在于肝、肾、脑、肺、乳腺及脂肪等组织中，肝是人体合成脂肪酸的主要场所。合成的原料有乙酰CoA、NADPH（来自磷酸戊糖途径）、ATP、HCO_3^-（CO_2）及 Mn^{2+} 等。从头合成途径的反应历程如下。

① 乙酰CoA的合成及转运 乙酰CoA来源于三个渠道：线粒体内的丙酮酸氧化脱羧、脂肪酸的 β-氧化及氨基酸的氧化分解。细胞内的乙酰CoA全部在线粒体内产生，而合成脂肪酸的酶系存在于胞液中。线粒体内的乙酰CoA必须进入胞液才能成为合成脂肪酸的原料，而乙酰CoA不能自由透过线粒体内膜，它主要通过柠檬酸-丙酮酸转运系统进入细胞质中。

柠檬酸-丙酮酸转运系统如图 7-9 所示。在此循环中，乙酰 CoA 首先在线粒体内与草酰乙酸缩合生成柠檬酸，通过线粒体内膜上的载体转运即可进入胞液；胞液中 ATP、柠檬酸裂解酶使柠檬酸裂解释出乙酰 CoA 及草酰乙酰。进入胞液的乙酰 CoA 即可用于合成脂肪酸，而草酰乙酸则在苹果酸脱氢酶的作用下，还原成苹果酸，再经线粒体内膜载体转运入线粒体内。苹果酸也可在苹果酸酶的作用下分解为丙酮酸，再转运入线粒体，最终均形成线粒体内的草酰乙酸，再参与转运乙酰 CoA。

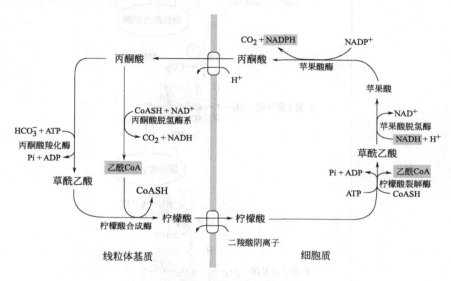

图 7-9　柠檬酸-丙酮酸转运系统

② 丙二酸单酰 CoA 的生成（限速步骤）　脂肪合成时，乙酰 CoA 是脂肪酸的起始物质（引物），其余链的延长都以丙二酸单酰 CoA 的形式参与合成。乙酰 CoA 羧化成丙二酸单酰 CoA 是脂肪酸合成的第一步反应。此反应由乙酰 CoA 羧化酶所催化，是脂肪酸合成的限速酶，是一种别构酶，柠檬酸可激活此酶，脂肪酸可抑制此酶。该酶存在于胞液中，辅基为生物素，生物素在羧化反应中起转移羧基的作用。丙二酸单酰 CoA 合成的反应方程式如下所示：

$$HCO_3^- + H_3C-\overset{O}{\underset{\text{乙酰CoA}}{C}}-S-CoA \xrightarrow[\underset{ATP\ \ \ ADP+Pi}{\text{生物素}}]{\text{乙酰CoA羧化酶}} {}^-OOC-CH_2-\overset{O}{\underset{\text{丙二酸单酰CoA}}{C}}-S-CoA$$

③ 脂酰 ACP 的生物合成　从乙酰 CoA 及丙二酸单酰 CoA 合成长链脂肪酸，实际上是一个重复加成反应过程，每次延长 2 个碳原子。脂肪酸合成酶系有 7 种蛋白质，其中 6 种是酶，1 种是酰基载体蛋白（ACP），它们组成了脂肪酸合成酶复合体。碳链的延长依赖缩合与脱羧、还原、脱水、还原四步反应的循环，其四步反应过程如图 7-10 所示。

a. 缩合与脱羧

乙酰 CoA + ACP ⟶ 乙酰 ACP + CoA

丙二酸单酰 CoA + ACP ⟶ 丙二酸单酰 ACP + CoA

乙酰 ACP + 丙二酸单酰 ACP ⟶ β-酮丁酰 ACP + ACP + CO_2

b. 还原

β-酮丁酰 ACP + NADPH + H^+ ⟶ β-羟丁酰 ACP + $NADP^+$

c. 脱水

β-羟丁酰 ACP ⟶ α,β-烯丁酰 ACP + H_2O

d. 还原

α,β-烯丁酰 ACP + NADPH + H⁺ ⟶ 丁酰 ACP + NADP⁺

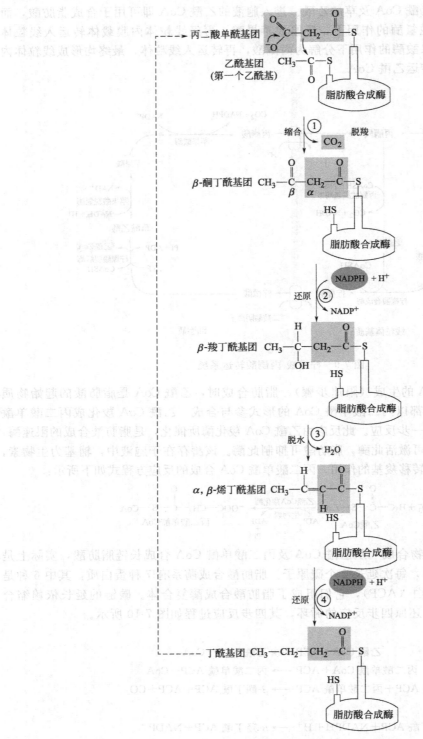

图 7-10 脂肪酸 C 链的延长
① 缩合与脱羧；② 还原；③ 脱水；④ 还原

丁酰 ACP 再与丙二酸单酰 ACP 缩合，重复以上缩合与脱羧、还原、脱水、还原四步反应，每重复一次延长二碳单位。

含 16 个碳原子软脂酸的生成需经过连续的 7 次重复加成反应，软脂酸合成的总反应方程式如下所示：

$$CH_3-CO-SCoA + 7HOOC-CH_2-CO-SCoA + 14NADPH + 14H^+ \longrightarrow$$
$$CH_3-(CH_2)_{14}-COOH + 7CO_2 + 6H_2O + 8HS-CoA + 14NADP^+$$

奇数碳原子的饱和脂肪酸也由此途径合成，只是起始物为丙二酸单酰 ACP，而不是乙酰 ACP，逐加的二碳单位也来自丙二酸单酰 ACP。

④ 脂肪酸的生成　脂酰 ACP 可水解生成脂肪酸，其反应方程式如下所示：

$$脂酰 ACP + H_2O \longrightarrow 脂肪酸 + ACP-SH$$

（2）加工改造途径

细胞质中的脂肪酸合成酶催化的主要产物是软脂酸，更长的脂肪酸及不饱和的脂肪酸是在软脂酸的基础上加工改造形成的。

① 脂肪酸碳链延长途径　脂肪酸碳链延长主要在线粒体和微粒体中进行。在线粒体中以乙酰 CoA 作为二碳单位，而微粒体中以丙二酸单酰 CoA 为二碳单位，加到脂肪酸的羧基末端上，同时需要 NADPH 作供氢体，每次可加长 2 个碳原子。线粒体中发生的脂肪酸碳链延长途径能够延长中、短链（4~16 个 C）饱和或不饱和的脂肪酸，延长过程是 β-氧化过程的逆转，过程分为硫解、加氢、脱水、加氢四步。哺乳动物细胞的内质网膜能延长饱和或不饱和长链脂肪酸（16 个 C 及以上），延长过程与从头合成相似，只是以 CoA 代替 ACP 作为脂酰基载体，丙二酸单酰 CoA 作为二碳供体，NADPH 作为氢供体，从羧基端延长。

② 不饱和脂肪酸的生物合成　a. 氧化脱氢途径，一般在脂肪酸的第 9、10 位脱氢，生成不饱和脂肪酸。如硬脂酸可在特殊脂肪酸氧化酶作用下，脱氢生成油酸。b. β-氧化、脱水途径，饱和脂肪酸的 β-碳氧化成羟酸，在 α、β 碳位脱水形成双键，再经碳链延长作用得到长链不饱和脂肪酸。c. 脂肪的生物合成，动物肝脏、脂肪组织及小肠黏膜细胞中合成大量的脂肪，植物也能大量合成脂肪，微生物合成量较少。反应方程式如下所示：

$$脂肪酸 + CoA + ATP \longrightarrow 脂酰 CoA + AMP + PPi$$
$$2 脂酰 CoA + \alpha\text{-磷酸甘油} \longrightarrow \alpha\text{-二酰甘油磷酸} + 2CoA$$
$$\alpha\text{-二酰甘油磷酸} + H_2O \longrightarrow 二酰甘油 + Pi$$
$$二酰甘油 + 脂酰 CoA \longrightarrow 脂肪 + CoA$$

（八）脂肪酸分解代谢与合成代谢途径的比较

软脂酸分解代谢与合成代谢的比较见表 7-2。

表 7-2　软脂酸分解代谢与合成代谢的比较

项　目	合成（从乙酰 CoA 开始）	氧化（生成乙酰 CoA）
细胞中部位	细胞质	线粒体
酶系	7 种酶，多酶复合体或多酶融合体	4 种酶分散存在
酰基载体	ACP	CoA
二碳片段	丙二酸单酰 CoA	乙酰 CoA
电子供体（受体）	NADPH	FAD、NAD
β-羟脂酰基构型	D 型	L 型
对 HCO_3^- 及柠檬酸的要求	要求	不要求
能量变化	消耗 7ATP+14NADPH，共 49ATP	产生 7FADH$_2$+7NADH+2ATP，共 33ATP
产物	只合成 16 碳酸以内的脂肪酸，延长需由别的酶完成	18 碳酸可彻底降解

(九) 食品中脂肪含量的测定

测定食品中的脂肪含量，可以用来评价食品的品质，衡量食品的营养价值，而且对工艺监督、生产过程的质量管理、研究食品的储藏方式是否恰当等方面都有重要的意义。

1. 提取剂的选择

食品中脂肪的存在形式有游离态的，也有结合态的。对大多数食品来说，游离态的脂肪是主要的，结合态的脂肪含量较少。脂肪不溶于水，易溶于有机溶剂，利用这一特性，选用有机溶剂可直接浸提出样品中的脂肪进行测定。提取物中除脂肪之外，还有游离脂肪酸、石蜡、磷脂、固醇、色素、有机酸等物质，故浸提物为粗脂肪。

测定脂类大多采用低沸点的有机溶剂。常用的溶剂有乙醚、石油醚、氯仿-甲醇混合溶剂。其中乙醚溶解脂肪的能力强，应用最广泛。

（1）乙醚

乙醚的优点是沸点低（34.6℃），溶解脂肪能力比石油醚强；缺点是能被2%的水饱和，含水的乙醚抽提能力降低。乙醚易燃，使用乙醚时，样品不能含水分，必须干燥，室内需空气流畅。乙醚一般储存在棕色瓶中，放置一段时间后，光照射就会产生过氧化物，过氧化物也容易爆炸，如果乙醚储存时间过长，在使用前一定要检查有无过氧化物，如果有，应当除掉。

（2）石油醚

石油醚溶解脂肪的能力比乙醚弱些，但吸收水分比乙醚少。没有乙醚易燃。使用时允许样品含有微量水分，它没有胶溶现象，不会夹带胶溶淀粉、蛋白质等物质。采用石油醚提取剂，测定值比较接近真实值。

乙醚、石油醚这两种溶剂仅适用于已烘干磨碎样品、不易潮解结块的样品，而且只能提取样品中游离态的脂肪，不能提取结合态的脂肪，对于结合态脂肪，必须预先用酸或碱破坏脂类。

（3）氯仿-甲醇

氯仿-甲醇混合溶剂对脂蛋白和磷脂的提取效率较高，特别适用于水产品、家禽、蛋制品等食品中脂肪的提取。

2. 样品的预处理

样品的预处理方法决定于样品本身的性质，如牛乳预处理非常简单，而植物和动物组织的预处理较为复杂。

（1）粉碎

样品粉碎的方法很多，如切碎、碾磨、绞碎、均质，粉碎时应注意使样品中脂类的物理、化学和酶的降解都要降低到最小程度。

（2）加海砂

有的样品易结块，用乙醚提取较困难，可以加一些海砂，一般加样品量的4～6倍。加海砂的目的是使样品保持散粒状，疏松，这样扩大了与有机溶剂的接触面积，有利于萃取。

（3）加入无水硫酸钠

因为乙醚可被2%水饱和，使乙醚不能渗入到组织内部，抽提脂肪的能力降低，所以有些含水量高的样品可加入无水硫酸钠，用量以样品呈散粒状为止。

（4）干燥

干燥的目的是提高脂肪的提取效率。干燥时要注意温度。温度过高，脂肪易氧化，易与糖、蛋白质结合变成复合脂；温度过低，脂肪易降解。

(5) 酸处理

温度过高时，脂与糖、蛋白质等结合变成复合脂，复合脂不能用非极性溶剂直接抽提，所以要用酸处理，经过酸水解将使蛋白质、碳水化合物与脂肪分开，这样脂肪水解游离出来后，再提取，得到的数据较准确。例如测定面包中的脂含量，如果采用直接萃取法，只能得到1.20%的脂肪；而酸处理后萃取，可得到1.73%的脂肪。

(6) 水洗

对含有大量碳水化合物的样品，测定脂含量时，应先用水洗掉水溶性碳水化合物再进行干燥和提取。

3. 脂含量的测定方法

由于食品的种类不同，其中脂肪含量及其存在形式也不相同，测定脂肪的方法也就不同。常用的测定方法有：索氏提取法、巴布科克法、益勒氏法、罗斯-哥特里法、酸水解法等。过去测定脂肪普遍采用的是索氏提取法，这种方法至今仍被认为是测定多种食品脂类含量的代表性方法，但对于某些样品测定结果往往偏低。巴布科克法、益勒氏法、罗斯-哥特里法主要用于乳和乳制品中脂类的测定。酸水解法测出的脂含量为游离态脂和结合脂的总和。

粗脂肪的提取一般采用索氏脂肪提取器。索氏脂肪提取器由提取瓶、浸提管、冷凝管三部分组成，浸提管两侧分别有虹吸管和连接管，如图7-11所示。各部分连接处要严密不能漏气。提取时，将待测样品包在脱脂滤纸包内，放入浸提管内。提取瓶内加入石油醚，加热提取瓶，石油醚气化，由连接管上升进入冷凝管，凝成液体滴入浸提管内，浸提样品中的脂类物质。待浸提管内石油醚液面达到一定高度，溶有粗脂肪的石油醚经虹吸管流入提取瓶。流入提取瓶内的石油醚继续被加热气化、上升、冷凝，滴入浸提管内，如此循环往复，直到抽提完全为止。

采用索氏提取法只能测定游离态脂肪，而结合态脂肪无法测出，此外所提取的物质还含有磷脂、色素、蜡状物、挥发油、糖脂等物质，所以用此法测得的脂肪为粗脂肪。此法要想测出结合态脂肪，需在一定条件下水解后变成游离态的脂肪方能测出。

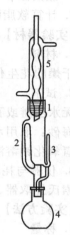

图7-11 索氏脂肪
　　　提取器
1—浸提管；
2—连接管；
3—虹吸管；
4—提取瓶；
5—冷凝管

索氏提取法适用于脂类含量较高、结合态的脂类含量较少、能烘干磨细、不宜吸湿结块的样品的测定。

索氏提取法是经典方法，对大多数样品结果比较可靠，但需要溶剂量大，且耗时。

四、项目实施

训练任务　花生中脂含量的测定

【任务背景】

假设你是一名某花生油生产企业的质检员，你所在的检验小组接到一项任务：对今年企业采购的花生原料中的含脂量进行测定。你们小组在规定的时间内必须提交检测报告和检测结果。任务接手后，部门领导要求你们尽快查阅脂含量测定的相关知识及操作方法，制订工作计划和工作方案并有计划地实施，认真填写工作记录，按时提交质量检测报告，最后他将对所在小组的每一位成员进行考核。

【任务思考】

1. 名词解释：脂类、必需脂肪酸、非必需脂肪酸、β-氧化途径、肉（毒）碱穿梭系统、酮体、柠檬酸-丙酮酸转运系统。
2. 线粒体基质中形成的乙酰CoA是如何进入细胞质中参加脂肪酸的合成的？
3. 磷酸甘油是怎样形成的？
4. 不饱和脂肪酸在细胞中是怎样合成的？
5. 为什么说脂肪酸的分解和合成不是相互逆转的过程？
6. 脂肪酸β-氧化的发生部位、特点及反应途径？其最终产物是什么？它的去向如何？
7. 计算软脂酸β-氧化后产生的ATP数。

【实验器材】

1. 材料

干燥的花生仁。

2. 试剂

无水乙醚或石油醚。

海砂：取用水洗去泥土的海砂或河砂，先用盐酸（1+1）煮沸0.5h，用水洗至中性，再用氢氧化钠溶液（240g/L）煮沸0.5h，用水洗至中性，经100℃±5℃干燥备用。

3. 仪器与耗材

索氏提取器、分液漏斗等。

【实验方法】

1. 称量

准确称取已干燥恒重的索氏提取器提取瓶。

2. 试样处理

准确称取干燥的花生仁5.00g，粉碎机粉碎后，移入滤纸筒内。滤纸筒的制作方法是将滤纸剪成长方形8cm×15cm，卷成圆筒，直径为6cm，将圆筒底部封好，最好放一些脱脂棉，避免向外漏样。

3. 抽提

将滤纸筒放入索氏提取器的浸提管内，连接已干燥至恒重的提取瓶，由提取器冷凝管上端加入无水乙醚或石油醚至提取瓶内容积的2/3处，于水浴上加热，使乙醚或石油醚不断回流提取（6~8次/h），一般抽提6~12h。

4. 称量

取下提取瓶，回收乙醚或石油醚，等提取瓶内乙醚剩1~2mL时在水浴上蒸干，再于100℃±5℃干燥2h，放于干燥器内冷却0.5h后称量。重复以上操作直至恒重。

5. 结果计算

$$X = \frac{m_1 - m_0}{m_2} \times 100$$

式中 X——试样中粗脂肪的含量，g/100g；

m_1——提取瓶和粗脂肪的质量，g；

m_0——提取瓶的质量，g；

m_2——试样的质量，g。

计算结果表示至小数点后一位。

在重复性条件下获得的两次独立测定结果的绝对差值不得超过算术平均值的10%。

【注意事项】

1. 提取时注意水浴的温度不可过高，以 1h 回流 6~8 次为宜。冬天和夏天冷凝水温度有差别，故提取温度也有差别。

2. 本法要求样品干燥无水，样品中的水分会妨碍有机溶剂对样品的浸润，而且会使样品中的水溶性成分溶出，造成测定结果偏高。

3. 由于抽提溶剂为易燃的有机溶剂，故应特别注意防火，切忌明火加热。恒重烘干前应驱除全部残余的有机溶剂，防止爆炸。

五、拓展训练

设计任务　蛋黄中卵磷脂（或胆固醇）的提取

【任务背景】

卵磷脂被誉为与蛋白质、维生素并列的"第三营养素"。卵磷脂是生命的基础物质，人类生命自始至终都离不开它的滋养和保护。卵磷脂存在于每个细胞之中，更多的是集中在脑及神经系统、血液循环系统、免疫系统以及肝、心、肾等重要器官。目前人们食用磷脂的主要来源是大豆和蛋黄。蛋黄卵磷脂可将胆固醇乳化为极细的颗粒，这种微细的乳化胆固醇颗粒可透过血管壁被组织利用，而不会使血浆中的胆固醇增加。毋庸置疑，蛋黄卵磷脂是目前同类产品中营养价值最高的。卵磷脂作为营养品，在增进健康及预防疾病方面所起到的重要作用，早已赢得了世界营养专家、药物学家和医学家的普遍认同。

假设你是一名某功能性健康食品生产企业研发部门的技术员，你所在的研发小组接到一项任务：对蛋黄样品中的卵磷脂或胆固醇组分进行分离和鉴定。你们小组在规定的时间内必须提交研究报告和分离鉴定的结果。任务接手后，部门领导要求你尽快查阅卵磷脂或胆固醇分离鉴定的相关知识及操作方法，制订工作计划和工作方案并有计划地实施，认真填写工作记录，按时提交质量合格研究报告和所制备的卵磷脂或胆固醇，最后他将对所在小组的每一位成员进行考核。

常用生化缓冲溶液的配制

1. 甘氨酸-盐酸缓冲液（pH 2.2~3.6，25℃）x mL 0.2mol/L 盐酸与 25mL 0.2mol/L 甘氨酸（15.01g/L）混合，再加水稀释至 100mL。

pH	x/mL	pH	x/mL
2.2	22.0	3.0	5.7
2.4	16.2	3.2	4.1
2.6	12.1	3.4	3.2
2.8	8.4	3.6	2.5

甘氨酸的相对分子质量是 75.07。

2. 甘氨酸-氢氧化钠缓冲液（pH 8.6~10.6，25℃）

x mL 0.2mol/L 氢氧化钠与 25mL 0.2mol/L 甘氨酸溶液（15.01g/L）混合，再加水稀释至 100mL。

pH	0.2mol/L NaOH/mL	pH	0.2mol/L NaOH/mL
8.6	2.0	9.6	11.2
8.8	3.0	9.8	13.6
9.0	4.4	10.0	16.0
9.2	6.0	10.4	19.3
9.4	8.4	10.6	22.8

甘氨酸的相对分子质量是 75.07。

3. 邻苯二甲酸氢钾-盐酸缓冲液（pH 2.2~4.0，25℃）

x mL 0.2mol/L 盐酸与 50mL 0.1mol/L 邻苯二甲酸氢钾溶液（20.42g/L）混合，加水稀释至 100mL。

pH	x/mL	pH	x/mL	pH	x/mL
2.2	49.5	2.9	25.7	3.6	6.3
2.3	45.8	3.0	22.3	3.7	4.5
2.4	42.2	3.1	18.8	3.8	2.9
2.5	38.8	3.2	15.7	3.9	1.4
2.6	35.4	3.3	12.9	4.0	0.1
2.7	32.1	3.4	10.4		
2.8	28.9	3.5	8.2		

邻苯二甲酸氢钾的相对分子质量是 204.23。

4. 邻苯二甲酸氢钾-氢氧化钠缓冲液（pH 4.1~5.9，25℃）

x mL 0.2mol/L 盐酸与 50mL 0.1mol/L 邻苯二甲酸氢钾溶液（20.42g/L）混合，加水稀释至 100mL。

pH	x/mL	pH	x/mL	pH	x/mL
4.1	1.2	4.8	16.5	5.5	36.6
4.2	3.0	4.9	19.4	5.6	38.8
4.3	4.7	5.0	22.6	5.7	40.6
4.4	6.6	5.1	25.5	5.8	42.3
4.5	8.7	5.2	28.8	5.9	43.7
4.6	11.1	5.3	31.6		
4.7	13.6	5.4	34.1		

邻苯二甲酸氢钾的相对分子质量是 204.23。

5. 磷酸氢二钠-磷酸二氢钠缓冲液（pH 5.8～8.0，25℃）

x mL 0.2mol/L 磷酸氢二钠溶液（含 $Na_2HPO_4 \cdot 12H_2O$ 71.64g/L）与 y mL 0.2mol/L 磷酸二氢钠溶液（含 $NaH_2PO_4 \cdot 2H_2O$ 31.21g/L）相混合。

pH	x/mL	y/mL	pH	x/mL	y/mL
5.8	8.0	92.0	7.0	61.0	39.0
6.0	12.3	87.7	7.2	72.0	28.0
6.2	18.5	81.5	7.4	81.0	19.0
6.4	26.5	73.5	7.6	87.0	13.0
6.6	37.5	62.5	7.8	91.5	8.5
6.8	49.0	51.0	8.0	94.7	5.3

$Na_2HPO_4 \cdot 12H_2O$ 的相对分子质量是 358.22，$NaH_2PO_4 \cdot 2H_2O$ 的相对分子质量是 156.03。

6. 磷酸二氢钾-氢氧化钠缓冲液（pH5.8～8.0，25℃）

x mL 0.1mol/L 氢氧化钠与 50mL 0.1mol/L 磷酸二氢钾溶液（13.60g/L）相混合，加水稀释至 100mL。

pH	x/mL	pH	x/mL	pH	x/mL	pH	x/mL
5.8	3.6	6.4	11.6	7.0	29.1	7.6	42.4
5.9	4.6	6.5	13.9	7.1	32.1	7.7	43.5
6.0	5.6	6.6	16.4	7.2	34.7	7.8	44.5
6.1	6.8	6.7	19.3	7.3	37.0	7.9	45.3
6.2	8.1	6.8	22.4	7.4	39.1	8.0	46.1
6.3	9.7	6.9	25.9	7.5	40.9		

7. Tris-HCl 缓冲液（pH 7～9）

x mL 0.1mol/盐酸与 25mL 0.2mol/L 三羟甲基氨基甲烷（Tris）溶液（含 Tris 24.228g/L）相混合，加水稀释至 100mL。

pH		x/mL	pH		x/mL
23℃	37℃		23℃	37℃	
7.20	7.05	45.0	8.23	8.10	22.5
7.36	7.22	42.5	8.32	8.18	20.0
7.54	7.40	40.0	8.40	8.27	17.5
7.66	7.52	37.5	8.50	8.37	15.0
7.77	7.63	35.0	8.62	8.48	12.5
7.87	7.73	32.5	8.74	8.60	10.0
7.96	7.82	30.0	8.92	8.78	7.5
8.05	7.90	27.5	9.10	8.95	5.0
8.14	8.00	25.0			

Tris 的相对分子质量是 121.14。Tris 溶液可从空气中吸收二氧化碳，使用时注意将瓶盖严。

8. 巴比妥-盐酸缓冲液（pH6.8～9.6，18℃）

x mL 0.2mol/L HCl 与 100mL 0.04mol/L 巴比妥钠溶液（含巴比妥钠 8.25g/L）相混合。

pH	x/mL	pH	x/mL	pH	x/mL
6.8	18.4	7.8	11.47	8.8	2.52
7.0	17.8	8.0	9.39	9.0	1.65
7.2	16.7	8.2	7.21	9.2	1.13
7.4	15.3	8.4	5.21	9.4	0.70
7.6	13.4	8.6	3.82	9.6	0.35

巴比妥钠的相对分子质量 206.18。

9. 硼酸-硼砂缓冲液（pH7.4~9.0）

xmL 0.05mol/L 硼砂（含 $Na_2B_4O_7 \cdot 10H_2O$ 19.07g/L）与 ymL 0.2mol/L 硼酸（含 H_3BO_3 12.37g/L）相混合。

pH	x/mL	y/mL	pH	x/mL	y/mL
7.4	1.0	9.0	8.2	3.5	6.5
7.6	1.5	8.5	8.4	4.5	5.5
7.8	2.0	8.0	8.7	6.0	4.0
8.0	3.2	7.0	9.0	8.0	2.0

硼砂（$Na_2B_4O_7 \cdot 10H_2O$）的相对分子质量是 381.43，硼酸（H_3BO_3）的相对分子质量是 61.84。硼砂易失去结晶水，必须在带塞的瓶中保存。

10. 碳酸钠-碳酸氢钠缓冲液（0.1mol/L，pH9.2~10.8）

xmL 0.1mol/L Na_2CO_3（含 $Na_2CO_3 \cdot 10H_2O$ 28.62g/L）与 ymL 0.1mol/L $NaHCO_3$（含 $NaHCO_3$ 8.40g/L）相混合。

pH		x/mL	y/mL	pH		x/mL	y/mL
20℃	37℃			20℃	37℃		
9.2	8.8	10	90	10.1	9.9	60	40
9.4	9.1	20	80	10.3	10.1	70	30
9.5	9.4	30	70	10.5	10.3	80	20
9.8	9.5	40	60	10.8	10.6	90	10
9.9	9.7	50	50				

11. 硼砂-氢氧化钠缓冲液（pH9.3~10.1）

xmL 0.2mol/L NaOH 与 25mL 0.05mol/L 硼砂（含 $Na_2B_4O_7 \cdot 10H_2O$ 19.07g/L）相混合，加水稀释至1L。

pH	0.2mol/L NaOH/mL	pH	0.2mol/L NaOH/mL
9.3	3.0	9.8	17.0
9.4	5.5	10.0	21.5
9.6	11.5	10.1	23.0

12. 磷酸氢二钠-氢氧化钠缓冲液（pH11.0~11.9，25℃）

xmL 0.1mol/L NaOH 与 50mL 0.05mol/L Na_2HPO_4（含 $Na_2HPO_4 \cdot 12H_2O$ 17.91g/L）相混合，加水稀释至100mL。

pH	x/mL	pH	x/mL
11.0	4.1	11.5	11.1
11.1	5.1	11.6	13.5
11.2	6.3	11.7	16.2
11.3	7.6	11.8	19.4
11.4	9.1	11.9	23.0

$Na_2HPO_4 \cdot 12H_2O$ 的相对分子质量是 358.22。

13. 氯化钾-氢氧化钠缓冲液（pH12.0～13.0，25℃）

x mL 0.2mol/L NaOH 与 25mL 0.2mol/L KCl（14.91g/L）相混合，加水稀释至 100mL。

pH	x/mL	pH	x/mL
12.0	6.0	12.6	25.6
12.1	8.0	12.7	32.2
12.2	10.2	12.8	41.2
12.3	12.2	12.9	53.0
12.4	16.8	13.0	66.0
12.5	24.4		

14. 柠檬酸-柠檬酸钠缓冲液（0.1mol/L，pH3.0～6.2）

x mL 0.1mol/L 柠檬酸（含 $C_6H_8O_7 \cdot H_2O$ 21.01g/L）与 y mL 0.1mol/L 柠檬酸钠（含 $Na_3C_6H_5O_7 \cdot 2H_2O$ 29.41g/L）相混合。

pH	x/mL	y/mL	pH	x/mL	y/mL
3.0	82.0	18.0	4.8	40.0	60.0
3.2	77.5	22.5	5.0	35.0	65.0
3.4	73.0	27.0	5.2	30.0	69.5
3.6	68.5	31.5	5.4	25.5	74.5
3.8	63.5	36.5	5.6	21.0	79.0
4.0	59.0	41.0	5.8	16.0	84.0
4.2	54.0	46.0	6.0	11.0	88.5
4.4	49.5	50.5	6.2	8.5	92.0
4.6	44.5	55.5			

柠檬酸（$C_6H_8O_7 \cdot H_2O$）的相对分子质量是 210.14，柠檬酸钠（$Na_3C_6H_5O_7 \cdot 2H_2O$）的相对分子质量是 294.12。

15. 磷酸氢二钠-柠檬酸缓冲液（pH2.6～7.6）

x mL 0.1mol/L 柠檬酸（含 $C_6H_8O_7 \cdot H_2O$ 21.01g/L）与 y mL 0.2mol/L 磷酸氢二钠（含 $Na_2HPO_4 \cdot 2H_2O$ 35.61g/L）相混合。

pH	x/mL	y/mL	pH	x/mL	y/mL
2.6	89.10	10.90	5.2	46.40	53.60
2.8	84.15	15.85	5.4	44.25	55.75
3.0	79.45	20.55	5.6	42.00	58.00
3.2	75.30	24.70	5.8	39.55	60.45
3.4	71.50	28.50	6.0	36.85	63.15
3.6	67.80	32.20	6.2	33.90	66.10
3.8	64.50	35.50	6.4	30.75	69.25
4.0	61.45	38.55	6.6	27.25	72.75
4.2	58.60	41.40	6.8	22.75	77.25
4.4	55.90	44.10	7.0	17.65	82.35
4.6	53.25	46.75	7.2	13.05	86.95
4.8	50.70	49.30	7.4	9.15	90.85
5.0	48.50	51.50	7.6	6.35	93.65

$Na_2HPO_4 \cdot 2H_2O$ 的相对分子质量是 178.05，柠檬酸（$C_6H_8O_7 \cdot H_2O$）的相对分子质量是 210.14。

16. 乙酸-乙酸钠缓冲液（pH3.7~5.8, 18℃）

xmL 0.2mol/L 乙酸钠（含 NaAc·3H$_2$O 27.22g/L）与 ymL 0.2mol/L 乙酸（含 HAc 11.7mL/L）相混合。

pH	x/mL	y/mL	pH	x/mL	y/mL
3.7	10.0	90.0	4.8	59.0	41.0
3.8	12.0	88.0	5.0	70.0	30.0
4.0	18.0	82.0	5.2	79.0	21.0
4.2	26.5	73.5	5.4	86.0	14.0
4.4	37.0	63.0	5.6	91.0	9.9
4.6	49.0	51.0	5.8	94.0	6.0

乙酸钠（NaAc·3H$_2$O）的相对分子质量是 136.09。

17. 酸度计标准缓冲溶液

① pH4 缓冲溶液（0.05mol/L 邻苯二甲酸氢钾溶液） 称取先在 115℃±5℃下烘干 2~3h 的邻苯二甲酸氢钾 10.12g 溶于蒸馏水，在容量瓶中稀释至 1L。

② pH7 缓冲溶液（0.025mol/L 磷酸二氢钾和 0.025mol/L 磷酸氢二钠混合溶液） 分别称取先在 115℃±5℃下烘干 2~3h 的磷酸氢二钠 3.53g 和磷酸二氢钾 3.39g 溶于蒸馏水，在容量瓶中稀释至 1L。所用蒸馏水应预先煮沸 15~30min。

③ pH9 缓冲溶液（0.01mol/L 硼砂，即四硼酸钠溶液） 称取硼砂 3.80g 溶于蒸馏水，在容量瓶中稀释至 1L。所用蒸馏水应预先煮沸 15~30min。

④ 缓冲溶液的 pH 值与温度的关系对照表

温度/℃	0.05mol/L 邻苯二甲酸氢钾	0.025mol/L 混合磷酸盐	0.01mol/L 硼砂
0	4.01	6.98	9.46
5	4.00	6.95	9.39
10	4.00	6.92	9.33
15	4.00	6.90	9.28
20	4.00	6.88	9.23
25	4.00	6.86	9.18
30	4.01	6.85	9.14
35	4.02	6.84	9.10
40	4.03	6.84	9.07
45	4.04	6.83	9.04
50	4.06	6.83	9.02
55	4.07	6.83	8.99
60	4.09	6.84	8.97

常用指示剂的配制

1. 常用的酸碱指示剂

指示剂名称	变色pH范围	颜色变化	配制方法
0.1%甲基橙	3.1～4.4	红～黄	0.1g甲基橙溶于100mL热水中
0.1%溴酚蓝	3.0～1.6	黄～紫蓝	0.1g溴酚蓝溶于20mL乙醇中,加水至100mL
0.1%溴甲酚绿	4.0～5.4	黄～蓝	0.1g溴甲酚绿溶于20mL乙醇中,加水至100mL
0.1%甲基红	4.8～6.2	红～黄	0.1g甲基红溶于60mL乙醇中,加水至100mL
0.1%溴百里酚蓝	6.0～7.6	黄～蓝	0.1g溴百里酚蓝溶于20mL乙醇中,加水至100mL
0.1%中性红	6.8～8.0	红～黄橙	0.1g中性红溶于60mL乙醇中,加水至100mL
0.2%酚酞	8.0～9.6	无～红	0.2g酚酞溶于90mL乙醇中,加水至100mL
0.1%百里酚蓝	1.2～2.8	红～黄	0.1g百里酚蓝溶于20mL乙醇中,加水至100mL
0.1%百里酚蓝	8.0～9.6	黄～蓝	0.1g百里酚蓝溶于20mL乙醇中,加水至100mL
0.1%百里酚酞	9.4～10.6	无～蓝	0.1g百里酚酞溶于90mL乙醇中,加水至100mL

2. 混合指示剂

指示剂溶液的组成	变色点pH	颜色 酸色	颜色 碱色	备注
1份0.1%甲基黄乙醇溶液,1份0.1%亚甲基蓝乙醇溶液	3.25	蓝紫	绿	pH3.2蓝紫色,pH3.4绿色
1份0.1%甲基橙水溶液,1份0.25%靛蓝二磺酸水溶液	4.1	紫	黄绿	
1份0.1%溴甲酚绿钠盐水溶液,1份0.2%甲基橙水溶液	4.3	橙	蓝绿	pH3.5黄色,pH4.05绿色,pH4.3浅绿色
3份0.1%溴甲酚绿乙醇溶液,1份0.2%甲基红乙醇溶液	5.1	酒红	绿	
1份0.1%溴甲酚绿钠盐水溶液,1份0.1%氯酚钠盐水溶液	6.1	黄绿	蓝紫	pH5.4蓝绿色,pH5.8蓝色,pH6.0蓝带紫,pH6.2蓝紫色
1份0.1%中性红乙醇溶液,1份0.1%亚甲基蓝乙醇溶液	7.0	蓝紫	绿	pH7.0紫蓝
1份0.1%甲酚红钠盐水溶液,3份0.1%百里酚蓝钠盐水溶液	8.3	黄	紫	pH8.2玫瑰红,pH8.4紫色
1份0.1%百里酚蓝50%乙醇溶液,3份0.1%酚酞50%乙醇溶液	9.0	黄	紫	
1份0.1%酚酞乙醇溶液,1份0.1%百里酚酞乙醇溶液	9.9	无	紫	pH9.6玫瑰红,pH10紫红
2份0.1%百里酚酞乙醇溶液,1份0.1%茜素黄乙醇溶液	10.2	黄	紫	

常见市售酸碱的浓度

溶 质	分子式	相对分子质量 M_r	浓度 /(mol/L)	质量浓度 /(g/L)	质量百分比 /%	相对密度	配制1mol/L溶液的加入量 /(mL/L)
冰乙酸	CH_3COOH	60.05	17.40	1045	99.5	1.050	57.5
乙酸	CH_3COOH	60.05	6.27	376	36	1.045	159.5
甲酸	HCOOH	46.02	23.40	1080	90	1.200	42.7
盐酸	HCl	36.50	11.60	424	36	1.180	86.2
			2.90	105	10	1.050	344.8
硝酸	HNO_3	63.02	15.99	1008	71	1.420	62.5
			14.90	938	67	1.400	67.1
			13.30	837	61	1.370	75.2
高氯酸	$HClO_3$	100.50	11.65	1172	70	1.670	85.8
			9.20	923	60	1.540	108.7
磷酸	H_3PO_4	80.00	18.10	1445	85	1.700	55.2
硫酸	H_2SO_4	98.10	18.00	1776	96	1.840	55.6
氢氧化铵	NH_4OH	35.00	14.80	251	28	0.898	67.6
氢氧化钾	KOH	56.10	13.50	757	50	1.520	74.1
			1.94	109	10	1.090	515.5
氢氧化钠	NaOH	40.00	19.10	763	50	1.530	52.4
			2.75	111	10	1.110	363.4

分子生物学常用溶液配制

一、分子生物学常用储存液的配制

1. 30%丙烯酰胺溶液

【配制方法】 将29g丙烯酰胺和1g N,N'-亚甲基双丙烯酰胺溶于总体积为60mL的水中。加热至37℃溶解之,补加水至终体积为100mL。用滤器（0.45μm 孔径）过滤除菌,查证该溶液的pH值应不大于7.0,置棕色瓶中保存于室温。

【注意】 丙烯酰胺具有很强的神经毒性并可以通过皮肤吸收,其作用具累积性。称量丙烯酰胺和 N,N'-亚甲基双丙烯酰胺时应戴手套和面具。可认为聚丙烯酰胺无毒,但也应谨慎操作,因为它还可能会含有少量未聚合材料。

一些价格较低的丙烯酰胺和 N,N'-亚甲基双丙烯酰胺通常含有一些金属离子,在丙烯酰胺储存液中加入大约0.2体积的单床混合树脂（MB-1Mallinckrodt）,搅拌过夜,然后用Whatman 1号滤纸过滤以纯化之。

在储存期间,丙烯酰胺和 N,N'-亚甲基双丙烯酰胺会缓慢转化成丙烯酰和双丙烯酸。

2. 40%丙烯酰胺溶液

【配制方法】 把380g丙烯酰胺（DNA测序级）和20g N,N'-亚甲基双丙烯酰胺溶于总体积为600mL的蒸馏水中。继续按上述配制30%丙烯酰胺溶液的方法处理,但加热溶解后应以蒸馏水补足至终体积为1L。

【注意】 见上述配制30%丙烯酰胺的说明,40%丙烯酰胺溶液用于DNA序列测定。

3. 放线菌素D溶液

【配制方法】 把20mg放线菌素D溶解于4mL 100%乙醇中,1:10稀释储存液,用100%乙醇做空白对照读取 OD_{440} 值。放线菌素D（相对分子质量为1255）纯品在水溶液中的摩尔吸收系数为21900,故1mg/mL的放线菌素D溶液在440nm处的吸光值为0.182。放线菌素D的储存液应放在包有箔片的试管中,保存于-20℃。

【注意】 放线菌素D是致畸剂和致癌剂,配制该溶液时必须戴手套并在通风橱内操作,不能在开放的实验桌面上进行,谨防吸入药粉或让其接触到眼睛或皮肤。

4. 0.1mol/L 腺苷三磷酸（ATP）溶液

【配制方法】 在0.8mL水中溶解60mg ATP,用0.1mol/L NaOH调至pH值至7.0,用蒸馏水定容1mL,分装成小份保存于-70℃。

5. 10mol/L 乙酸酰溶液

【配制方法】 把770g乙酸酰溶解于800mL水中,加水定容至1L后过滤除菌。

6. 10%过硫酸铵溶液

【配制方法】 把1g过硫酸铵溶解于终量为10mL的水溶液中,该溶液可在4℃保存数周。

7. BCIP 溶液

【配制方法】 把 0.5g 的 5-溴-4-氯-3-吲哚磷酸二钠盐（BCIP）溶解于 10mL 100% 的二甲基甲酰胺中，保存于 4℃。

8. 2×BES 缓冲盐溶液

【配制方法】 用总体积 90mL 的蒸馏水溶解 1.07g 盐溶液 BES [N,N-双(2-羟乙基)-2-氨基乙磺酸]、1.6g NaCl 和 0.027g Na_2HPO_4，室温下用 HCl 调节该溶液的 pH 值至 6.96，然后加入蒸馏水定容至 100mL，用 $0.22\mu m$ 滤器过滤除菌，分装成小份，保存于 －20℃。

9. 1mol/L $CaCl_2$ 溶液

【配制方法】 在 200mL 蒸馏水中溶解 54g $CaCl_2 \cdot 6H_2O$，用 $0.22\mu m$ 滤器过滤除菌，分装成 10mL 小份，储存于 －20℃。

【注意】 制备感受态细胞时，取出一小份解冻并用蒸馏水稀释至 100mL，用 Nalgene 滤器（$0.45\mu m$ 孔径）过滤除菌，然后骤冷至 0℃。

10. 2.5mol/L $CaCl_2$ 溶液

【配制方法】 在 20mL 蒸馏水中溶解 13.5g $CaCl_2 \cdot 6H_2O$，用 $0.22\mu m$ 滤器过滤除菌，分装成 1mL 小份，储存于 －20℃。

11. 1mol/L 二硫苏糖醇（DTT）溶液

【配制方法】 用 20mL 0.01mol/L 乙酸钠溶液（pH5.2）溶解 3.09gDTT，过滤除菌后分装成 1mL 小份，储存于 －20℃。

【注意】 DTT 或含有 DTT 的溶液不能进行高压处理。

12. 脱氧核苷三磷酸（dNTP）溶液

【配制方法】 把每一种 dNTP 溶解于水至浓度各为 100mmol/L 左右，用微量移液器吸取 0.05mol/L Tris 碱分别调节每一 dNTP 溶液的 pH 值 7.0（用 pH 试纸检测），把中和后的每种 dNTP 溶液各取一份做适当稀释，在下表中给出的波长下读取光密度计算出每种 dNTP 的实际浓度，然后用水稀释成终浓度为 50mmol/L 的 dNTP，分装成小份，储存于 －70℃。

碱 基	波长/nm	吸收系数(ε)/[L/(mol·cm)]
A	259	1.54×10^4
G	253	1.37×10^4
C	271	9.10×10^3
T	260	7.40×10^3

比色杯光径为 1cm 时，吸光度 $=\varepsilon M$。

13. 0.5mol/L EDTA（pH8.0）溶液

【配制方法】 在 800mL 水中加入 186.1g 二水乙二胺四乙酸二钠（EDTA-2Na·$2H_2O$），在磁力搅拌器上剧烈搅拌，用 NaOH 调节溶液的 pH 值至 8.0（约需 20g NaOH 颗粒），然后定容至 1L，分装后高压灭菌备用。

【注意】 EDTA 二钠盐需加入 NaOH 将溶液的 pH 值调至接近 8.0，才能完全溶解。

14. 溴化乙锭（10mg/mL 溶液）

【配制方法】 在 100mL 水中加入 1g 溴化乙锭，磁力搅拌数小时以确保其完全溶解，然后用铝箔包裹容器或转移至棕色瓶中，保存于室温。

【注意】 小心：溴化乙锭是强诱变剂并有中度毒性，使用含有这种染料的溶液时务必戴上手套，称量染料时要戴面罩。

15. 2×HEPES 缓冲盐溶液

【配制方法】 用总量为 90mL 的蒸馏水溶解 1.6g NaCl、0.074g KCl、0.027g $Na_2PO_4 \cdot 2H_2O$、0.2g 葡聚糖和 1g HEPES，用 0.5mol/L NaOH 调节 pH 值至 7.05，再用蒸馏水定容至 100mL。用 $0.22\mu m$ 滤器过滤除菌，分装成 5mL 小份，储存于 $-20℃$。

16. IPTG 溶液

【配制方法】 IPTG 为异丙基硫代-β-D-半乳糖苷（相对分子质量为 238.3），在 8mL 蒸馏水中溶解 2g IPTG 后，用蒸馏水定容至 10mL，用 $0.22\mu m$ 滤器过滤除菌，分装成 1mL 小份，储存于 $-20℃$。

17. 1mol/L 乙酸镁溶液

【配制方法】 在 800mL 水中溶解 214.46g 四水乙酸镁，用水定容至 1L，过滤除菌。

18. 1mol/L $MgCl_2$ 溶液

【配制方法】 在 800mL 水中溶解 203.4g $MgCl_2 \cdot 6H_2O$，用水定容至 1L，分装成小份并高压灭菌备用。

【注意】 $MgCl_2$ 极易潮解，应选购小瓶（如 100g）试剂，启用新瓶后勿长期存放。

19. β-巯基乙醇（BME）溶液

【配制方法】 一般得到的是 14.4mol/L 溶液，应装在棕色瓶中保存于 4℃。

【注意】 BME 或含有 BME 的溶液不能高压处理。

20. NBT 溶液

【配制方法】 把 0.5g 氯化氮蓝四唑溶解于 10mL 70% 的二甲基甲酰胺中，保存于 4℃。

21. 酚/氯仿溶液

【配制方法】 把酚和氯仿等体积混合后用 0.1mol/L Tris·HCl（pH7.6）抽提几次以平衡此混合物，置棕色玻璃瓶中，上面覆盖等体积的 0.01mol/L Tris·HCl（pH7.6）液层，保存于 4℃。

【注意】 酚腐蚀性很强，并可引起严重灼伤，操作时应戴手套及防护镜，穿防护服。所有操作均应在化学通风橱中进行。与酚接触过的部位皮肤应用大量的水清洗，并用肥皂和水洗涤，忌用乙醇。

22. 10mmol/L 苯甲基磺酰氟（PMSF）溶液

【配制方法】 用异丙醇溶解 PMSF 成 1.74mg/mL（10mmol/L），分装成小份储存于 $-20℃$。如有必要可配成浓度高达 17.4mg/mL 的储存液（100mmol/L）。

【注意】 PMSF 严重损害呼吸道黏膜、眼睛及皮肤，吸入、吞进或通过皮肤吸收后有致命危险。一旦眼睛或皮肤接触了 PMSF，应立即用大量水冲洗之。凡被 PMSF 污染的衣物应予丢弃。

PMSF 在水溶液中不稳定。应在使用前从储存液中现用现加于裂解缓冲液中。PMSF 在水溶液中的活性丧失速率随 pH 值的升高而加快，且 25℃ 的失活速率高于 4℃。pH 值为 8.0 时，$20\mu mmol/L$ PMSF 水溶液的半寿期大约为 85min，这表明将 PMSF 溶液调节为碱性（pH>8.6）并在室温放置数小时后，可安全地予以丢弃。

23. 磷酸盐缓冲溶液（PBS）

【配制方法】 在 800mL 蒸馏水中溶解 8g NaCl、0.2g KCl、1.44g Na_2HPO_4 和 0.24g KH_2PO_4，用 HCl 调节溶液的 pH 值至 7.4，加水定容至 1L，在 $1.034×10^5$ Pa 高压下蒸汽灭菌 20min。保存于室温。

24. 1mol/L 乙酸钾（pH7.5）溶液

【配制方法】 将 9.82g 乙酸钾溶解于 90mL 纯水中，用 2mol/L 乙酸调节 pH 值至 7.5

后加入纯水定容到 1L，保存于 -20℃。

25. 乙酸钾溶液（用于碱裂解）

【配制方法】 在 60mL 5mol/L 乙酸钾溶液中加入 11.5mL 冰乙酸和 28.5mL 水，即成钾浓度为 3mol/L 而乙酸根浓度为 5mol/L 的溶液。

26. 3mol/L 乙酸钠（pH5.2 和 pH7.0）**溶液**

【配制方法】 在 80mL 水中溶解 408.1g 三水乙酸钠，用冰乙酸调节 pH 值至 5.2 或用稀乙酸调节 pH 值至 7.0，加水定容到 1L，分装后高压灭菌。

27. 5mol/L NaCl 溶液

【配制方法】 在 800mL 水中溶解 292.2g NaCl，加水定容至 1L，分装后高压灭菌。

28. 10% 十二烷基硫酸钠（SDS）**溶液**

【配制方法】 在 900mL 水中溶解 100g 电泳级 SDS，加热至 68℃ 助溶，加入几滴浓盐酸调节溶液的 pH 值至 7.2，加水定容至 1L，分装备用。

【注意】 SDS 的微细晶粒易扩散，因此称量时要戴面罩，称量完毕后要清除残留在称量工作区和天平上的 SDS，10%SDS 溶液不需要灭菌。

29. 20×SSC 溶液

【配制方法】 在 800mL 水中溶解 175.3g NaCl 和 88.2g 柠檬酸钠，加入数滴 10mol/L NaOH 溶液调节 pH 值至 7.0，加水定容至 1L，分装后高压灭菌。

30. 20×SSPE 溶液

【配制方法】 在 800mL 水中溶解 17.5g NaCl、27.6g $NaH_2PO_4 \cdot H_2O$ 和 7.4g EDTA，用 NaOH 溶液调节 pH 值至 7.4（约需 6.5mL 10mol/L NaOH），加水定容至 1L，分装后高压灭菌。

31. 100% 三氯乙酸（TCA）**溶液**

【配制方法】 在装有 500g TCA 的瓶中加入 227mL 水，形成的溶液含有 100%TCA。

32. 1mol/L Tris 溶液

【配制方法】 在 800mL 水中溶解 121.91g Tris 碱，加入浓 HCl 调节 pH 值至所需值。

pH	7.4	7.6	8.0
HCl	70mL	60mL	42mL

应使溶液冷至室温后方可最后调定 pH 值，加水定容至 1L，分装后高压灭菌。

【注意】 如 1mol/L 溶液呈现黄色，应予丢弃并制备质量更好的 Tris。

尽管多种类型的电极均不能准确测量 Tris 溶液的 pH 值，但仍可向大多数厂商购得合适的电极。

Tris 溶液的 pH 值因温度而异，温度每升高 1℃，pH 值大约降低 0.03 个单位。例如：0.05mol/L 的溶液在 5℃、25℃ 和 37℃ 时的 pH 值分别为 9.5、8.9 和 8.6。

33. Tris 缓冲盐溶液（TBS）（25mmol/L Tris）

【配制方法】 在 800mL 蒸馏水中溶解 8g NaCl、0.2g KCl 和 3g Tris 碱，加入 0.015g 酚并用 HCl 调至 pH 值至 7.4，用蒸馏水定容至 1L，分装后在 $1.034×10^5$Pa 高压下蒸汽灭菌 20min，于室温保存。

34. X-gal 溶液

【配制方法】 X-gal 为 5-溴-4-氯-3-吲哚-β-D-半乳糖苷。用二甲基甲酰胺溶解 X-gal 配制成 20mg/mL 的储存液。保存于一玻璃管或聚丙烯管中，装有 X-gal 溶液的试管须用铝箔封裹以防因受光照而被破坏，并应储存于 -20℃。X-gal 溶液不需要过滤除菌。

二、常用抗生素溶液

抗 生 素	储存液①		工作浓度	
	浓度	保存条件	严紧型质粒	松弛型质粒
氨苄西林	50mg/mL(溶于水)	−20℃	20μg/mL	60μg/mL
羧苄青霉素	50mg/mL(溶于水)	−20℃	20μg/mL	60μg/mL
氯霉素	34mg/mL(溶于乙醇)	−20℃	25μg/mL	170μg/mL
卡那霉素	10mg/mL(溶于水)	−20℃	10μg/mL	50μg/mL
链霉素	10mg/mL(溶于水)	−20℃	10μg/mL	50μg/mL
四环素②	5mg/mL(溶于乙醇)	−20℃	10μg/mL	50μg/mL

① 以乙醇为溶剂的抗生素溶液不需要除菌处理。所有抗生素溶液均应放于不透光的容器保存。
② 镁离子是四环素的拮抗剂，四环素抗性菌的筛选应使用不含镁盐的培养基（如 LB 培养基）。

三、常用电泳缓冲液

缓 冲 液	使 用 液	浓储存液(每升)
Tris-乙酸(TAE)	1×：0.04mol/L Tris-乙酸，0.001mol/L EDTA	50×：242gTris 碱，57.1mL 冰乙酸，100mL 0.5mol/L EDTA(pH8.0)
Tris-磷酸(TPE)	1×：0.09mol/L Tris-磷酸，0.002mol/L EDTA	10×：10g Tris 碱，15.5mL 85%磷酸(1.679g/mL)，40mL 0.5mol/L EDTA(pH8.0)
Tris-硼酸(TBE)	0.5×：0.045mol/L Tris-硼酸，0.001mol/L EDTA	5×：54gTris 碱，27.5g 硼酸，20mL 0.5mol/L EDTA(pH8.0)
碱性缓冲液	1×：50mmol/L NaOH，1mmol/L EDTA	1×：5mL 10mol/L NaOH，2mL 0.5mmol/L EDTA(pH8.0)
Tris-甘氨酸	1×：25mmol/L Tris，250mmol/L 甘氨酸，0.1% SDS	5×：15.1g Tris，94g 甘氨酸（电泳级）(pH8.3)，50mL 10% SDS(电泳级)

参 考 文 献

[1] 周爱儒. 生物化学. 第6版. 北京：人民卫生出版社，2003.
[2] 厉朝龙. 生物化学与分子生物学实验技术. 杭州：浙江大学出版社，2000.
[3] 赵亚华. 生物化学与分子生物学实验技术教程. 北京：高等教育出版社，2005.
[4] 杨安钢，毛积芳，药立波. 生物化学与分子生物学实验技术. 北京：高等教育出版社，2001.
[5] 陈来同. 生物化学产品制备技术. 上海：科技文献出版社，2004.
[6] 张立名，王贤舜. 现代生物化学分析原理. 合肥：中国科学技术大学出版社，1991.
[7] 王重庆，李云兰等. 高级生物化学实验教程. 北京：北京大学出版社，1994.
[8] 张龙翔. 生化实验方法和技术. 第2版. 北京：高等教育出版社，1997.
[9] 王镜岩，朱圣庚，徐长法. 生物化学. 第3版. 北京：高等教育出版社，2002.
[10] 赵亚华. 生物化学实验技术教程. 广州：华南理工大学出版社，2000.
[11] 欧阳平凯. 生物分离原理及技术. 北京：化学工业出版社，1999.
[12] 魏群. 分子生物学实验指导. 北京：高等教育出版社，1999.
[13] 杨安钢. 生物化学与分子生物学实验技术. 北京：高等教育出版社，2001.
[14] 郭勇. 现代生化技术. 北京：科学出版社，1995.